人工智能专业人才培养系列教材

计算机视觉原理与实践

许桂秋　白宗文　张志立　主　编
周　健　段凯宇　但志平　李海涛　副主编

電子工業出版社
Publishing House of Electronics Industry
北京 · BEIJING

内 容 简 介

本书结合理论和实践，主要介绍如何使用图像处理和深度学习技术来使计算机感知和理解图形。全书分为概述、OpenCV 图像基本操作、深度学习与计算机视觉、计算机视觉基础技术、计算机视觉综合应用五大部分（共 11 章）。概述部分（第 1 章）主要介绍计算机视觉的概念和发展史；OpenCV 图像基本操作（第 2 章）主要介绍基于 OpenCV 的图像处理操作；深度学习与计算机视觉（第 3 章）主要介绍深度学习的概念及其应用、深度学习的实现框架 TensorFlow 的用法以及卷积神经网络的概念、结构和算法；计算机视觉基础技术（第 4～9 章）主要介绍图像分类、目标检测、图像分割、场景文字识别、人体关键点检测、图像生成等关键技术的原理、方法及应用；计算机视觉综合应用（第 10、第 11 章）主要介绍视觉交互机器人和无人驾驶的自动巡线两个大型综合实验。本书围绕基本理论，设置了较多的实验操作和实践案例，通过自己动手练习，帮助读者巩固所学内容。

本书适合人工智能相关专业的学生和技术人员，以及对人工智能领域感兴趣的爱好者阅读。

图书在版编目（CIP）数据

计算机视觉原理与实践 / 许桂秋，白宗文，张志立主编. —北京：电子工业出版社，2023.1

ISBN 978-7-121-44741-9

Ⅰ. ①计… Ⅱ. ①许… ②白… ③张… Ⅲ. ①计算机视觉－高等学校－教材 Ⅳ. ①TP302.7

中国版本图书馆 CIP 数据核字（2022）第 243997 号

责任编辑：赵玉山　　特约编辑：顾慧芳

印　　刷：三河市鑫金马印装有限公司

装　　订：三河市鑫金马印装有限公司

出版发行：电子工业出版社

　　　　　北京市海淀区万寿路 173 信箱　邮编：100036

开　　本：787×1092　1/16　印张：15.75　字数：403 千字

版　　次：2023 年 1 月第 1 版

印　　次：2023 年 1 月第 1 次印刷

定　　价：49.80 元

凡所购买电子工业出版社图书有缺损问题，请向购买书店调换。若书店售缺，请与本社发行部联系，联系及邮购电话：(010) 88254888，88258888。

质量投诉请发邮件至 zlts@phei.com.cn，盗版侵权举报请发邮件至 dbqq@phei.com.cn。

本书咨询联系方式：zhaoys@phei.com.cn。

前　言

当前人工智能浪潮正在席卷全球，这是一门研究、开发用于模拟、延伸和扩展人的智能的理论、方法、技术及应用系统的技术科学。简单来说，人工智能研究的主要目标是使机器能够胜任一些通常需要人类智能才能完成的复杂工作。人类完成复杂工作，往往需要输入、吸收外界知识，然后结合历史经验和现实数据进行分析、判断和决策。举一个简单的例子，我们在马路上开车，会根据交通信号灯完成“红灯停绿灯行”的操作，会根据道路交通线控制行车路线和方向，会躲避障碍，也会避让行人等。这些行为看起来很简单，但人类也是先经过了一定时间的基础知识学习和上路操作的实践，在这个过程中积累了丰富的经验，从而才能在下次碰到类似情况时做出正确的判断和处理。而让机器胜任这样一项驾驶员的工作，并不容易，这需要让机器能够“看到”和“看懂”驾驶环境，并做出合适且正确的决策。

人类认识、了解世界的信息中91%来自视觉，要真正实现人工智能，必须让机器能够“睁眼”看世界。让机器能够“看到”和“看懂”世界，这正是计算机视觉的研究内容和研究目标。相对人类而言，在一定程度上，机器能够处理更多的信息，计算能力更强。一旦机器能够顺利感知到外界的信息，则其能替代人类完成一些基础但耗费人力的任务。

计算机视觉作为一门使机器能“看”的科学，既要“看到”，又要“看懂”。“看到”是能读取图像，需要图像处理的相关知识，“看懂”是能理解图像，需要深度学习的相关知识。本书介绍如何使用图像处理和深度学习技术来构建模型，使计算机拥有感知和理解图像的能力。全书共 11 章，分为五大部分。

第一部分——概述（第 1 章），介绍计算机视觉的基础概念和发展史，让读者对计算机视觉有一个整体的初步了解。

第二部分——OpenCV 图像基本操作（第 2 章）。图像处理知识是计算机视觉的底层基础知识，是进入计算机视觉任何一个细分领域的必备知识，本部分主要介绍基于 OpenCV 的图像处理操作，包括图片的读取、显示、存储，以及感兴趣区域提取、通道处理、图像的几何变换和算术运算等。

第三部分——深度学习与计算机视觉（第 3 章）。基于几何方法和深度学习是计算机视觉的两个主流研究方向，本部分主要介绍深度学习的基础知识，包括深度学习的概念及其在计算机视觉领域的应用、深度学习的实现框架 TensorFlow 的用法，以及卷积神经网络的概念、结构和算法，这些知识是后续学习计算机视觉关键技术的基础。

第四部分——计算机视觉基础技术（第 4～9 章）。学习了图像处理和深度学习的知识后，就可以进入计算机视觉一个或者多个细分领域进行研究，本部分选取图像分类、目标检测、图像分割、场景文字识别、人体关键点检测、图像生成这几个计算机视觉领域最基础、最主流的关键技术进行详细讲述，每项技术都提供一个或多个实验演练，读者学习后不仅能了解每项技术的定义、实现原理和方法、常用模型和应用场景等理论知识，还能培养开发和调优常见的基于深度学习的计算机视觉算法的能力。

第五部分——计算机视觉综合应用（第 10、第 11 章）。在了解了一个或多个计算机视觉的基础技术后，可以进入综合应用阶段，本部分设置了视觉交互机器人和无人驾驶的自动巡线两个大型综合应用实验，注重培养学生使用一个或多个计算机视觉技术解决实际问题的综合实操能力。

本书适合人工智能相关专业的学生和技术人员，以及对人工智能领域感兴趣的爱好者阅读。

由于编者水平有限，编写时间较为仓促，书中难免会存在一些疏漏和不足之处，恳请广大读者批评指正。

编者

目　　录

第1章　概述

计算机视觉在人工智能里可以类比于人类的眼睛，是在感知层上最为重要的核心技术之一。计算机视觉技术模拟生物视觉，将捕捉到的图像中的数据及信息进行分析识别、检测、跟踪等，真正去“识别”和“理解”这些图像。目前此项技术已经广泛应用到安防、自动驾驶、医疗、消费等，也是目前人工智能技术中落地最广的技术之一。

1.1　什么是计算机视觉

视觉是人类与外部世界交互的重要通道。人工智能与视觉相关的领域称为计算机视觉。计算机视觉是指用摄影机和计算机代替人眼对目标进行识别、跟踪和测量的技术。如图 1-1 所示，当人类观察桌子上的鲜花时，通过视觉可以分辨出花瓣的颜色、形状信息，并毫不费力地辨别花、叶子和花盆。

除了识别单个物体的影像，人类对于较为复杂的影像，也可以轻松地识别，如照片中的人像信息，人类甚至可以从人物面部表情中判断其心情。感知心理学家花费数十年的时间，试图探索视觉系统是如何工作的，尽管能够凭借光学错觉来梳理其中的部分原理，但对于这个难题目前仍没有全面的解答。

图 1-1　一盆鲜花

传统的计算机视觉大致分为信息的收集、信息的分析和信息的处理三部分。

计算机获取外部信息主要通过硬件设备来完成，这些硬件设备主要是一些可以实时捕获高清信息的摄像头。另外，已经存在的视频或者图片也可以作为图像信息提供给计算机进行处理和分析。

有了图像数据之后，还需要具有分析图像信息的手段，才能得到一个计算机视觉的智能模型。算法承担着图像信息分析和处理的主要任务，目前进行图像信息分析和处理的核心算法大都采用深度学习算法，通过这些算法能够处理很多计算机视觉的问题，如图像分类、对图像中目标的定位和语义分割等。

计算机视觉如今正广泛地应用于各种各样的实际应用中，以下是几种应用较多的实际用例。

动物分类：属于通用图像分类，要求模型可以正确地识别动物的类别，如识别出图像中的动物是猫还是狗。

花卉识别：属于细粒度图像分类，要求模型可以正确地识别花的类别，如图 1-2 所示。

（a）百合　　（b）金银花

（c）君子兰　　（d）菊花

图 1-2　花卉识别

自动驾驶：通过目标定位，有效地分辨出汽车在行驶过程中遇到的对象，如图 1-3 所示。

图 1-3　自动驾驶

车辆检测：主要用于车流量统计和车辆违章的自动分析。如图 1-4 所示，通过车辆自动检测可以对交通道路上的车流量进行实时统计，为交通流量疏导提供基础依据。另外，在特定的道路和卡口，将车辆检测与违章监控进行联动，可以实现车辆违章的实时处理。

图 1-4　车辆检测

虚拟游戏：在交互游戏中追踪人体对象的运动，使用人体关键点检测技术来追踪人类玩家的运动，从而利用它来渲染虚拟人物的动作，如图 1-5 所示。

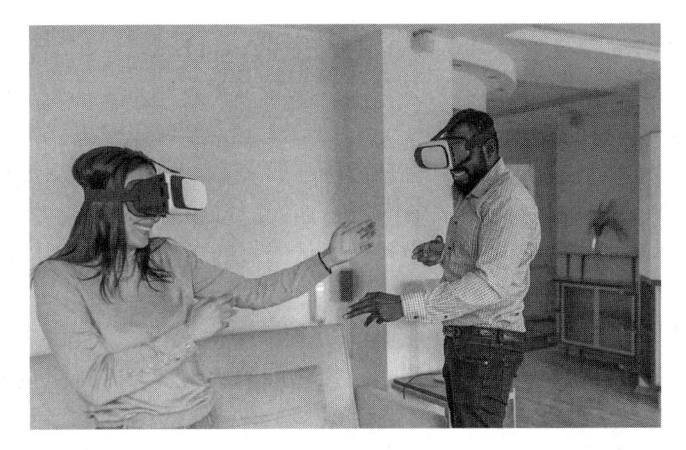

图 1-5　虚拟游戏

图像生成：根据图像的特点去模仿并生成新的图像，如图 1-6 所示。

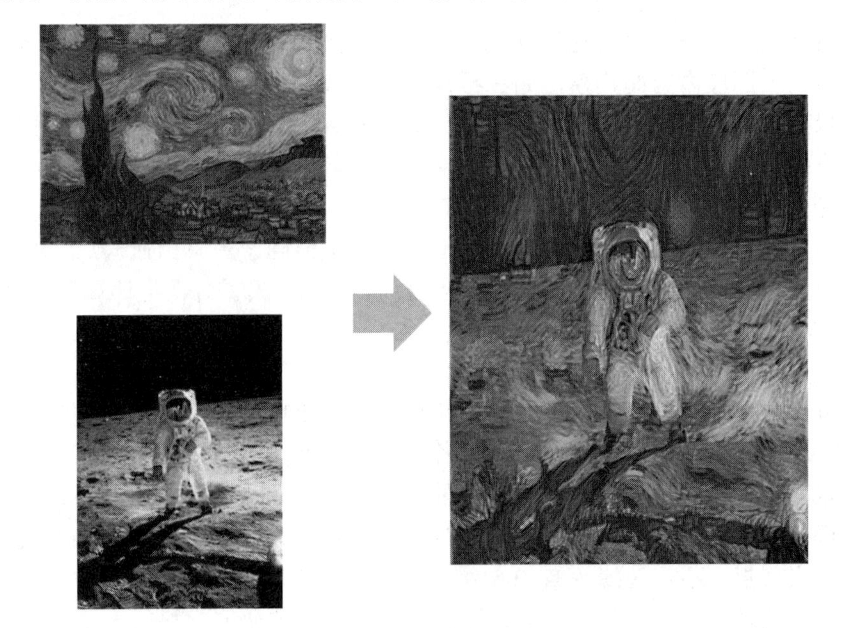

图 1-6　图像生成

1.2　计算机视觉的发展史

现代的科学研究表明，在人类的学习和认知活动中，有 80%～85%都是通过视觉完成的。也就是说，视觉是人类感受和理解这个世界最主要的手段。视觉对人类如此重要，人工智能里当然不能少了与视觉相关的领域，即计算机视觉。

从人工智能诞生之日起，与视觉相关的应用就一直是该领域科学家偏爱的方向，如感知机。感知机最早用于演示的应用是通过 20 像素×20 像素的传感器进行字母识别。

计算机视觉正式成为一门学科要追溯到 1963 年美国计算机科学家拉里·罗伯茨（Larry Roberts）在 MIT（麻省理工学院）的博士毕业论文 *Machine Perception of Three-Dimensional Solids*，在这篇论文中，拉里提出在计算机的模式识别中，描述物体形状最关键的信息是边缘检测，这个观点是基于加拿大科学家大卫·休伯尔（David Hubel）和瑞典科学家托斯坦·维厄瑟尔（Torsten Wiesel）从 1958 年起对猫视觉皮层的研究提出的。在拉里的论文中，进行边缘提取使用了对输入图像进行梯度操作的方式，然后在 3D 模型中提取出简单的形状结构，再利用这些结构像搭积木一样去描述场景中物体间的关系，最后获得图像物体的渲染图。除此之外，该论文还涉及如何从二维图像中恢复物体的三维模型的内容，这正是计算机视觉和传统图像处理学在思想上最大的不同。计算机视觉的目的是让计算机理解图像的内容，所以这篇论文是最早的计算机视觉相关的研究。

1966 年，MIT 人工智能实验室发起了一个项目：暑期视觉计划（The Summer Vision Project），目的是集中优秀的学者利用假期的空余时间来解决计算机视觉问题，力争研发出模式识别中里程碑式的产品。该项目起初是让组里一个叫杰拉德·杰伊·萨斯曼的本科生（Gerald Jay Sussman，后来的 MIT 教授）尝试在暑假期间把计算机和相机连起来，并让计算机描述相机所看到的影像。虽然这个项目没有成功，但在计算机发展史的舞台上这是第一次把计算机视觉正式作为研究课题。

从计算机视觉作为一个可研究的领域开始，一直到 20 世纪 70 年代，研究人员所关心的热点问题都偏向于图像内容的建模，如三维建模、立体视觉等。

到 20 世纪 70 年代末，计算机视觉领域因为一位重量级人物开始有了重大的突破。这就是英国人戴维·马尔（David Marr），一名神经生理学家和心理学家。在 20 世纪 70 年代以前，马尔并没有专门研究过视觉处理，但从 1972 年起他开始从事视觉处理的研究，1973 年他受到明斯基的邀请加入了 MIT 人工智能实验室。1977 年，他确诊患有白血病后，并未一蹶不振，反而开始加速整理视觉理论研究成果。1979 年夏天，马尔完成了对视觉计算理论框架的梳理。1980 年，马尔获得了 MIT 的终身教职，成为教授，不幸的是在该年冬天，年仅 35 岁的马尔因白血病去世。

马尔去世后，在他学生的帮助下，MIT 出版社于 1982 年出版发行了马尔在 1979 年完成的《视觉计算理论》。在这本书中，他提出一个非常重要的观点：人类通过视觉复原真实世界中的三维场景，主要是通过大脑进行一系列的处理和变换，而计算机可以重现神经系统里的信息处理过程。马尔明确指出，这种重现分为三个层次：理论、算法和硬件实现，并且算法也分为基本元素（点、线、边缘等）、2.5 维、3 维三个步骤。尽管从今天来看，马尔的理论还有一些不合理的地方，但该理论是把计算机视觉作为正式研究学科的一个风向标。从 1987 年开始，国际计算机视觉大会（IEEE International Conference on Computer Vision，ICCV）开始给在计算机视觉领域做出重要贡献的个人颁发奖项，奖项的名字为马尔奖。

到 20 世纪 80 年代，计算机视觉研究进入了蓬勃发展时期，若干著名的理论（主动视觉和定性视觉理论等）都是在这个时期被提出的，这些理论基于马尔的观点进行研究，认为重建是主动的、有目的性的和有选择性的。从这时起，这个学科开始不局限于神经科学，更多地偏重计算方面和数学方面，相关的应用也变得更加丰富。著名的图像金字塔和 Canny 边缘检测算法就是在这个时期被提出的，图像分割和立体视觉的研究在这个时期也得到了迅速的发展，基于人工神经网络的计算机视觉研究，尤其是模式识别的研究也伴随着人工神经网络的第一次复兴而变得红火起来。

进入 20 世纪 90 年代，伴随着各种机器学习算法的出现，在识别、检测和分类等应用中，机器学习研究开始与计算机视觉相结合，尤其是对人脸识别的研究在这个时期迎来了一个小高潮。与此同时，各种用来描述图像特征的算法也不停地被研发出来，如耳熟能详的 SIFT

算法于 20 世纪 90 年代末被提出。另外，随着计算机视觉在交通和医疗等工业领域的广泛应用，其他基于计算机视觉的研究方向（如跟踪算法、图像分割等）在这个时期也有了一定的发展。

进入 21 世纪后，计算机视觉研究已发展成为一个成熟的学科，并作为人工智能研究的一个重要分支。国际计算机视觉与模式识别会议（IEEE Conference on Computer Vision and Pattern Recognition，CVPR）和 ICCV 等会议的论文已经出现与人工智能相关的算法研究，同时也出现了一些新的研究子方向，如计算摄影学（Computational Photography），而在计算机视觉研究的传统方向上基于图像的特征识别也成为一个研究热点。斯坦福大学的李飞飞教授牵头创立了一个非常庞大的图像数据库，其中包含 1400 万张图像，超过 20 000 个类别，图库名为 ImageNet。自 2010 年开始，每年会举办一次大规模的视觉识别挑战比赛（Imagenet LargeScale Visual Recognition Challenge，ILSVRC），所采用的数据源正是 ImageNet 里 1000 个子类中的超过 120 万张图像，参赛者来自世界各国的大学、研究机构以及公司，这是计算机视觉领域最受关注的赛事之一。

第2章　OpenCV图像基本操作

OpenCV是一个开源的跨平台计算机视觉库，该项目于1999年由英特尔公司的研究人员加里·布拉德斯基（Gary Bradski）启动。起因是，Bradski在访学过程中注意到，在很多优秀大学的实验室内，都有公开的且较为完备的计算机视觉接口。这些接口从一届学生传到另一届学生，对于刚入门的新人来说，使用这些接口可以更有效地开展工作。OpenCV项目的目标是开发一个普遍可用的计算机视觉库，在视觉研究领域为学者提供通用的架构及开源的代码。

OpenCV库是用C和C++语言编写的，可以在多种操作系统上安装并运行，其目的是提供一个简洁而又高效的接口，从而帮助开发人员快速地构建应用视觉库。本章将介绍OpenCV的具体配置过程及其基本的使用方法。

2.1　如何使用OpenCV

OpenCV-Python是专属Python的计算机视觉程序包。Python的开发环境有很多种，在实际开发时，可以根据需要选择一种适合的开发环境。

本书的开发环境为Ubuntu16.04、Anaconda3-5.2.0、Python3.6.5及opencv_python-3.4.2.17。具体的配置步骤如下。

1．Anaconda的配置

Anaconda官网上安装包的下载地址是国外的服务器，在下载中会出现速度很慢甚至失败的情况，国内的学者可以在清华大学开源软件镜像网站上进行下载，Anaconda3-5.2.0使用的是Python3.6.5，如图2-1所示。

Anaconda3-5.0.1-Windows-x86.exe	420.4 MiB	2017-10-26 00:44
Anaconda3-5.0.1-Windows-x86_64.exe	514.8 MiB	2017-10-26 00:45
Anaconda3-5.1.0-Linux-ppc64le.sh	285.7 MiB	2018-02-15 23:22
Anaconda3-5.1.0-Linux-x86.sh	449.7 MiB	2018-02-15 23:23
Anaconda3-5.1.0-Linux-x86_64.sh	551.2 MiB	2018-02-15 23:24
Anaconda3-5.1.0-MacOSX-x86_64.pkg	594.7 MiB	2018-02-15 23:24
Anaconda3-5.1.0-MacOSX-x86_64.sh	511.3 MiB	2018-02-15 23:24
Anaconda3-5.1.0-Windows-x86.exe	435.5 MiB	2018-02-15 23:26
Anaconda3-5.1.0-Windows-x86_64.exe	537.1 MiB	2018-02-15 23:27
Anaconda3-5.2.0-Linux-ppc64le.sh	288.3 MiB	2018-05-31 02:37
Anaconda3-5.2.0-Linux-x86.sh	507.3 MiB	2018-05-31 02:37
Anaconda3-5.2.0-Linux-x86_64.sh	621.6 MiB	2018-05-31 02:38
Anaconda3-5.2.0-MacOSX-x86_64.pkg	613.1 MiB	2018-05-31 02:38
Anaconda3-5.2.0-MacOSX-x86_64.sh	523.3 MiB	2018-05-31 02:39
Anaconda3-5.2.0-Windows-x86.exe	506.3 MiB	2018-05-31 02:41
Anaconda3-5.2.0-Windows-x86_64.exe	631.3 MiB	2018-05-31 02:41
Anaconda3-5.3.0-Linux-ppc64le.sh	305.1 MiB	2018-09-28 06:42
Anaconda3-5.3.0-Linux-x86.sh	527.2 MiB	2018-09-28 06:42
Anaconda3-5.3.0-Linux-x86_64.sh	636.9 MiB	2018-09-28 06:43

图2-1　Anaconda安装包下载页面

2. OpenCV 的安装

可以从 OpenCV 官网下载其对应的安装包，并编译后使用，也可以直接使用第三方提供的预编译包进行安装。

本书选择由 PyPI 提供的 OpenCV 安装包，可以在官网下载对应的版本，本书采用 opencv_python-3.4.2.17 版本，如图 2-2 所示。

Project links			
Homepage	opencv_python-3.4.2.17-cp37-cp37m-win_amd64.whl (33.8 MB)	Wheel	cp37
	opencv_python-3.4.2.17-cp37-cp37m-win32.whl (23.1 MB)	Wheel	cp37
Statistics	opencv_python-3.4.2.17-cp37-cp37m-manylinux1_x86_64.whl (25.0 MB)	Wheel	cp37
GitHub statistics: Stars: 2,395	opencv_python-3.4.2.17-cp37-cp37m-manylinux1_i686.whl (24.9 MB)	Wheel	cp37
Forks: 477; Open issues/PRs: 30	opencv_python-3.4.2.17-cp37-cp37m-macosx_10_6_x86_64.macosx_10_9_intel.macosx_10_9_x86_64.macosx_10_10_intel.macosx_10_10_x86_64.whl (42.2 MB)	Wheel	cp37
View statistics for this project via Libraries.io, or by using our public dataset on Google BigQuery	opencv_python-3.4.2.17-cp36-cp36m-win_amd64.whl (33.8 MB)	Wheel	cp36
Meta	opencv_python-3.4.2.17-cp36-cp36m-win32.whl (23.1 MB)	Wheel	cp36
License: MIT License (MIT); Maintainer: Olli-Pekka Heinisuo	opencv_python-3.4.2.17-cp36-cp36m-manylinux1_x86_64.whl (25.0 MB)	Wheel	cp36
Maintainers	opencv_python-3.4.2.17-cp36-cp36m-manylinux1_i686.whl (24.9 MB)	Wheel	cp36

图 2-2　OpenCV 安装包下载页面

下载完成后，在控制台内使用 pip install 命令追加完整路径文件名，即可完成安装。具体为：

```
>> pip install opencv_python-3.4.2.17-cp36-cp36m-manylinux1_x86_64.whl
```

安装完成后，在控制台内使用 conda list 语句查看安装是否成功，如果安装成功，则会显示已安装成功的 OpenCV 库以及对应的版本等信息，如图 2-3 所示。需要注意的是，不同安装包的名称及版本号可能略有差异。

```
Terminal - anaconda@desktop2: ~
File Edit View Terminal Tabs Help
numba            0.35.0      np113py36_10       defaults
numexpr          2.6.2       py36hdd3393f_1     defaults
numpy            1.13.3      py36ha12f23b_0     defaults
numpy            1.16.4                 <pip>
numpydoc         0.7.0       py36h18f165f_0     defaults
odo              0.5.1       py36h90ed295_0     defaults
olefile          0.44        py36h79f9f78_0     defaults
opencv-python    3.4.2.17               <pip>
openpyxl         2.4.8       py36h41dd2a8_1     defaults
openssl          1.0.2l          h077ae2c_5     defaults
packaging        16.8        py36ha668100_1     defaults
pandas           0.20.3      py36h842e28d_2     defaults
pandas           0.19.2                 <pip>
pandoc           1.19.2.1        hea2e7c5_1     defaults
pandocfilters    1.4.2       py36ha6701b7_1     defaults
pango            1.40.11         h8191d47_0     defaults
partd            0.3.8       py36h36fd896_0     defaults
patchelf         0.9             hf79760b_2     defaults
path.py          10.3.1      py36he0c6f6d_0     defaults
pathlib2         2.3.0       py36h49efa8e_0     defaults
patsy            0.4.1       py36ha3be15e_0     defaults
pcre             8.41            hc71a17e_0     defaults
pep8             1.7.0       py36h26ade29_0     defaults
pexpect          4.2.1       py36h3b9d41b_0     defaults
```

图 2-3　OpenCV 版本信息

2.2 图像的基础操作

本节介绍图像的基本表示方法，图像和视频的读取、显示和存储，像素的处理与访问，图像感兴趣区域的提取及通道处理等基础操作。

2.2.1 图像的基本表示方法

在客观世界中，以自然形式呈现出的图像通常称为物理图像，但计算机并不能直接处理物理图像，因为计算机只认识离散数字，所以一幅图像在使用计算机处理前必须转化为数字，即数字图像。

数字图像是指物理图像的连续信号值被离散化后，由被称为像素的小块区域组成的二维矩阵。图 2-4 展示了物理图像与其对应的数字图像像素之间的关系。

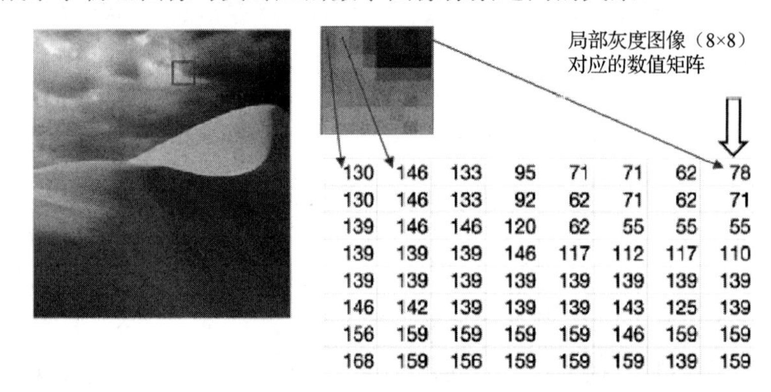

图 2-4　物理图像与其对应的数字图像像素之间的关系

常见的数字图像有三类，即二值图像、灰度图像、彩色图像。

1．二值图像

二值图像中的图像只有黑和白两种颜色。计算机通常以数字方式来表示和处理图像，如图 2-5 是一个字母 A 的图像。计算机在处理该图像时，会将其分成一个个的小方块，小方块一般是图像的最小表示单位，即像素点。将黑色的小方块表示为 0，白色的小方块表示为 1，以便进行存储和处理操作。

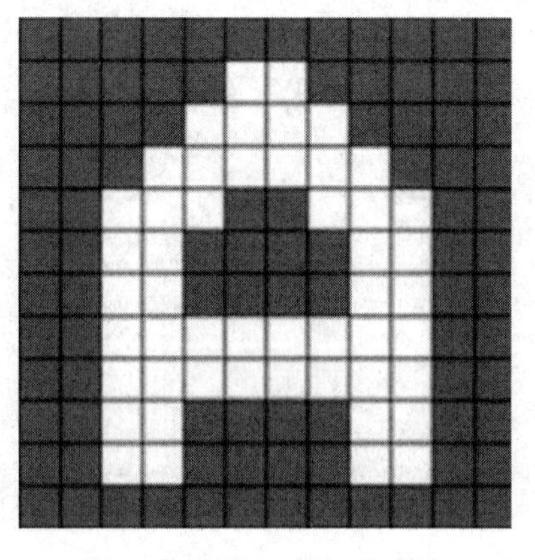

图 2-5　字母 A 的二值图像

如上所述，字母 A 在计算机中的存储形式如图 2-6 所示。

0	0	0	0	0	0	0	0	0	0	0	0
0	0	0	0	0	1	1	0	0	0	0	0
0	0	0	0	1	1	1	1	0	0	0	0
0	0	0	1	1	1	1	1	1	0	0	0
0	0	1	1	1	0	0	1	1	1	0	0
0	0	1	1	0	0	0	0	1	1	0	0
0	0	1	1	0	0	0	0	1	1	0	0
0	0	1	1	1	1	1	1	1	1	0	0
0	0	1	1	1	1	1	1	1	1	0	0
0	0	1	1	0	0	0	0	1	1	0	0
0	0	1	1	0	0	0	0	1	1	0	0
0	0	0	0	0	0	0	0	0	0	0	0

图 2-6　二值图像字母 A 在计算机中的存储形式

2. 灰度图像

二值图像表示简单且图像占用空间小，一般用来表示简单的图像。图 2-7 为 lena 的灰度图像，可以看出，该图像中除黑白两色外还加入了不同亮度的灰色，展现出了图像更多的细节信息。

计算机通常使用 256 个灰度级来表示灰度图像，用数值区间[0,255]表示。其中，“0”表示纯黑，“255”表示纯白，其余的数字表示从纯黑到纯白之间不同级别的灰度。

图 2-7　lena 的灰度图像

用于表示 256 个灰度级的数值为 0～255。图 2-8 为灰度级数值与灰度颜色的对应情况。

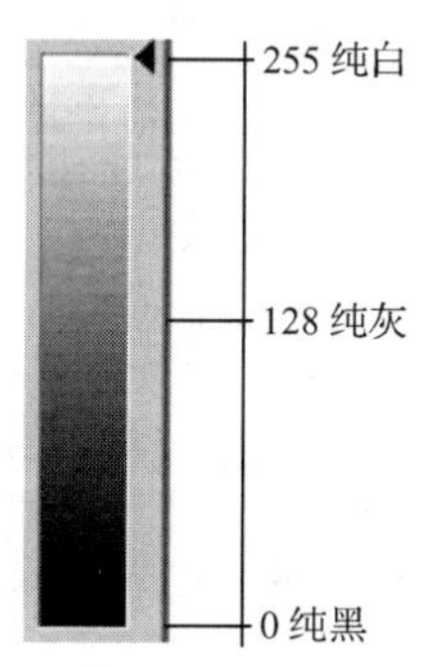

图 2-8　灰度级数值与灰度颜色的对应情况

按照上述方法，图 2-8 中的灰度图像可表示为一个各行各列的数值都在[0,255]之间的矩阵，具体的行列数与图像大小有关。

3．彩色图像

相比于二值图像和灰度图像，彩色图像是更常见的一类图像，能表现更丰富的细节信息。

神经生理学实验发现，在视网膜上存在三种不同的颜色感受器，能够感受三种不同的颜色：红色、绿色和蓝色，即三基色。自然界中常见的各种色光都可以通过将三基色按照一定的比例混合构成。将采用不同方式表述颜色的模式称为色彩空间，本书介绍较为常用的 RGB 色彩空间。

在 RGB 色彩空间中，存在三个通道：R（Red，红色）通道、G（Green，绿色）通道和 B（Blue，蓝色）通道。每个色彩通道值的范围都在[0,255]之间，我们用这三个色彩通道的组合表示颜色。表 2-1 展示了 RGB 值及颜色示例。

表 2-1　RGB 值及颜色示例

R 值	G 值	B 值	RGB 值	颜　　色
0	0	0	(0,0,0)	纯黑色
255	255	255	(255,255,255)	纯白色
255	0	0	(255,0,0)	红色
0	255	0	(0,255,0)	绿色
0	0	255	(0,0,255)	蓝色
114	141	216	(114,141,216)	天蓝色
139	69	19	(139,69,19)	棕色

彩色图像是指每个像素的信息都由 RGB 三基色构成的图像，其中 RGB 是由不同的灰度级来描述的。彩色图像在计算机中的表示如图 2-9 所示，其左侧的小块彩色图像，可以理解为由右侧的 R 通道、G 通道、B 通道构成，彩色图像中方块左上角顶点的 RGB 值为(205,89,68)。因此，通常使用三维数组来表示 RGB 图像。

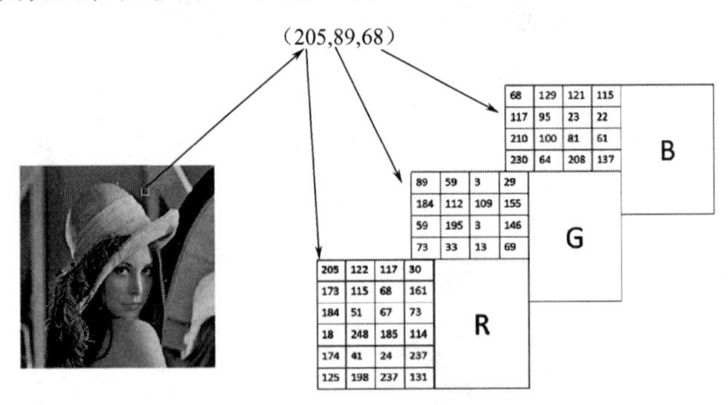

图 2-9　彩色图像在计算机中的表示

图像的三种表示方法可以进行转换，如将灰度图像转化为二值图像，将彩色图像转化为灰度图像等。

2.2.2 图像的读取、显示和存储

图像的读取、显示和存储都是图像处理的基本操作。

1. 图像的读取

在 OpenCV 中使用 cv2.imread()函数来读取图像，该函数支持各种静态图像格式，其语法格式为：

```
retval = cv2.imread(filename[,flags])
```

其中：

- retval 是返回值，其值是读取到的图像。当未读取到图像时，返回“None”。
- filename 表示所要读取图像的完整文件路径。
- flags 是读取标记。该标记用来控制读取文件的类型，具体如表 2-2 所示。表 2-2 中的第一列参数与第三列数值是等价的，如 cv2.IMREAD_UNCHANGED 的值为−1，在设置参数时，既可以使用第一列的参数值，也可以采用第三列的数值。

表 2-2　读取图像函数参数 flags 部分值的含义

值	含　义	数值
cv2.IMREAD_UNCHANGED	保持原格式不变	-1
cv2.IMREAD_GRAYSCALE	将图像调整为单通道的灰度图像	0
cv2.IMREAD_COLOR	将图像调整为三通道的 RGB 图像，该值是默认值	1
cv2.IMREAD_ANYDEPTH	当载入的图像深度为 16 位或者 32 位时，返回其对应的深度图像；否则，转为 8 位图像	2
cv2.IMREAD_ANYCOLOR	以任何有可能的颜色格式读取图像	4
cv2.IMREAD_LOAD_GDAL	使用 GDAL 驱动程序加载图像	8
cv2.IMREAD_REDUCED_GRAYSCALE_2	将图像转换为单通道灰度图像，并将尺寸减少为原来的 1/2	
cv2.IMREAD_REDUCED_COLOR_2	将图像转换为三通道 RGB 彩色图像，并将尺寸减少为原来的 1/2	

该函数支持读取的图像类型如表 2-3 所示。

表 2-3　cv2.imread()函数支持读取的图像类型

图　像	扩 展 名
Windows 位图	*.bmp、*dib
JPEG	*.jpeg、*.jpg、*.jpe
JPEG 2000	*.jp2
便携式网络图形文件	*.png
WebP 文件	*.webp
便携式图像格式	*.pbm、*.pgm、*.ppm、*.pxm、*.pnm
Sun rasters	*.sr、*.ras
TIFF	*.tiff、*.tif
OpenEXR	*.exr
Radinance 格式	*.hdr、*.pic
GDAL 支持的栅格和矢量地理空间数据	Raster、Vector

例如，要读取当前目录下文件名为 lena.jpg 的图像，并保持按照原有格式读入，则使用的语句为：

```
lena = cv2.imread（"lena.jpg",-1）
```

需要注意，上述代码若要正确运行，应首先导入 cv2 模块，大多数常用的 OpenCV 函数都在 cv2 模块内。与 cv2 模块对应的 cv 模块则代表传统版本的模块。这里的 cv2 是指该模块引入了一个改善的 API 接口，而不是针对 OpenCV 2 版本的。在 cv2 模块内部采用了面向对象的编程方式，而在 cv 模块内更多采用的是面向过程的编程方式。

本书中所使用的模块函数都是 cv2 模块函数，为便于理解，在函数名前加了前缀“cv2.”。但是如果函数名出现在标题中时，希望突出的是该函数本身，所以未加前缀“cv2.”。

【例 2.1】 使用 cv2.imread()函数读取一幅图像。

根据题目要求，编写代码如下：

```
import cv2
img = cv2.imread('lena.jpg')
print(img)
```

上述程序首先会读取当前目录下的图像 lena.jpg，其次使用 print 语句打印读取的图像数据。程序运行后，会输出图像的部分像素值，如图 2-10 所示。

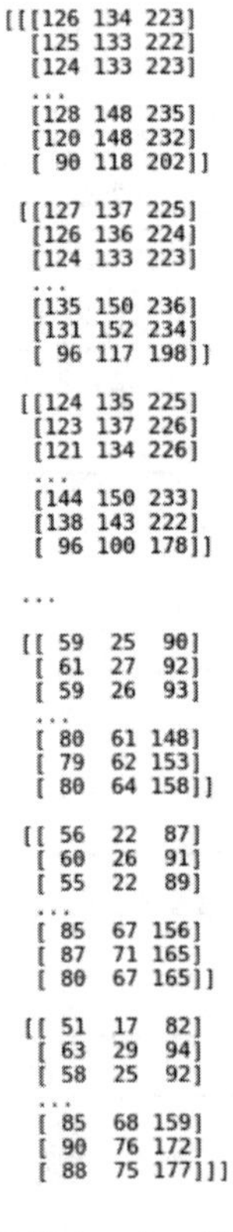

```
[[[126 134 223]
  [125 133 222]
  [124 133 223]
  ...
  [128 148 235]
  [120 148 232]
  [ 90 118 202]]

 [[127 137 225]
  [126 136 224]
  [124 133 223]
  ...
  [135 150 236]
  [131 152 234]
  [ 96 117 198]]

 [[124 135 225]
  [123 137 226]
  [121 134 226]
  ...
  [144 150 233]
  [138 143 222]
  [ 96 100 178]]

 ...

 [[ 59  25  90]
  [ 61  27  92]
  [ 59  26  93]
  ...
  [ 80  61 148]
  [ 79  62 153]
  [ 80  64 158]]

 [[ 56  22  87]
  [ 60  26  91]
  [ 55  22  89]
  ...
  [ 85  67 156]
  [ 87  71 165]
  [ 80  67 165]]

 [[ 51  17  82]
  [ 63  29  94]
  [ 58  25  92]
  ...
  [ 85  68 159]
  [ 90  76 172]
  [ 88  75 177]]]
```

图 2-10　图像 lena.jpg 的部分像素值

2. 图像的显示

OpenCV 提供了多个与显示有关的函数，下面介绍常用的几个函数。

1）.namedWindow()函数

cv2.namedWindow()函数用来创建指定名称的窗口，其语法格式为：

```
None = cv2.namedWindow(winname)
```

其中，winname 是要创建的窗口的名称。

例如，下列语句会创建一个名为 lesson 的窗口。

```
cv2.namedWindow("lesson")
```

2）.imshow()函数

cv2.imshow()函数用来显示图像，其语法格式为：

```
None = cv.imshow(winname, mat)
```

其中：

- winname 是窗口名称。
- mat 是要显示的图像。

【例 2.2】在一个窗口内显示读取的图像。

根据题目要求，编写代码如下：

```
import cv2
lena = cv2.imread("lena.jpg")
cv2.namedWindow("lesson")
cv2.imshow("lesson",lena)
```

在本程序中，首先通过 cv2.imread()函数读取图像 lena.jpg，之后通过 cv2.namedWindow()函数创建一个名为 lesson 的窗口，最后通过 cv2.imshow()函数在窗口 lesson 内显示图像 lena.jpg。

运行上述程序，得到的运行结果如图 2-11 所示。

图 2-11　函数输出显示的图像

实际使用中，可以先通过 cv2.namedWindow()函数来创建一个窗口，再让 cv2.imshow()函数引用该窗口来显示图像。也可以不创建窗口，直接使用 cv2.imshow()函数引用一个并不存在的窗口，并在其中显示指定的图像，这样 cv2.imshow()函数实际上会完成创建默认窗口和显示图像两步操作。

3）.waitKey()函数

cv2.waitKey()函数用来等待按键，当用户按下键盘后，该语句会被执行，并获取返回值。其语法格式为：

```
retval = cv2.waitKey([delay])
```

其中：

- retval 表示返回值。如果没有按键被按下，则返回−1；如果有按键被按下，则返回该按键的 ASCII 码。
- delay 表示等待键盘触发的时间，单位是毫秒（ms）。当该值是负数或者零时，表示无限等待。该值默认为 0。

在实际使用中，可以通过 cv2.waitKey()函数获取按下的按键，并针对不同的按键做出不同的反应，从而实现交互功能。例如，如果按下 A 键，则关闭窗口；如果按下 B 键，则生成一个窗口副本。

下面通过一个示例演示如何通过 cv2.waitKey()函数实现交互功能。

【例 2.3】在一个窗口内显示图像，并针对按下的按键做出不同的反应。

根据题目场景，编写如下代码：

```
import cv2
lena = cv2.imread("lena.jpg")
cv2.imshow("demo",lena)
key = cv2.waitKey()
if key == ord('A'):
    cv2.imshow("Press A",lena)
elif key == ord("B"):
    cv2.imshow("Press B",lena)
```

上述代码中使用的 ord()函数是用来获取字符的 ASCII 码值的。

运行上述程序，按下键盘上的 A 键或 B 键，都会出现一个新的显示图像 lena 的窗口。不同之处为窗口的命名，如果按键为 A，则窗口的名称为“Press A”；如果按键为 B，则窗口的名称为“Press B”，如图 2-12 所示。

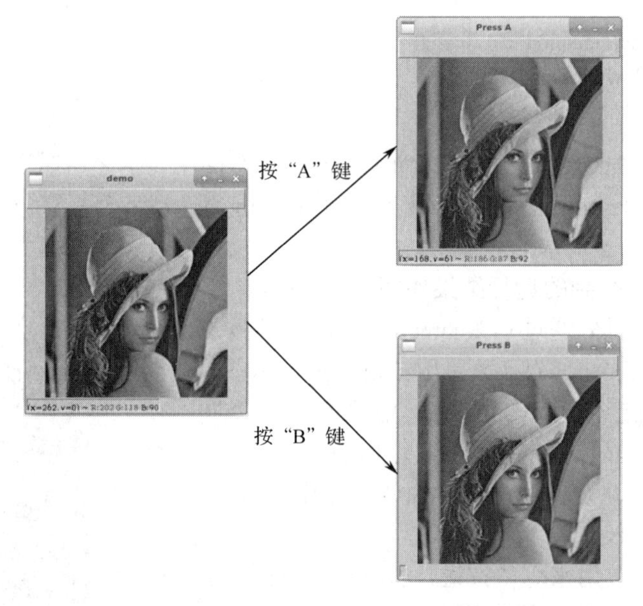

图 2-12　根据按下的键做出不同的反应

waitKey()函数还能让程序实现暂停功能。根据参数 delay 值的不同，程序运行可能有不同的情况：

- 如果参数 delay 的值为 0，则程序会一直等待。直到有按下键盘按键的事件发生时，才会执行后续程序。
- 如果参数 delay 的值为一个正数，则在这段时间内，程序等待按下键盘按键。当有按下键盘按键的事件发生时，则继续执行后续程序语句；如果在 delay 参数所指定的时间内一直没有按下键盘按键的事件发生，则超过等待时间后，继续执行后续的程序语句。

4）.destroyWindow()函数

cv2.destroyWindow()函数用来释放（销毁）指定窗口，其语法格式为：

```
None = cv2.destroyWindow(winname)
```

其中，winname 是窗口的名称。在实际使用中，该函数通常与 cv2.waitKey()函数组合实现窗口的释放。

【例 2.4】 使用 cv2.destroyWindow()函数释放窗口。

根据题目要求，编写程序如下：

```
import cv2
lena = cv2.imread ("lena.jpg")
cv2.imshow("demo",lena)
cv2.waitKey()
cv2.destroyWindow("demo")
```

上述程序首先会在一个名为 demo 的窗口内显示 lena.jpg 图像。在程序运行的过程中，当未按下键盘上的按键时，程序保持当前状态；当按下键盘上的任意按键后，窗口 demo 会被释放。

与 cv2.destroyWindow()函数对应的还有 cv2.destroyAllWindows()函数，用来释放所有的图像窗口，其语法格式为：

```
None = cv2.destroyAllWindows()
```

3．图像的保存

cv2.imwrite()函数用来保存图像，其语法格式为：

```
retval = cv2.imwrite(filename, img[, params])
```

其中：

- retval 是返回值。如果保存文件成功，则返回 True；否则，返回 False。
- filename 是为目标文件设置的完整保存路径，需要包含目标文件扩展名。
- img 为待存图像的名称。
- params 为保存类型参数，是可选的。该参数主要有以下几类：cv2.CV_IMWRITE_JPEG_QUALITY 可设置图像格式为.jpeg 或者.jpg 的图像质量，其值为 0～100（数值越大，质量越高），默认为 95；cv2.CV_IMWRITE_WEBP_QUALITY 可设置图像格式为.webp 格式的图像质量，其值为 0～100；cv2.CV_IMWRITE_PNG_COMPRESSION 可设置.png 格式图像的压缩比，其值为 0～9（数值越大，压缩比越大），默认为 3。

注意：cv2.IMWRITE_JPEG_QUALITY 类型为 long，必须转换成 int；cv2.IMWRITE_PNG_COMPRESSION 的值越大，表示压缩级别越高，图像越小。

【例 2.5】 保存图像文件 img 到当前目录下。

根据题目要求，编写程序如下：

```
import cv2
img = cv2.imread("lena.jpg")
a = cv2.imwrite('saveimg.png', img)
cv2.imshow("yuanshi",a)
```

【例 2.6】以图像质量 5 保存图像为 JPEG 格式，以压缩级别 5 保存图像为 png 格式。

根据题目要求，编写程序如下：

```
import cv2
img = cv2.imread("lena.jpg")
#注意，cv2.IMWRITE_JPEG_QUALITY 类型为 long，必须转换成 int
r1 = cv2.imwrite('saveimg11.jpg', img, [int(cv2.IMWRITE_JPEG_QUALITY), 5])
#对于 PNG 格式图像，第三个参数表示压缩级别
r2 = cv2.imwrite('saveimg11.png', img, [int(cv2. IMWRITE_PNG_COMPRESSION), 5])
cv2.imshow('r1-jpg',r1)
cv2.imshow('r2-png',r2)
```

2.2.3 视频序列的读取和存储

视频是一种常见的视觉信息，也经常作为视觉处理过程中的信号。实际上，视频是由一幅幅图像构成的，组成视频的一幅图像称为一帧。视频播放速度的单位是“帧/秒”，即一秒出现多少帧图像。

当物体在快速运动时，人眼仍能继续保留影像前 1/24s 左右的图像，这种现象被称为视觉暂留现象。因此，只要 1s 播放的图像超过 24 幅，展现在人们面前的就是连续的动画。

OpenCV 提供了 VideoCapture 类和 VideoWrite 类来支持对视频图像的操作。本节介绍这两类方法的相关函数，并利用这些函数实现播放视频文件、读取摄像头、保存视频等功能。

1．VideoCapture 类

视频序列的读取主要是调用 cv2.VideoCapture 类，利用其进行视频处理非常简单、快捷，既能处理视频文件又能处理摄像头信息。cv2.VideoCapture()类的常用函数包括初始化、打开、捕获帧、释放等。

1）初始化

初始化用于摄像头的打开和初始化工作，或者进行视频文件的读取，其语法格式为：

```
cap = cv2.VideoCapture(args)
```

其中：

- cap 是函数返回值，返回打开的对象。
- 当 args 为视频文件名时，表示打开视频文件；当 args 为摄像头 ID 号时，表示打开摄像头并捕获图像。

摄像头 ID 号默认值为-1，表示随机选取一个摄像头；如果有多个摄像头，则用数字“0”表示第 1 个摄像头，用数字“1”表示第 2 个摄像头，依次类推。所以，如果只有一个摄像头，则既可以使用“0”，也可以使用“-1”作为其 ID 号。

例如，要打开第 1 个摄像头，可以使用语句：

```
cap = cv2.VideoCapture(0)
```

要打开当前目录下的视频文件 test.avi，可以使用语句：

```
cap = cv2.VideoCapture('test.avi')
```

2）打开

在一般情况下，使用 cv2.VideoCapture()函数即可完成摄像头或视频文件的初始化，但有

时会发生初始化错误。为了防止初始化错误，可以使用 cv2.VideoCapture.isOpened()函数来检查初始化是否成功。该函数的语法格式为：

```
retval = cv2.VideoCapture.isOpened()
```

其中：retval 为返回值，如果初始化成功，则返回 True；如果不成功，则返回 False。

如果初始化失败，则可以使用 cv2.VideoCapture.open()函数重新打开视频文件或者摄像头。其语法格式为：

```
retval = cv2.VideoCapture.open(args)
```

3）捕获帧

摄像头初始化成功后，就可以开始从摄像头中捕获帧了。捕获帧使用的是 cv2.VideoCapture.read()函数。该函数的语法格式为：

```
retval,image = cv2.VideoCapture.read()
```

其中：

- image 是返回的捕获到的帧，如果未捕获到，则该值为空。
- retval 表示捕获是否成功，如果成功则为 True，不成功则为 False。

4）释放

操作完成后，需要关闭使用的摄像头或视频文件，可以使用 cv2.VideoCapture.release()函数完成。该函数的语法格式为：

```
None = cv2.VideoCapture.release()
```

【例 2.7】使用 cv2.VideoCapture 类捕获摄像头视频。

根据题目要求，编写代码如下：

```
import numpy as np
import cv2
cap = cv2.VideoCapture(0)
while(cap.isOpened()):
    ret,frame = cap.read()
    cv2.imshow('frame',frame)
    c = cv2.waitKey(1)
    #若按键为 Esc 键
    if c == 27:
      break
cap.release()
```

上述程序实现了从摄像头读取帧并显示在窗口中，按下 Esc 键可关闭摄像头，并退出程序。

【例 2.8】使用 cv2.VideoCapture 类播放视频文件。

根据题目要求，编写代码如下：

```
import numpy as np
import cv2
cap = cv2.VideoCapture('test.avi')
```

```
while(cap.isOpened()):
    ret,frame = cap.read()
    cv2.imshow('frame',frame)
    c = cv2.waitKey(25)
    #若按键为 Esc 键
    if c==27:
      break
cap.release()
cv2.destroyAllWindows()
```

上述程序实现了按照一定的速率播放视频，播放速率与 cv2.waitKey()函数的参数有关，参数数值越大，帧停留时间越长、播放速度越慢；参数数值越小，帧停留时间越短、播放速度越快。

2. VideoWriter 类

OpenCV 的 cv2.VideoWriter 类可以将图像序列保存成视频文件，也可以修改视频的各种属性，还可以完成对视频类型的转换。转换时有两个常用函数：构造函数和 write 函数。转换完成后，还应调用函数释放掉 cv2.VideoWriter 类。

1）构造函数

VideoWriter 类的构造函数用来实现初始化工作，其语法格式为：

```
<VideoWriter object> = cv2.VideoWriter(filename, fourcc, fps, frameSize[, isColor])
```

其中：

- fps 为帧速率。
- frameSize 为要保存的文件的画面尺寸。
- isColor 表示是黑白画面还是彩色画面。
- filename 是要保存的文件的完整路径和文件名。
- fourcc 表示视频编/解码格式。OpenCV 还提供了 v2.VideoWriter()函数来指定视频编码格式。cv2.VideoWriter()函数有 4 个字符参数，这 4 个字符参数构成了编/解码器的“4 字标记”，每个编/解码器都有一个这样的标记。表 2-4 列出了几个常用的编/解码器对应的标记。

表 2-4 常用的编/解码器对应的标记

标　记	对应的编/解码格式
'I','4','2','0'	表示未压缩的 YUV 颜色编码格式，色度子采样为 4∶2∶0。该编码格式具有较好的兼容性，但产生的文件较大，文件扩展名为.avi
'P','I','M','I'	表示 MPEG-1 编码类型，生成的文件的扩展名为.avi
'X','V','I','D'	表示 MPEG-4 编码类型。如果希望得到的视频大小为平均值，则可以选用这个参数组合。该组合生成的文件的扩展名为.avi
'T','H','E','O'	表示 Ogg Vorbis 编码类型，文件的扩展名为.ogv
'F','L','V','I'	表示 Flash 视频，生成的文件的扩展名为.flv

VideoWriter 的参数 fourcc 为“-1”时，表示以弹窗方式选择对应的编/解码方式。在程序运行时，可以根据需求在弹出的窗口中选择合适的压缩程序和压缩质量，如图 2-13 所示。

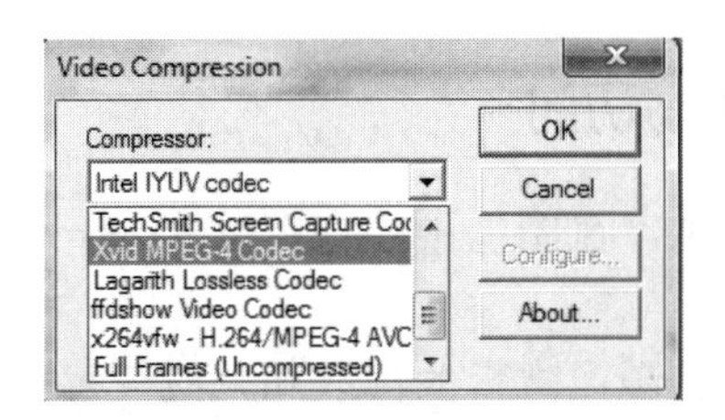

图 2-13　fourcc 选项图示

例如，使用 VideoWriter 类可以进行如下的初始化工作：

```
fourcc = cv2.VideoWriter_fourcc('X','V','I','D')
out = cv2.VideoWriter('output.avi',fourcc, 20, (640,480))
```

2）视频帧写入

cv2.VideoWriter 类中的 cv2.VideoWriter.write()函数用于写入下一帧视频，其语法格式为：

```
None = cv2.VideoWriter.write(image)
```

其中：参数 image 是要写入的视频帧。在调用该函数时，直接将要写入的视频帧传入该函数即可。例如，有一个视频帧为 frame，要将其写入名为 out 的 cv2.VideoWriter 类对象内，则使用语句：

```
out.write(frame)
```

3）释放

操作结束后，需要将 cv2.VideoWriter 类释放掉，可使用 cv2.VideoWriter.release()函数。

例如，释放掉名为 out 的 cv2.VideoWriter 类对象，则对应的语句为：

```
out.release()
```

【例 2.9】使用 cv2.VideoWriter 类保存摄像头视频文件。

根据题目要求，编写代码如下：

```
import numpy as np
import cv2
cap = cv2.VideoCapture(0)
fourcc = cv2.VideoWriter_fourcc('I','4','2','0')
out = cv2.VideoWriter('output.avi',fourcc, 20, (1920,1080))
while(cap.isOpened()):
    ret, frame = cap.read()
    if ret == True:
        out.write(frame)
        if cv2.waitKey(10) == 27:
            break
cap.release()
out.release()
cv2.destroyAllWindows()
```

2.2.4 图像像素的处理与访问

像素是构成图像的基本单位，在图像中的存在形式为一个个的像素值，像素处理是图像处理的基本操作。

本节以灰度图像为例，讨论图像像素的读取和修改。每个图像都可以理解为一个矩阵，每个像素都是矩阵中的一个数字序列（即一个元素值）。使用 OpenCV 读取图像后，返回的对象是 Numpy 库中的数组类型；读取一个灰度图像时，返回的是一个二维数组；读取一个 RGB 三通道的图像时，返回的是一个三维数组。操作图像和操作数组类似。例如，读取一张图像，赋值给变量 img，则可以使用 img[1,2]访问图像第 1 行第 2 列位置上的像素点。其中，第 1 个索引表示第 1 行，第 2 个索引表示第 2 列。下面通过一系列案例来演示图像像素的处理与访问。

【例 2.10】使用 Numpy 库生成一幅黑色图像，并对其进行访问、修改。

根据要求，本例使用 Numpy 库生成一个 80×80 大小、值为 0 的二维数组，代码如下：

```
import cv2
import numpy as np
#Numpy 库中的 zeros()函数可以生成一个元素值都是 0 的数组。这里使用 zeros()函数生成一个 80×80
#大小的二维数组，其中所有的值都是 0，数值类型是 np.uint8。根据该数组的属性，可以将其看成
#一个黑色的图像
img = np.zeros((80,80) ,dtype=np.uint8)
print('img=\n',img)
cv2.imshow('b',img)
#语句 img[30:40,30:40]访问的是指定区域的像素点。应注意，行序号、列序号都是从 0 开始的
print('读取像素点 img[30:40,30:40]=',img[30:40,30:40])
#将 img 中指定区域像素点的像素值设置为“255”
img[30:40,30:40] = 255
print('修改后 img=\n',img)
print('读取修改后像素点 img[30:40,30:40] =',img[30:40,30:40])
cv2.imshow('w',img)
cv2.waitKey()
cv2.destroyAllWindows()
```

运行上述程序，会弹出两个窗口，如图 2-14 所示。其中，一个窗口为纯黑色的图像，另一个窗口为黑色且中间有一块白色区域的图像（对应修改后的值 255）。

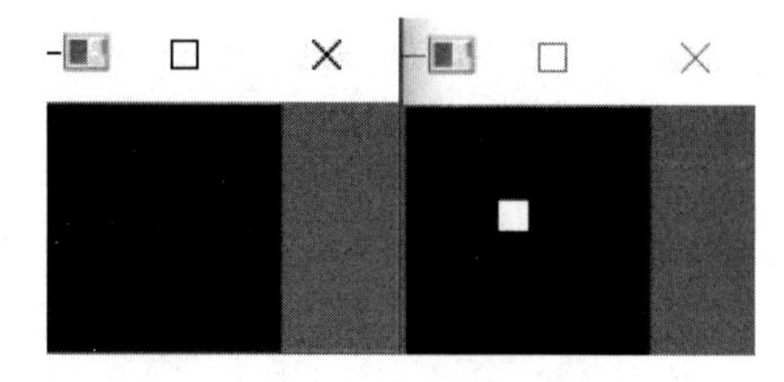

图 2-14 黑色图像像素值修改

控制台输出内容如图 2-15 所示。

```
img-
 [[0 0 0 …  0 0 0]
 [0 0 0 …  0 0 0]
 [0 0 0 …  0 0 0]
 ...
 [0 0 0 …  0 0 0]
 [0 0 0 …  0 0 0]
 [0 0 0 …  0 0 0]]
读取像素点img[30:40,30:40]= [[0 0 0 0 0 0 0 0 0 0]
 [0 0 0 0 0 0 0 0 0 0]
 [0 0 0 0 0 0 0 0 0 0]
 [0 0 0 0 0 0 0 0 0 0]
 [0 0 0 0 0 0 0 0 0 0]
 [0 0 0 0 0 0 0 0 0 0]
 [0 0 0 0 0 0 0 0 0 0]
 [0 0 0 0 0 0 0 0 0 0]
 [0 0 0 0 0 0 0 0 0 0]
 [0 0 0 0 0 0 0 0 0 0]]
修改后img=
 [[0 0 0 ... 0 0 0]
 [0 0 0 ... 0 0 0]
 [0 0 0 ... 0 0 0]
 ...
 [0 0 0 ... 0 0 0]
 [0 0 0 ... 0 0 0]
 [0 0 0 ... 0 0 0]]
读取修改后像素点img[30:40,30:40] = [[255 255 255 255 255 255 255 255 255 255]
 [255 255 255 255 255 255 255 255 255 255]
 [255 255 255 255 255 255 255 255 255 255]
 [255 255 255 255 255 255 255 255 255 255]
 [255 255 255 255 255 255 255 255 255 255]
 [255 255 255 255 255 255 255 255 255 255]
 [255 255 255 255 255 255 255 255 255 255]
 [255 255 255 255 255 255 255 255 255 255]
 [255 255 255 255 255 255 255 255 255 255]
 [255 255 255 255 255 255 255 255 255 255]]
```

图 2-15 黑色图像访问与修改控制台输出内容

通过案例中两个窗口显示的图像以及控制台输出的结果，可以观察到二维数组与图像之间存在着的对应关系。

【例 2.11】使用 Numpy 库生成一张 RGB 三通道的彩色图像，然后对每个像素点进行操作，保留一个通道的值。

根据题目要求，编写代码如下：

```
import numpy as np
import cv2
#随机生成三通道的数组
img = np.random.randint(0,256,(200,200,3),dtype=np.uint8)
#随机的彩色图像
cv2.imshow("yuanshi",img)
#绿色与蓝色修改为 0，仅保留红色通道
img[:,:,0] = 0
img[:,:,1] = 0
img[:,:,2] = 255
#查看修改后的结果
cv2.imshow("red",img)
cv2.waitKey()
cv2.destroyAllWindows()
```

输出如图 2-16 所示，彩色（左图）的为原始图像，红色（右图，名为 red）的为修改后的图像。

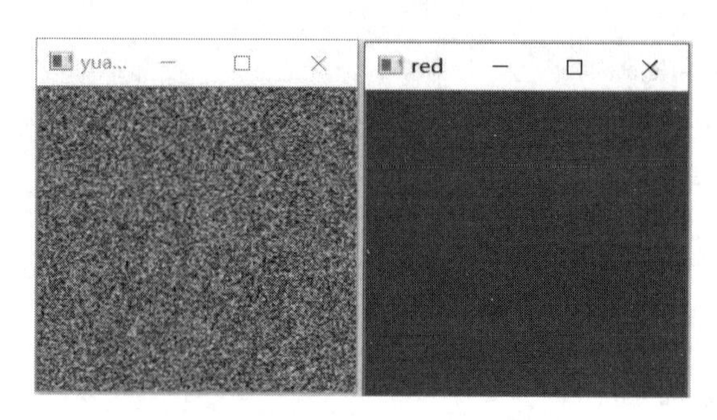

图 2-16　彩色图像访问与修改

【例 2.12】使用 Numpy 库生成一张 RGB 三通道的彩色图像，然后使用 item()函数和 itemset()函数对每个像素点进行操作。

使用数组索引直接访问像素，则随着修改像素点的增多，访问速度逐渐变慢，这时采用 Numpy 库的 item()函数和 itemset()函数访问/修改图像的像素值，可以加快访问/修改速度。

item()函数访问 RGB 模式图像的像素值时，其语法格式为：

```
item(行,列,通道)
```

itemset()函数修改（设置）RGB 模式图像的像素值时，其语法格式为：

```
itemset(三元组索引值,新值)
```

在对 RGB 图像进行访问时，需要同时指定行、列以及行列索引（通道），如 img.item(a,b,c)。

根据题目要求，编写代码如下：

```
import numpy as np
img = np.random.randint (0,256,size=[2,3,3],dtype=np.uint8)
print("img=\n",img)
img.itemset(( 1,2,0),255)
img.itemset(( 0,2,1),255)
img.itemset(( 1,0,2) ,255)
print("修改后的 img=\n",img)
```

相应的输出如图 2-17 所示。

```
img=
 [[[250  52  59]
  [162 113 224]
  [117  19 123]]

 [[ 90  62 223]
  [101 231  39]
  [219  86  19]]]
修改后的img=
 [[[250  52  59]
  [162 113 224]
  [117 255 123]]

 [[ 90  62 255]
  [101 231  39]
  [255  86  19]]]
```

图 2-17　使用 Numpy 库的函数修改像素值

通过以上三个案例可知，图像的本质是各个像素值的累积；可通过下标或相关函数（如

item()函数）来获取图像中指定像素的像素值；对像素的操作是对获取到的像素值进行操作或各种运算。关于 Numpy 数组的各种操作，对像素同样适用，更多关于 Numpy 数组或像素的操作，可参考 Numpy 或 OpenCV 的相关文档。

2.2.5 获取图像属性

不同文件格式的图像所包含的图层、通道和颜色模式等属性是不同的，常见的图像格式有 BMP、TIFF、PSD、JPEG、EPS、GIF、PNG、PDF 等。使用 OpenCV 读取图像后，可获取的图像属性主要包括通道和图像大小（宽高等），而图像的通道、大小等属性均保存在图像的数组对象中。这里介绍几个常用的属性。

- shape：返回图像数组包含的图像行数、列数、通道数（依据图像本身确定是否返回）等，如果是彩色图像，则返回对应的通道数；如果是灰度图像，则仅返回行数和列数。
- size：返回图像数组的像素数目，其值为行×列。
- dtype：返回图像数组的数据类型。

【例 2.13】使用彩色图 lena.jpg 观察彩色图像和灰度图像的属性。

根据题目要求，编写代码如下：

```
import cv2
import numpy as np
img = cv2.imread("lena.jpg")
print("img.shape:",img.shape)
print("img.size:",img.size)
print("img.dtype:",img.dtype)
print("=========================")
img2 = np.zeros((80,80) ,dtype=np.uint8)
print("img2.shape:",img2.shape)
print("img2.size:",img2.size)
print("img2.dtype:",img2.dtype)
```

输出结果如图 2-18 所示。

```
img.shape: (263, 263, 3)
img.size: 207507
img.dtype: uint8
========================
img2.shape: (80, 80)
img2.size: 6400
img2.dtype: uint8
```

图 2-18　获取图像属性

从输出结果可以看出，彩色图像会返回通道数，而灰度图像返回结果无通道数，size 值为行×列×通道数或行×列，dtype 为数据类型。

2.2.6 图像 RoI

在图像处理过程中，需要对图像的某一个特定区域进行操作，该区域被称为 RoI（Region of Interest，感兴趣区域）。在 2.2.4 节中，选定的像素区域也可以被称为 RoI。在选定 RoI 后，就可以针对该区域像素进行操作，常见的操作包括 RoI 选择、复制、运算等。

图像的 RoI 选择可以通过指定图像数组的行、列索引完成，如代码：

```
import cv2
#读取图像
a = cv2.imread('lena.jpg')
#确定 RoI
face = a[100:200,100:180]
#输出原始图像
cv2.imshow('original',a)
#输出 RoI
cv2.imshow('face',face)
cv2.waitKey()
cv2.destroyAllWindows()
```

输出结果如图 2-19 所示。

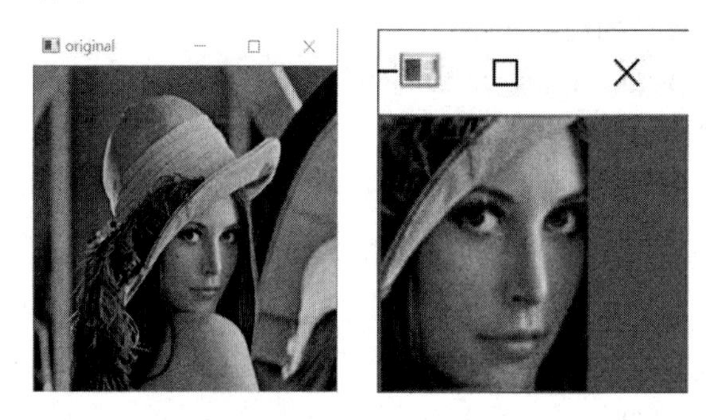

图 2-19　图像的 RoI 选择

在选择 RoI 后，可以构造与 RoI 大小相同的打码图像，方法是将选择的 RoI 复制到原始图像上。具体代码如下：

```
#RoI 打码
import cv2
import numpy as np
a = cv2.imread('lena.jpg')
#原始图像
cv2.imshow('original',a)
#打码区域
face = np.random.randint(0,256,size=[100,80,3],dtype=np.uint8)
#将打码区域复制到原始图像上
a[100:200,100:180] = face
#输出打码
cv2.imshow('face',face)
#输出打码后的图像
cv2.imshow('result',a)
cv2.waitKey()
cv2.destroyAllWindows()
```

输出结果如图 2-20 所示。

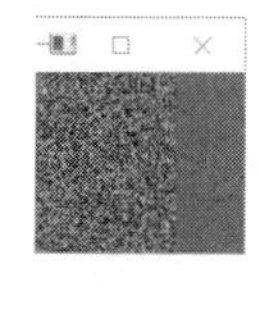
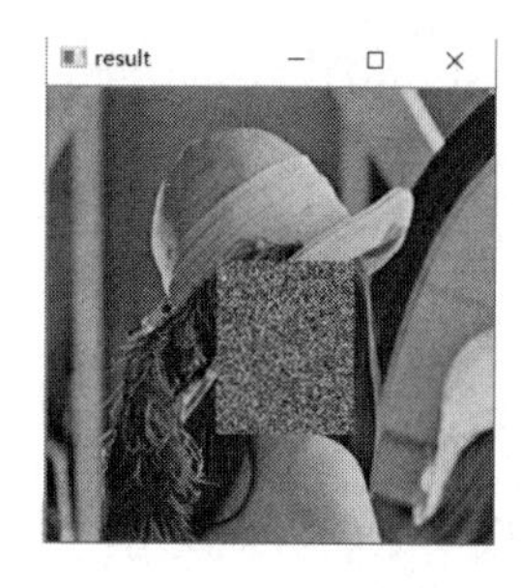

图 2-20　图像的 RoI 打码

2.2.7　图像通道的拆分与合并

常见的图像大多包含 RGB 三个通道，即图像是一个三维数组，最后一维是通道信息，通道的顺序为 R，G，B。需要注意的是，OpenCV 默认是按照 B，G，R 的顺序读取通道信息的。本节主要对图像的通道进行拆分与合并，对图像通道的拆分和合并实际上是对图像通道所在的维度进行操作。

在 OpenCV 中，既可以通过索引的方式拆分通道，也可以通过函数的方式拆分通道。针对 RGB 图像，可以分别拆分出其 R 通道、G 通道、B 通道。

【例 2.14】读取图像，通过索引进行通道拆分。

根据题目要求，编写代码如下：

```
import numpy as np
import cv2
#读取图像
img = cv2.imread("lena.jpg")
#根据索引，获取各个通道的值
blue = img[:,:,0]
green = img[:,:,1]
red = img[:,:,2]
#将各个通道的值通过 np.hstack()函数水平拼接
res = np.hstack((blue,green,red))
cv2.imshow("res",res)
#将 img 图像赋值给 blue1，将 0 索引通道值设置为 0
blue1 = img.copy()
blue1[:,:,0] = 0
#将 img 图像赋值给 green1，将 0，1 索引通道值设置为 0
green1 = img.copy()
green1[:,:,0] = 0
green1[:,:,1] = 0
#将 img 图像赋值给 red1，将 0，1，2 索引通道值设置为 0
red1 = img.copy()
red1[:,:,0] = 0
red1[:,:,1] = 0
red1[:,:,2] = 0
#将各个通道的值通过 np.hstack()函数水平拼接
res1 = np.hstack((blue1,green1,red1))
```

```
cv2.imshow("res1",res1)
#释放窗口
cv2.waitKey()
cv2.destroyAllWindows ()
```

输出结果如图 2-21 所示。

图 2-21　图像通道索引

在该程序中：

- 语句 blue=img[:,:,0]获取了图像的 B 通道，显示为灰色。
- 语句 green=img[:,:,1]获取了图像的 G 通道，显示为灰色。
- 语句 red=img[:,:,2]获取了图像的 R 通道，显示为灰色。
- 语句 blue1[:,:,0] = 0 将图像 blue1 的 B 通道设置为 0，显示为黄橙色调。
- 语句 green1[:,:,0] = 0、green1[:,:,1] = 0 将图像 blue1 的 B、G 通道设置为 0，显示为红色调。
- 语句 red1[:,:,0] = 0、red1[:,:,1] = 0、red1[:,:,2] = 0 将图像 red1 的 B、G、R 通道都设置为 0，显示为黑色调。

【例 2.15】使用 OpenCV 的 split()函数进行通道拆分。

cv2.split()函数能够拆分图像的通道。例如，可以使用如下语句拆分彩色 BGR 图像 img，得到 B 通道图像 b、G 通道图像 g 和 R 通道图像 r。

```
b,g,r = cv2.split(img)
```

上述语句与如下语句是等价的：

```
b = cv2.split(a)[0]
g = cv2.split(a)[1]
r = cv2.split(a)[2]
```

使用 cv2.split()函数拆分图像通道，代码如下：

```
import numpy as np
import cv2
#读取图像
img = cv2.imread("lena.jpg")
#使用 cv2.split()函数拆分并获取各个通道的值
blue,green,red = cv2.split(img)
#将各个通道的值通过 np.hstack()函数水平拼接
res = np.hstack((blue,green,red))
cv2.imshow("res",res)
#释放窗口
cv2.waitKey()
cv2.destroyAllWindows()
```

输出结果如图 2-22 所示。

图 2-22　图像通道的拆分

以上使用了索引和 cv2.split()函数对通道进行了拆分，左图是 B 通道图像 b、中间的图是 G 通道图像 g、右图是 R 通道图像 r。

【例 2.16】使用 cv2.merge()函数进行通道合并。

通道合并是通道拆分的逆过程，通过通道合并可以将三个通道的灰度图像合并成一幅彩色图像。cv2.merge()函数可以实现图像通道的合并，如有 B 通道图像 b、G 通道图像 g 和 R 通道图像 r，使用 cv2.merge()函数可以将这三个通道合并为一幅 BGR 的三通道彩色图像，其实现的语句为：

```
bgr = cv2.merge([b,g,r])
```

实现通道合并的代码如下：

```
import numpy as np
import cv2
#读取图像
img = cv2.imread("lena.jpg")
#使用 cv2.split()函数拆分并获取各个通道的值
blue,green,red = cv2.split(img)
#将各个通道的值通过 cv2.merge()函数合并
bgr = cv2.merge([blue,green,red])
rgb = cv2.merge([red,green,blue])
brg = cv2.merge([blue,red,green])
```

```
res1 = np.hstack((bgr,rgb,brg))
cv2.imshow("res1",res1)
#释放窗口
cv2.waitKey()
cv2.destroyAllWindows ()
```

输出结果如图 2-23 所示。

图 2-23　图像通道的合并

对图像拆分后，采用 cv2.merge()函数进行合并时，要严格指定通道的顺序，不同的通道顺序合并后的图像色彩是不同的，如图 2-23 第 2 行的 3 张图像，第 2 行左侧图像为 BGR 顺序合成，与原图像相同，后两张图像则有变化。

2.3　图像的几何变换

图像的几何变换即图像的空间变换，是指将一幅图像中的坐标位置映射到另一幅图像中新的坐标位置的操作。因此，学习图像的几何变换的重点在于明确这种空间上的映射关系，以及在变换过程中坐标参数的变化。几何变换操作不会改变原图像的像素值，仅仅是在空间上将图像的像素进行重新编排。

本节主要学习 OpenCV 中提供的与图像的几何变换相关的几个函数，包括缩放、翻转、仿射变换、透视等。

2.3.1　图像缩放

在现实场景中，经常需要对原图像进行缩放操作，以满足显示区域的尺寸。图像缩放（Image Scaling）是指对图像的大小进行调整的过程，是一种非平凡的过程。

OpenCV 中提供了 resize()函数对图像大小进行调整，该函数的语法格式为：

```
dst = cv2.resize(src,dsize[,dst[,fx[,fy[,interpolation]]]])
```

各参数解释如下。

- src：需要缩放的原始图像。

- dsize：指定输出图像的大小。
- dst：输出图像，类型与原图像一致。
- fx：指定水平方向的缩放比例。
- fy：指定垂直方向的缩放比例。
- interpolation：指定插值方式，具体如表 2-5 所示。

表 2-5　插值方式

参　　数	意　　义
INTER_NEAREST	最近邻插值
INTER_LINEAR	双线性插值
INTER_CUBIC	双三次插值
INTER_AREA	使用像素面积关系进行重采样，当图像缩放时，它类似于 INTER_NEAREST
INTER_LANCZOS4	LANCZOS 内插在 8×8 邻域上
INTER_LINEAR_EXACT	位精确双线性插值
INTER_MAX	内插代码的掩码
WARP_FILL_OUTLIERS	标志，填充所有目标图像像素，如果其中一些对应于原图像中的离群值，则将它们设置为零
WARP_INVERSE_MAP	标志，逆变换

插值方式是指在图像的几何变换过程中，给那些无法直接通过原图像映射得到的像素点进行赋值的方式。例如，在图像放大的过程中，必然会多出很多新的像素点，这些像素点无法通过直接映射的方式赋值，此时就需要对这些像素点使用插值的方式进行赋值，以完成映射动作。

调整图像大小的方法如下：

（1）通过参数 dsize 指定，该方法优先级较高。当 dsize 值不为 0 时，无论是否指定了 fx 和 fy 的值，都由参数 dsize 的值决定最终输出图像的大小。dsize 内的第一个参数为图像宽度，第二个参数为图像高度。

（2）通过 fx 和 fy 指定，只有当 dsize 的值为 0 时，fx 和 fy 的值才能生效。

（3）图像缩小时，使用区域插值（INTER_AREA）的方式效果最佳。

（4）图像放大时，使用双线性插值（INTER_LINEAR）效果较好。

【例 2.17】使用 cv2.resize()函数对一幅图像进行简单的缩放，并展示对比效果。

根据题目要求，编写代码如下：

```
import cv2
#读取图像
lena = cv2.imread("lena.jpg")
#获取原图像的宽度和高度
height, width = lena.shape[:2]
#将原图缩放 50%，注意 dsize 中的两个参数为整数型
res = cv2.resize(lena, (int(0.5 * width), int(0.5 * height)), interpolation=cv2.INTER_AREA)
#对比展示
cv2.imshow("lena", lena)
cv2.imshow("res", res)
cv2.waitKey()
```

```
#关闭所有窗口
cv2.destroyAllWindows()
```

结果显示如图 2-24 所示。

图 2-24　图像缩放结果显示

2.3.2　图像翻转

图像的翻转包括在 x 轴方向翻转、在 y 轴方向翻转以及同时在 x 轴和 y 轴方向翻转。OpenCV 中提供了 flip()函数，方便我们对图像进行简单的翻转操作。该函数的语法格式为：

```
dst = cv2.flip(src,flipCode[,dst])
```

各参数解释如下。

- src：输入数组。
- dst：输出数组。
- flipCode：定义翻转类型，具体如表 2-6 所示。

表 2-6　flipCode 参数值

参　数　值	意　　义
0	绕 x 轴翻转
正数	绕 y 轴翻转
负数	同时绕 x 轴、y 轴翻转

【例 2.18】 使用 cv2.flip()函数对一幅图像进行简单的翻转，并展示对比效果。

代码如下：

```
import cv2
#读取图像
lena = cv2.imread("lena.jpg")
#将图像绕 x 轴翻转
lena_x = cv2.flip(lena, flipCode=0)
#将图像绕 y 轴翻转
lena_y = cv2.flip(lena, flipCode=1)
```

```
#将图像同时绕 x 轴和 y 轴翻转
lena_xy = cv2.flip(lena, flipCode=-1)
#对比展示。为方便展示，可调整窗口大小
cv2.namedWindow("lena", 0)
cv2.imshow("lena", lena)
cv2.namedWindow("lena_x", 0)
cv2.imshow("lena_x", lena_x)
cv2.namedWindow("lena_y", 0)
cv2.imshow("lena_y", lena_y)
cv2.namedWindow("lena_xy", 0)
cv2.imshow("lena_xy", lena_xy)
cv2.waitKey()
#关闭所有窗口
cv2.destroyAllWindows()
```

结果显示如图 2-25 所示。

图 2-25　图像翻转结果显示

2.3.3　图像仿射变换

图像仿射变换是指图像可以通过一系列的几何变换来实现平移、旋转等多种操作，该变换能够保持图像的平直性和平行性。平直性是指图像经过仿射变换后，直线仍然是直线；平行性是指图像在完成仿射变换后，平行线仍然是平行线。

OpenCV 中的仿射函数为 cv2.warpAffine()，其通过一个变换矩阵（映射矩阵）***M*** 实现变换，具体为

$$\mathrm{dst}(x,y)=\mathrm{src}(M_{11}x+M_{12}y+M_{13},M_{21}x+M_{22}y+M_{23})$$

如图 2-26 所示，可以通过一个变换矩阵 ***M***，将原始图像 ***O*** 变换为仿射图像 ***R***。

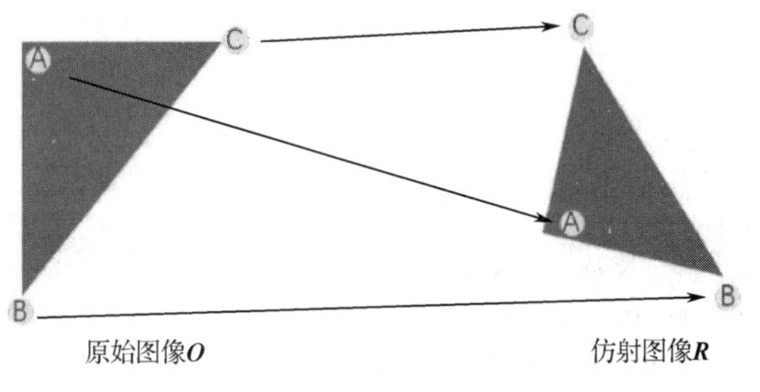

图 2-26　仿射变换

warpAffine()函数的语法格式为：

```
dst = cv2.warpAffine(src,M,dsize[,dst[,flags[,borderMode[,borderValue]]]])
```

各参数解释如下。

- src：需要变换的原始图像。
- dst：输出图像，类型与原图像一致。
- dsize：指定输出图像的大小。
- M：指定一个 2×3 的矩阵，使用不同的矩阵，可以实现不同的变换。
- flags：指定插值方式，其默认值为 INTER_LINEAR。
- borderMode：指定边类型，其默认值为 BORDER_CONSTANT。
- borderValue：指定边界值，其默认值为 0。

由此可知，进行何种形式的仿射变换完全取决于转换矩阵 $\boldsymbol{M}$。

【例 2.19】使用 cv2.warpAffine()函数将一幅图像向右平移 100 像素，向下平移 200 像素，并展示对比效果。

通过转换矩阵 $\boldsymbol{M}$ 实现将原始图像 src 转换为目标图像 dst：

$$\text{dst}(x,y)=\text{src}(M_{11}x+M_{12}y+M_{13},M_{21}x+M_{22}y+M_{23})$$

将原始图像 src 向右平移 100 个像素、向下平移 200 个像素，则其对应关系为

$$\text{dst}(x,y)=\text{src}(x+100,y+200)$$

将上述表达式补充完整，即

$$\text{dst}(x,y)=\text{src}(1\cdot x+0\cdot y+100,0\cdot x+1\cdot y+200)$$

根据上述表达式，可以确定矩阵 $\boldsymbol{M}$ 中的各参数为

$$M_{11}=1$$
$$M_{12}=0$$
$$M_{13}=100$$
$$M_{21}=0$$
$$M_{22}=1$$
$$M_{23}=200$$

则转换矩阵 $\boldsymbol{M}$ 为

$$\boldsymbol{M}=\begin{bmatrix}1 & 0 & 100\\0 & 1 & 200\end{bmatrix}$$

已知转换矩阵 $\boldsymbol{M}$ 后，可以调用函数进行转换，代码如下：

```
import cv2
import numpy as np
#读取图像
lena = cv2.imread("lena.jpg")
#获取原图像的宽度和高度
height, width = lena.shape[:2]
#向右平移 100 像素，向下平移 200 像素
M = np.float32([[1, 0, 100], [0, 1, 200]])
lena_py = cv2.warpAffine(lena, M, (width, height))
#对比展示。为方便展示，可调整窗口大小
```

```
cv2.namedWindow("lena", 0)
cv2.imshow("lena", lena)
cv2.namedWindow("lena_py", 0)
cv2.imshow("lena_py", lena_py)
cv2.waitKey()
#关闭所有窗口
cv2.destroyAllWindows()
```

结果显示如图 2-27 所示。

图 2-27　图像仿射变换结果显示

【例 2.20】设计程序完成图像旋转。

在使用 cv2.warpAffine()函数对图像进行旋转时，可以通过 cv2.getRotationMatrix2D()函数获取转换矩阵。该函数的语法格式为：

```
retval = cv2.getRotationMatrix2D(center,angle,scale)
```

各参数解释如下。

- center：旋转的中心点。
- angle：旋转角度，正数表示逆时针旋转，负数表示顺时针旋转。
- scale：变换尺度（缩放大小）。

利用 cv2.getRotationMatrix2D()函数可以直接生成要使用的转换矩阵 ***M***。例如，要实现以图像中心为圆点，逆时针旋转 45°，并将目标图像缩小为原始图像的 3/5，则在调用 cv2.getRotationMatrix2D()函数生成转换矩阵 ***M*** 时所使用的语句为：

```
M = cv2.getRotationMatrix2D((height/2,width/2),45,0.6)
```

实现代码如下：

```
import cv2
img = cv2.imread("lena.bmp")
height,width = img.shape[:2]
M = cv2.getRotationMatrix2D((width/2,height/2),45,0.6)
rotate = cv2.warpAffine(img,M,(width,height))
cv2.imshow("original",img)
cv2.imshow("rotation",rotate)
cv2.waitKey()
cv2.destroyAllWindows()
```

程序运行结果如图 2-28 所示，其中左图是原始图像，右图是旋转后的图像。

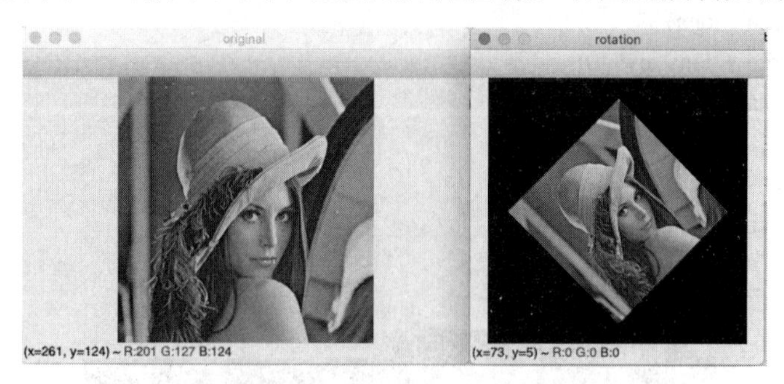

图 2-28　图像旋转输出

2.3.4　图像透视

仿射变换可以将矩形映射为任意四边形，而透视变换则可以将任意四边形映射为矩形。OpenCV 中提供了 warpPerspective()函数对图像透视变换进行处理，该函数的语法格式为：

```
dst = cv2.warpPerspective(src,M,dsize[,dst[,flags[,borderMode[,borderValue]]]])
```

各参数解释如下。

- src：需要变换的原始图像。
- M：指定一个 3×3 的矩阵。M 可以通过 cv2.getPerspectiveTransform(src,dst)函数来生成，其中 src 指定输入图像的 4 个顶点的坐标，dst 指定输出图像的 4 个顶点的坐标。
- dsize：指定输出图像的大小。
- dst：输出图像，类型与原图像一致。
- flags：指定插值方式，其默认值为 INTER_LINEAR。
- borderMode：指定边类型，其默认值为 BORDER_CONSTANT。
- borderValue：指定边界值，其默认值为 0。

【例 2.21】使用 cv2.warpPerspective()函数对一幅图像完成透视功能，并展示对比效果。

代码如下：

```
import cv2
import numpy as np
img = cv2.imread("box.png")
rows,cols = img.shape[:2]
rows,cols = img.shape[:2]
print(rows,cols)
pts1 = np.float32([[150,50],[400,50],[60,450],[310,450]])
pts2 = np.float32([[50,50],[rows-50,50],[50,cols-50],[rows-50,cols-50]])
M = cv2.getPerspectiveTransform(pts1,pts2)
dst = cv2.warpPerspective(img,M,(cols,rows))
cv2.imshow("img",img)
cv2.imshow("dst",dst)
cv2.waitKey()
cv2.destroyAllWindows()
```

结果显示如图 2-29 所示。

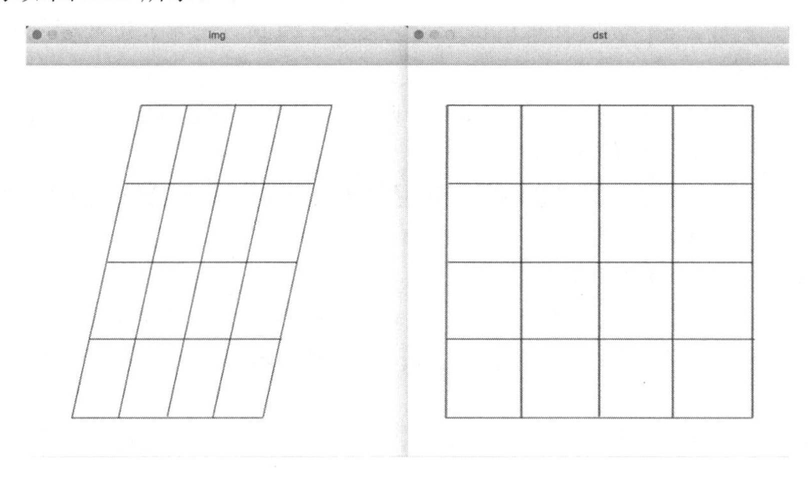

图 2-29　图像透视结果显示

2.4　图像的算术运算

图像的算术运算是指对两幅或两幅以上图像中对应像素的灰度值进行加、减、乘或除等运算操作，并将运算结果作为输出图像相应像素的灰度值。

从定义可知，算术运算的特点主要有以下三点。

- 算术运算运算的是对应像素的灰度值。
- 算术运算的结果与邻域内像素的灰度值无关。
- 算术运算不会改变像素的空间位置。

在图像的算术运算过程中，经常会出现超出图像处理系统允许的灰度界限值的情况。如相加或相乘情景中有可能会出现某些像素的灰度值超出灰度值上限，而图像的相减情景中有可能会出现某些像素灰度值变为负数。在实际应用中应充分考虑这些因素，并采取限定措施来避免此类情况的发生。例如，预先设定图像相减使灰度值之差为负数时，一律以 0（灰度范围的下限）来代替；将除数为 0 的灰度值改为 1 等。

这里主要介绍算术运算中的加法运算、加权和运算以及按位逻辑运算。

2.4.1　图像的加法运算

在图像处理过程中，图像的加法运算可以通过加号运算符“+”进行，也可以通过 cv2.add()函数进行。

在使用加号运算符“+”对图像 a（像素值为 a）和图像 b（像素值为 b）进行求和运算时，需要遵循如下规则：

$$a+b=\begin{cases}a+b, & a+b\leqslant 255\\ \mathrm{mod}(a+b,256), & a+b>255\end{cases}$$

式中：mod()是取模运算，“mod(a+b,256)”表示计算“a+b 的和除以 256 取余数”。

可通过 cv2.add()函数对图像像素值进行相加，该函数的语法格式如下：

```
res = cv2.add(像素值 a,像素值 b)
```

使用 cv2.add()函数对像素值 a 和像素值 b 进行求和运算时，会得到像素值对应图像的饱和值（最大值）。例如，8 位灰度图像的饱和值为 255。因此，在对 8 位灰度图的像素值求和时，须遵循以下规则：

● 如果两个像素值的和小于或等于 255，则直接相加得到运算结果。例如，像素值 28 和像素值 36 相加，得到计算结果 64。

● 如果两个像素值的和大于 255，则将运算结果处理为饱和值 255。例如，255+58=313，大于 255，则得到计算结果 255。

cv2.add()函数的两个参数可能有如下三种形式：

● 两个参数都是图像，在这种情况下，参与运算的图像大小和类型必须保持一致。

● 第一个参数为数值，第二个参数为图像，在这种情况下，超过图像饱和值的数值将记作饱和值处理。

● 第一个参数为图像，第二个参数为数值，在这种情况下，超过图像饱和值的数值将记作饱和值处理。

【例 2.22】分别使用加号运算符和 cv2.add()函数进行加法求和运算，并观察结果。

代码如下：

```
import cv2
#读取图像
lena = cv2.imread("lena.jpg")
lena_b = lena
#使用加号运算符
res1 = lena +lena_b
#使用 cv2.add()函数
res2 = cv2.add(lena, lena_b)
#对比展示。为方便展示，可调整窗口大小
cv2.namedWindow("lena", 0)
cv2.imshow("lena", lena)
cv2.namedWindow("res1", 0)
cv2.imshow("res1", res1)
cv2.namedWindow("res2", 0)
cv2.imshow("res2", res2)
cv2.waitKey()
#关闭所有窗口
cv2.destroyAllWindows()
```

结果显示如图 2-30 所示。左图是原始图像 lena，中间的图是使用加号运算符将图像 lena 自身相加的结果，右图是使用 cv2.add()函数将图像 lena 自身相加的结果。

图 2-30　图像相加结果显示

2.4.2　图像的加权和运算

图像的加权和运算就是在计算两幅图像像素值之和的同时，考虑每幅图像的权重因素影响，可以用公式表示为

$$\mathrm{dst} = \mathrm{saturate}(\mathrm{src1} \cdot \alpha + \mathrm{src2} \cdot \beta + \gamma)$$

式中：src1 和 src2 为进行加权和运算的两幅大小和类型都相同的原图像；α，β 分别对应加权和运算中 src1，src2 的权重系数，两者相加不一定为 1；γ 为亮度调节量，可以为 0，但是该参数为必选参数，不可省略。

OpenCV 中提供了 cv2.addWeighted()函数来实现图像的加权和（混合、融合），该函数的语法格式为：

```
dst = cv2.addWeighted(src1,alpha,src2,beta,gamma)
```

各参数解释如下。

- src1、src2：输入数组。
- alpha、beta：src1 和 src2 所对应的权重系数。
- dst：输出数组。
- gamma：src1 与 src2 求和后添加的数值（亮度调节量）。该参数为必填参数，可以为 0，但不可省略。

【例 2.23】 使用 cv2.addWeighted()函数对两幅图像进行简单的加权和运算，并展示效果。

代码如下：

```
import cv2
#读取图像
lena = cv2.imread("lena.jpg")
cat = cv2.imread("cat.jpg")
#将两幅图像进行加权和运算
res = cv2.addWeighted(lena, 0.6, cat, 0.4, 0)
#对比展示。为方便展示，可调整窗口大小
cv2.namedWindow("lena", 0)
cv2.imshow("lena", lena)
cv2.namedWindow("cat", 0)
cv2.imshow("cat", cat)
cv2.namedWindow("res", 0)
cv2.imshow("res", res)
cv2.waitKey()
#关闭所有窗口
cv2.destroyAllWindows()
```

结果显示如图 2-31 所示。

图 2-31　图像加权和运算结果显示

2.4.3 图像的按位逻辑运算

在图像处理中，按位逻辑运算是一种非常常见且重要的运算方式。按位逻辑运算主要包括按位与运算、按位或运算、按位非运算以及按位异或运算。本节主要介绍 OpenCV 中这几种按位逻辑运算函数的用法。

1. 按位与运算

当参与运算的两个逻辑都为真时，结果才为真。按位与运算是将数值转换为二进制，并在对应的位置上进行与运算。按位与运算具有如下特点：

- 任何数值与 0 按位与运算得到的值均为 0。
- 任何数值与 255 按位与运算得到的值均为本身。

OpenCV 提供了 cv2.bitwise_and()函数实现按位与运算，该函数的语法格式如下：

```
dst = cv2.bitwise_and(src1,src2[,mask]])
```

各参数解释如下。

- dst：输出值（与输入值同样大小的数组）。
- src1：第一个输入值（array 或 scalar 类型）。
- src2：第二个输入值（array 或 scalar 类型）。
- mask：可选的操作掩码（8 位单通道的数组）。

【例 2.24】 使用 cv2.bitwise_and()函数对两幅图像进行按位与运算，并展示效果。

代码如下：

```
import cv2
#读取图像
lena = cv2.imread("lena.jpg")
model = cv2.imread("model.jpg")
#对两幅图像进行按位与运算
res = cv2.bitwise_and(lena,model)
#对比展示。为方便展示，可调整窗口大小
cv2.namedWindow("lena", 0)
cv2.imshow("lena", lena)
cv2.namedWindow("model", 0)
cv2.imshow("model", model)
cv2.namedWindow("res", 0)
cv2.imshow("res", res)
cv2.waitKey()
#关闭所有窗口
cv2.destroyAllWindows()
```

结果显示如图 2-32 所示。

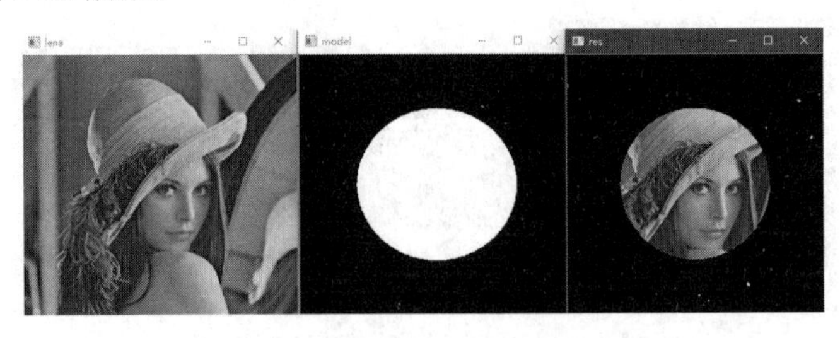

图 2-32 图像按位与运算结果显示

2．按位或运算

按位或运算中两个逻辑只要有一个为真，结果即为真。OpenCV 提供了 cv2.bitwise_or() 函数实现按位或运算，该函数的语法格式如下：

```
dst = cv2.bitwise_or(src1,src2[,mask]])
```

各参数解释如下。

- dst：输出值（与输入值同样大小的数组）。
- src1：第一个输入值（array 或 scalar 类型）。
- src2：第二个输入值（array 或 scalar 类型）。
- mask：可选的操作掩码（8 位单通道的数组）。

【例 2.25】使用 cv2.bitwise_or()函数对两幅图像进行按位或运算，并展示效果。代码如下：

```
import cv2
#读取图像
lena = cv2.imread("lena.jpg")
model = cv2.imread("model.jpg")
#对两幅图像进行按位或运算
res = cv2.bitwise_or(lena,model)
#对比展示。为方便展示，可调整窗口大小
cv2.namedWindow("lena", 0)
cv2.imshow("lena", lena)
cv2.namedWindow("model", 0)
cv2.imshow("model", model)
cv2.namedWindow("res", 0)
cv2.imshow("res", res)
cv2.waitKey()
#关闭所有窗口
cv2.destroyAllWindows()
```

结果显示如图 2-33 所示。

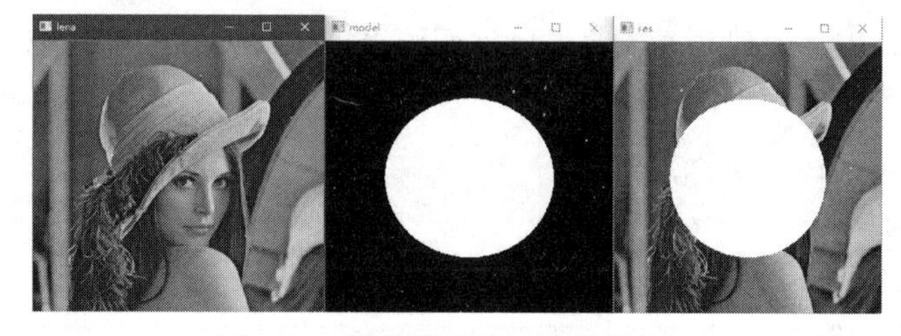

图 2-33　图像按位或运算结果显示

3．按位非运算

按位非运算即对运算数取反的操作，该运算具有如下特点：

- 运算数为真时，结果为假。
- 运算数为假时，结果为真。

OpenCV 提供了 cv2.bitwise_not()函数实现按位非运算，该函数的语法格式如下：

```
dst = cv2.bitwise_not(src1,[,mask]])
```

各参数解释如下。

- dst：输出值（与输入值同样大小的数组）。
- src1：第一个输入值（array 或 scalar 类型）。
- mask：可选的操作掩码（8 位单通道的数组）。

【例 2.26】使用 cv2.bitwise_not()函数对一幅图像进行按位非运算，并展示效果。

代码如下：

```
import cv2
#读取图像
model = cv2.imread("model.jpg")
#对一幅图像进行按位非运算
res = cv2.bitwise_not(model)
#对比展示。为方便展示，可调整窗口大小
cv2.namedWindow("model", 0)
cv2.imshow("model", model)
cv2.namedWindow("res", 0)
cv2.imshow("res", res)
cv2.waitKey()
#关闭所有窗口
cv2.destroyAllWindows()
```

结果显示如图 2-34 所示。

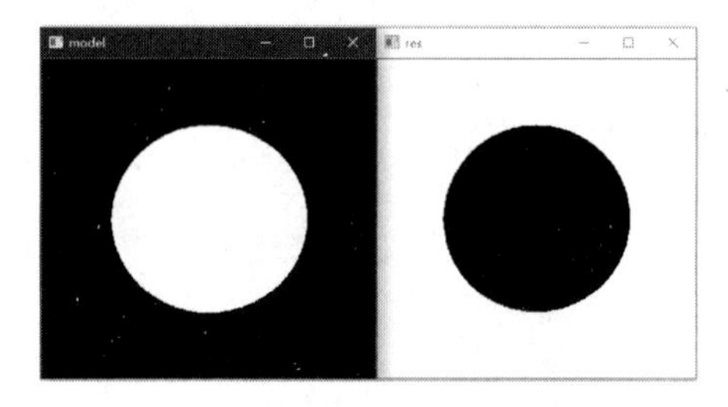

图 2-34　图像按位非运算结果显示

4．按位异或运算

在按位异或运算中，两数相异为真。OpenCV 提供了 cv2.bitwise_xor()函数实现按位异或运算，该函数的语法格式如下：

```
dst = cv2.bitwise_xor(src1,src2[,mask]])
```

各参数解释如下。

- dst：输出值（与输入值同样大小的数组）。
- src1：第一个输入值（array 或 scalar 类型）。
- src2：第二个输入值（array 或 scalar 类型）。
- mask：可选的操作掩码（8 位单通道的数组）。

【例 2.27】使用 cv2.bitwise_xor()函数对两幅图像进行按位异或运算，并展示效果。

代码如下：

```
import cv2
#读取图像
lena = cv2.imread("lena.jpg")
```

```
model = cv2.imread("model.jpg")
#对两幅图像进行按位异或运算
res = cv2.bitwise_xor(lena,model)
#对比展示。为方便展示，可调整窗口大小
cv2.namedWindow("lena", 0)
cv2.imshow("lena", lena)
cv2.namedWindow("model", 0)
cv2.imshow("model", model)
cv2.namedWindow("res", 0)
cv2.imshow("res", res)
cv2.waitKey()
#关闭所有窗口
cv2.destroyAllWindows()
```

结果显示如图 2-35 所示。

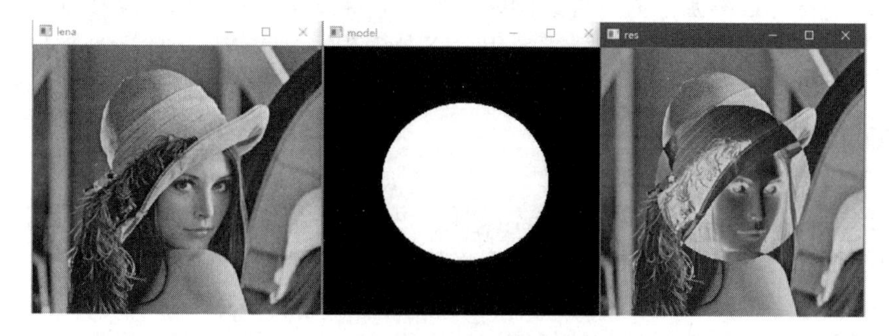

图 2-35　图像按位异或运算结果显示

第3章　深度学习与计算机视觉

本章首先介绍深度学习的概念，其次介绍深度学习的发展历程，再次介绍深度学习在计算机视觉领域中的应用，最后介绍深度学习框架 TensorFlow 的发展历史、主要功能和特点。

3.1　深度学习概述

3.1.1　深度学习的概念

深度学习的概念最早源于人工神经网络的研究。深度学习是一门建立在计算机神经网络理论和机器学习理论上的系统科学，它使用建立在复杂的机器结构上的多处理层，结合非线性转换算法，对高层复杂数据模型进行抽象，形成更加抽象的高层数据属性或特征，以发现数据的分布式特征表示。

深度学习的两大特征主要如下。

● 数据表示：数据是机器学习的基本要素，也是神经输入网进行反馈的源头。数据的表示和建模对深度学习的性能有着很大的影响。数据的表示有局部表示、分布表示和稀疏分布表示三类。

● 特征提取方法：深度学习的特征算法研究将集中在自适应的特征提取和自动编码机制等方面。

研究深度学习的目的在于建立模拟人脑进行分析学习的神经网络，该网络模仿人脑的机制来解释数据，如图像、声音和文本等。当前，深度学习在搜索技术，数据挖掘、机器学习、机器翻译、自然语言处理、多媒体学习、语音、推荐和个性化技术，以及其他相关领域都取得了很多成果，机器能模仿人类的视听和思考等活动，解决了很多复杂的模式识别难题，使得人工智能相关技术取得了很大的进步。

3.1.2　深度学习的发展历程

深度学习的发展历程，包括人工智能的起源、深度学习的理论基础——人工神经网络的发展过程以及深度学习的发展等。

1. 人工智能的诞生

1956 年，四位科学家齐聚在美国达特茅斯学院，这四位科学家分别是：图灵奖得主、达特茅斯学院数学系助理教授约翰·麦卡锡；图灵奖得主、哈佛大学数学和神经科学研究员马文·明斯基；IBM 科学计算机的主设计师内森奈尔·罗彻斯特；贝尔实验室研究员，被称为信息论之父的克劳德·香农。在这四位顶级科学家的推动下，人工智能一词正式出现在第二届达特茅斯研讨会的计划书中，且人工智能的概念被正式提出。

1956 年被称为人工智能元年。虽然人工智能的概念是从 1956 年开始的，但在此之前已进行了很多铺垫性的工作，如冯·诺依曼提出的冯·诺依曼计算机体系，以及随后电子计算机的诞生，让工具计算的性能有了质的飞跃。另外，在 1949 年，诺伯特·维纳提出了著名的控制论，控制论的发展为人工神经网络的研究奠定了重要的理论基础。

2．人工神经网络的兴起

1943 年，美国神经生理学家沃伦·麦克洛奇和逻辑学家沃尔特·匹茨两人一起提出了一种简单的计算模型来模拟神经元，称为 M-P 模型，如图 3-1 所示。

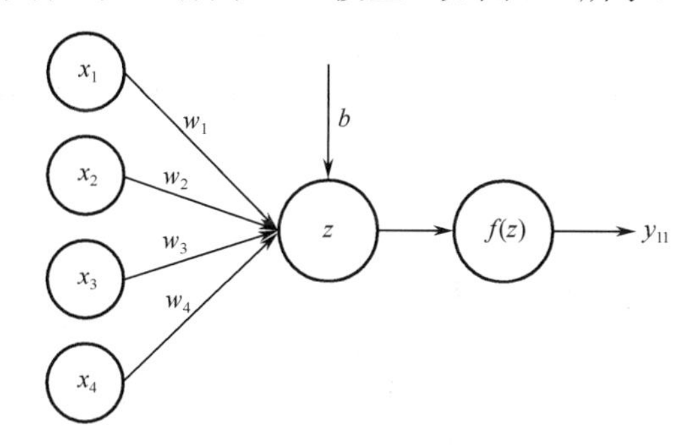

图 3-1　M-P 模型

M-P 模型是人类历史上第一次对人工神经网络的系统性研究。M-P 模型可以用来模拟最基本的二进制逻辑，但只能模拟最基本的二进制（0 和 1）逻辑，这也成了 M-P 模型的局限。直到 1949 年，加拿大心理学家唐纳德·赫布提出当人工神经网络响应一个信号时，可以同时强化神经元之间的联系，并将这种联系的强弱以权值的方式引入计算模型中。

在 M-P 模型的基础上和神经元联系权值的启发下，美国心理学家弗兰克·罗森布拉特于 1956 年提出了著名的感知机模型。感知机模型不仅在 M-P 模型基础上加入了权值，而且还摆脱了二值的限制。此外，感知机模型还引入了权值的修改方法：记录感知机对训练数据的正确率，然后根据正确率对权值进行修改。这实际上是最初的使用人工神经网络参数在特定数据集上的训练过程，尽管这种初级的训练过程是半手动的，非常的低效，但感知机的结构非常简单。相比于 M-P 模型，感知机模型更加灵活，并且为人工神经网络的进一步发展奠定了基础。

3．神经网络研究的第一次寒冬

人工智能的泰斗级人物明斯基，也是在第二届达特茅斯研讨会上正式提出人工智能概念的四位科学家之一，在 1969 年直接对感知机的局限性进行了描述，由于当时机器的计算能力非常有限，所以多层感知机网络（如图 3-2 所示）的计算是无法满足的。由于单层感知机的表达能力非常有限，所以明斯基明确指出单层感知机不能解决异或逻辑，感知机在实际应用中没有价值，并进一步断定感知机的研究没有前途。

受明斯基对感知机局限性描述的影响，许多学者纷纷离开神经网络的研究领域，政府也停止了对神经网络研究的资助。神经网络的研究走入低谷，迎来了第一次寒冬。研究者和资金的撤离不仅是对人工神经网络的研究方向，更是对整个人工智能领域的撤离。在人工智能的起步阶段，人们对整个领域做出了过于乐观的预期，而随着研究的开展，实际的应用和研究成果并没有达到研究者和企业管理者的目标，加上媒体对人工智能的能力过度宣传与渲染，造成了人们对人工智能预期的落差太大，进而失望。

4．神经网络研究的第一次复兴

在沉寂了近 10 年之后，人工神经网络的研究开始慢慢复苏，其中的一位后起之秀是后来的深度学习之父杰弗里·辛顿，在第一次神经网络研究步入寒冬时，辛顿刚刚读研究生，由于对神经网络的浓厚兴趣，在神经网络研究的寒冬时期他依然坚持研究。1980 年，他到美国加州大学圣迭戈分校攻读博士后，而加州大学圣迭戈分校当时正走在神经网络研究复兴的前沿。在该学校辛顿加入了认知科学中心的研究小组，并与该校的神经网络研究代表人物鲁梅哈特和麦克利兰德建立了良好的合作关系。随着研究的深入进行，1986 年，辛顿和鲁梅哈特合作提出了神经网络中的反向传播（Back Propogation，BP）算法，BP 算法解决了神经网络不能解决的异或问题，并且实现了双层神经网络的训练，于是 BP 算法使一层以上的神经网络进入了实用阶段，开启了第二轮神经网络研究的热潮。

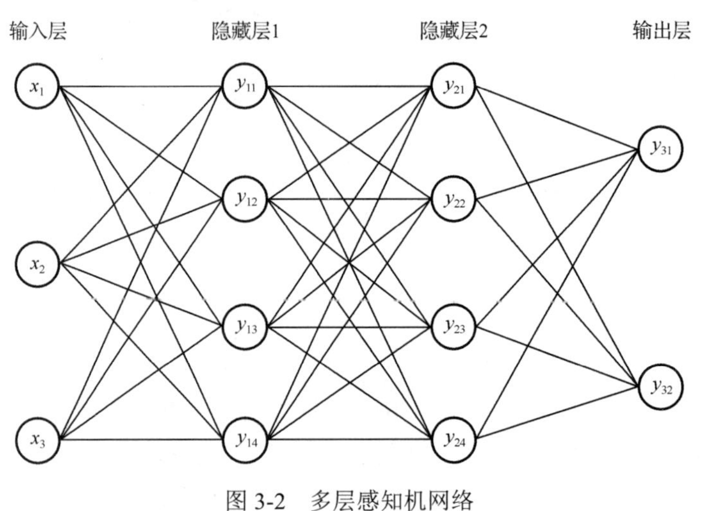

图 3-2　多层感知机网络

1987 年，辛顿到多伦多大学当教授，遇见了博士后杨乐昆，杨乐昆加入辛顿项目组，潜心研究神经网络和 BP 算法。一年后，杨乐昆基于反向传播算法，提出了第一个真正意义上的深度学习网络，也是目前深度学习中应用最广的神经网络结构——卷积神经网络，卷积神经网络在手写体字母的识别上达到了很高的识别率，被广泛用于欧美的金融行业，实现了深度神经网络在实际场景上真正意义的应用，从而使神经网络的研究产生了一个新的高潮。

5．神经网络研究的第二次寒冬

虽然 BP 算法使得神经网络进入了实用阶段，但是随着研究的深入，研究人员发现 BP 算法的梯度计算存在不稳定性缺点。所谓不稳定性问题是指越远离输出层的参数越难以被训练，这些参数要么不变，要么变化剧烈，这种现象被称为梯度消失或者梯度爆炸，神经网络的层数越多这种现象越明显。最早提出梯度消失/爆炸现象概念的是居住在瑞士的德国计算机科学家尤尔根·施米德休的学生赛普·霍克莱特，尤尔根·施米德休在深度学习领域是又一位举足轻重的人物。他提出的神经网络的变种——长短期记忆网络（Long-Short Term Memory，LSTM），在语音识别和自然语言处理领域产生了巨大的影响。由于 BP 算法只能对浅层网络起作用，同时，浅层网络在数据挖掘上已经有了一定的拟合能力，所以当时的应用和研究大多集中在浅层网络中，对深层网络的研究比较匮乏。

在实际的神经网络的训练过程中，参数过多成为突破神经网络发展的一大瓶颈。由于神经网络的结构让使用者不用关心细节，而只需要关心输入输出，但同时对调参的理论研究又非常少，使得神经网络的调参成为巨大的难题。另外，随着网络层数的增多，需要调整的参数呈指数级增长，对计算机的计算能力提出巨大要求，而当时计算机的算力是无法满足这些要求的。由于这些原因，神经网络的研究又进入了一个相对缓慢发展的阶段，并且当时统计学家弗拉基米尔·万普尼克提出了支持向量机（Support Vector Machine，SVM）算法，SVM 算法相比于浅层神经网络有着全局最优、调参简单、泛化能力强等优点，并且具有完善的理论支撑。神经网络在当时的手写体识别的应用问题上无法击败 SVM 算法，所以 SVM 算法在当时迅速成为人工智能研究的主流，神经网络研究进入发展的第二次寒冬。

6．深度学习的起点

在第二次神经网络研究的低潮期间，辛顿、杨乐昆和尤尔根等仍然坚持神经网络的研究。为了解决神经网络参数难训练的问题，使神经网络更加适应应用的需求，这些学者努力地去克服 BP 算法的误差传播问题，试图使深层网络成为可能。2006 年，辛顿终于研究出一种成功训练多层神经网络的办法，他将基于这种训练方法的神经网络称为深度信念网络。深度信念网络的基本思想是用一种称为受限玻尔兹曼机（Restricted Boltzmann Machine，RBM）的结构得到生成模型（Generative Model）。辛顿通过深度信念网络颠覆了之前被大多数人认为深度网络不能被训练的观点。同时，深度信念网络 RBM 在使用效果上也打败了 SVM，这让很多企业和学者重新回到了神经网络的研究方向上来，基于深度信念网络的深度学习（Deep Learning）正式开始发展。

3.2　卷积神经网络

前面我们提到过一种经典的神经网络——卷积神经网络（Convolutional Neural Network，CNN），下面我们来看一下它的历史意义、结构原理及发展情况。

3.2.1　卷积神经网络的研究历史与意义

卷积神经网络的研究历史大致可以分为三个阶段：理论提出阶段、模型实现阶段以及广泛研究阶段。

1．理论提出阶段

20 世纪 60 年代，哈贝（Hubel）等人的生物学研究表明，视觉信息从视网膜传递到大脑中是通过多个层次的感受野（Receptive Field）激发完成的。1980 年，福岛（Fukushima）基于感受野的理论模型第一次提出了神经认知机（Neocognitron）的概念。神经认知机是一个自组织的多层神经网络模型，各层的响应都由上一层的局部感受野激发得到，模式识别不受位置、较小形状变化以及尺度大小的影响。神经认知机采用的无监督学习也是卷积神经网络早期研究的主流学习方法。

2．模型实现阶段

1998 年，杨乐昆等人提出利用基于梯度的反向传播算法来训练有监督的网络，并提出 LeNet-5 网络。训练后的网络通过交替连接的卷积层和下采样层将原始图像转换成一系列的特征图，最后利用全连接的神经网络针对图像的特征表达进行分类。卷积层的卷积核具有感受野的功能，能够将低层的局部区域信息通过卷积核激发到更高的层次。LeNet-5 网络成功应用于手写字符识别领域，这引起了学术界对于卷积神经网络的关注，卷积神经网络在语音识别、物体检测、人脸识别等领域的研究也逐渐展开。

3．广泛研究阶段

2012 年，克里泽夫斯基（Krizhevsky）等人提出的 AlexNet 在大型图像数据库 ImageNet 的图像分类竞赛中以准确度超越第二名 11%的巨大优势夺得了冠军，使得卷积神经网络成为学术界关注的焦点。AlexNet 之后，新的卷积神经网络模型不断被提出，如牛津大学的 VGG（Visual GeometryGroup）、Google 的 GoogleNet、微软的 ResNet 等，这些网络进一步超越了 AlexNet 在 ImageNet 上创造的纪录。此外，卷积神经网络不断与一些传统算法相融合，随着迁移学习方法的引入，卷积神经网络的应用领域快速扩展。

目前，人们已经在卷积神经网络领域取得了许多令人瞩目的成就，但也面临着更多的挑战，其挑战主要体现在三个方面：理论研究、特征表达、应用价值。

1）理论研究

卷积神经网络作为一种受到生物学研究启发的经验方法，学术界普遍采用的是以实验效果为导向的研究方式。如 GoogleNet 的 Inception 模块设计、VGG 的深层网络以及 ResNet 的短连接（Short Connection）等方法都通过实验证实了其对于网络性能改善的有效性。但是，这些方法都存在缺乏严谨的数学验证问题，该问题的根本原因是卷积神经网络本身的数学模型没有得到完善的数学验证与解释。从学术研究的角度来说，卷积神经网络的发展没有理论研究的支持是不够严谨和不可持续的。因此，卷积神经网络的相关理论研究是当前最为匮乏也是最有价值的部分。

2）特征表达

图像的特征设计一直是计算机视觉领域的一个基础，却是十分重要的研究课题。在过去的研究中，一些典型的人工设计特征被证明取得了良好的特征表达效果，如 SIFT（Scale-Invariant Feature Transform）、HOG（Histogram of Oriented Gradient）等。然而，这些人工设计特征存在泛化性能不理想的问题。而卷积神经网络作为一种深度学习模型，拥有分层学习特征的能力。研究表明，利用卷积神经网络学习所获得的特征相对于人工设计特征具有更强的判别能力和泛化能力。作为计算机视觉的研究基础，特征表达如何利用卷积神经网络对信息的特征表示进行学习、提取和分析，从而获得泛化性能更好、判别性能更强的通用特征，将对整个计算机视觉乃至更广泛的领域产生积极的影响。

3）应用价值

历经多年的发展，卷积神经网络从刚开始比较简单的手写字符识别应用，逐渐扩展到一些更加复杂的领域，如行人检测、行为识别、人体姿势识别等。近年来，卷积神经网络的应用进一步向更深层次的人工智能发展，如自然语言处理、语音识别等。Google 成功利用了卷积神经网络分析围棋盘面信息并成功开发出了人工智能围棋程序 Alphago，而且在挑战赛中战胜了围棋欧洲冠军和世界冠军，引起了人们的广泛关注。从目前的研究趋势来看，卷积神经网络具有相当好的应用前景，但同时也面临着一些研究难题，例如，如何将卷积神经网络以一种合理的形式融入新的应用模型中，如何改进卷积神经网络的结构来提高网络对特征的学习能力。

3.2.2 卷积神经网络的基本结构

如图 3-3 所示，典型的卷积神经网络结构主要由输入层（Input）、卷积层（Convolutional Layer，可简写为 Conv）、激励层（Activation Layer）、下采样层（也称池化层，Pooling Layer）、全连接层（Fully Connected Layer，FC）和输出层（Output）组成。

1. 卷积层

卷积神经网络是指使用卷积层的神经网络，卷积层由多个滤波器（网络结构中的 filter）组成，滤波器可以看作二维数字矩阵。从数学上讲，卷积操作就是一种运算。

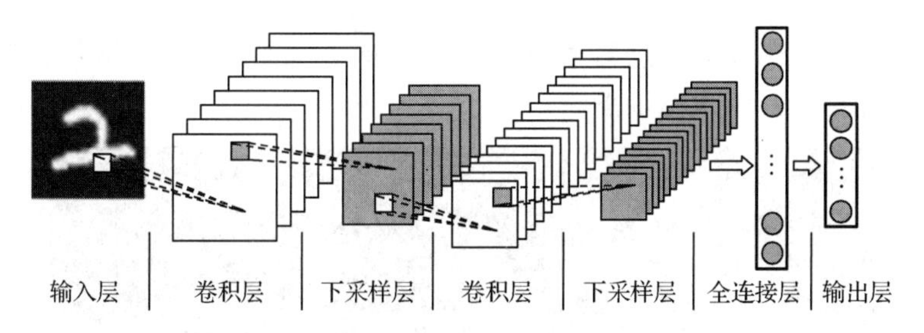

图 3-3　典型的卷积神经网络结构

卷积神经网络的输入通常为原始图像 $\boldsymbol{X}$，用 $\boldsymbol{H}_i$ 表示卷积神经网络第 i 层的特征图，那么原始图像 $\boldsymbol{X}$ 的特征图为 $\boldsymbol{H}_0=\boldsymbol{X}$。假设 $\boldsymbol{H}_i$ 是卷积层，$\boldsymbol{H}_i$ 的产生过程可以描述为

$$\boldsymbol{H}_i=f(\boldsymbol{H}_{i-1}\otimes\boldsymbol{w}_i+\boldsymbol{b}_i)$$

式中：$\boldsymbol{w}_i$ 表示第 i 层卷积核；运算符号 $\otimes$ 代表卷积核与第 $i-1$ 层图像或者特征图进行卷积操作，卷积的输出与第 i 层的偏移向量 $\boldsymbol{b}_i$ 相加，最终通过非线性的激励函数 $f(x)$ 得到第 i 层的特征图 $\boldsymbol{H}_i$。图 3-4 描述了卷积操作的过程。

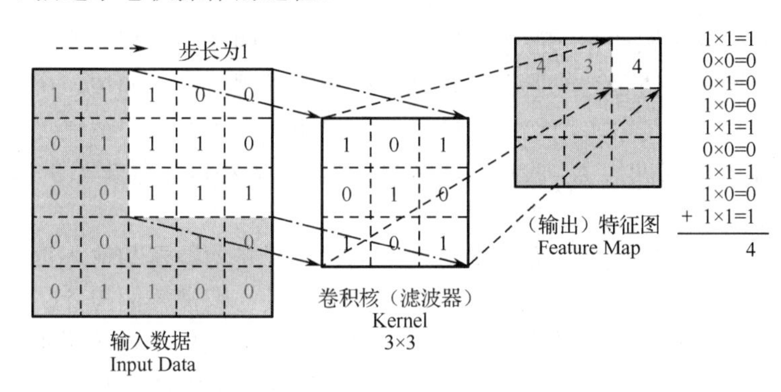

图 3-4　卷积操作的过程

卷积层包含输入数据、filter（卷积核）、stride（步长）、（输出）特征图（Feature Map）。图 3-4 中滤波器与输入图像进行卷积操作产生输出数据，具体步骤如下：

（1）确定输入数据大小为 5×5，滤波器大小为 3×3，步长为 1，计算得出输出数据的大小为 3×3，计算公式为(5−3)/1+1=3；

（2）在输入图像的右上角选择与滤波器大小等同的区域；

（3）将滤波器与图像右上角选中区域的值进行内积运算，将结果填入输出数据的对应位置；

（4）将输入图像的选中区域按照步长向右移动，获得新的选中区域，如果移动到最右侧，则将选中区域向下移动一个步长并回到最左侧，重复步骤（2）、步骤（3）；

（5）得到右侧的输出数据，这在卷积神经网络中被称为特征图。

了解了卷积操作过程，再看看对图像求卷积的作用。确定输入图像为 lena 照片（这张照片非常有名，一般在计算机视觉中大家很喜欢用它进行测试，模特名字叫 lena），滤波器选用 sobel 滤波器，如图 3-5 所示。

−1	0	1
−2	0	2
−1	0	1

图 3-5　sobel 滤波器

通过滤波器与输入图像进行卷积操作，得出输出图像，如图 3-6 所示。从输出结果可以看出，sobel 滤波器提取了原始图像中的边缘特征，卷积可以找到特定的局部图像特征（如边缘），输出结果称为特征图（Feature Map）。如果当前卷积层有多个不同的滤波器，就可以得到多个不同的特征图，对应关系为 N 个滤波器产生 N 个特征图。

图 3-6　lena 图像 sobel 滤波输出

2．池化层

在图像中，非边缘区域的相邻像素值往往比较相似，因此卷积相邻像素值的输出像素也具有相似的值。如果使用边缘滤波器在图像某个区域发现强边缘，滤波这个边缘相邻区域也会得到强边缘，但两个都是同一个边缘，故滤波器输出信息有冗余。池化可以在保持原有特征的基础上减少输入数据的维数，通过减小输入数据的大小降低输出值的数量，即实现降维操作。

池化的操作与卷积很像，但在算法上有所不同：卷积是滤波器和输入数据的对应区域像素做内积，按照步长进行滑动，生成特征图；而池化只关心滤波器的尺寸，不考虑滤波器的值，所以池化是将滤波器映射区域内的像素点取平均值或最大值，再按照步长滑动，生成输出数据。因此，池化层按照滤波器算法可以分为均值池化和最大池化两类。

1）均值池化

均值池化是在输入图片上选中滤波器大小的区域，对所选区域内所有不为 0 的像素点取平均值。均值池化得到的特征数据对背景信息较为敏感。注意：一定是不为 0 的像素点，这个很重要。如果把带 0 的像素点加上，则会增加分母，从而使整体数据变小。

2）最大池化

最大池化是在输入图片上选中滤波器大小的区域，对所选区域内所有像素点取最大值。最大池化得到的特征数据对纹理特征的信息较为敏感。

池化的反向传播较为简单，直接将其误差还原到对应的位置上，其他用 0 填入。

3.2.3　卷积神经网络的工作原理

卷积神经网络的工作原理可以分为网络模型定义、网络训练以及网络预测三个部分。

1．网络模型定义

网络模型定义需要根据具体应用的数据量以及数据本身的特点，设计网络深度、网络每一层的功能以及网络中的超参数，如 λ、α 等。

2．网络训练

卷积神经网络可以利用残差的反向传播对网络中的参数进行训练。但是，网络训练中的过拟合以及梯度的消失与爆炸等问题极大地影响了训练的收敛性能。关于网络训练的问题，研究人员提出了一些有效的改善方法：基于高斯分布的随机初始化网络参数；利用经过预训练的网络参数进行初始化；对卷积神经网络不同层的参数进行相互独立同分布的初始化。近期的研究趋势表明，卷积神经网络的模型规模正在迅速增大，而更加复杂的网络模型也对相应的训练策略提出了更高的要求。

3．网络预测

卷积神经网络的预测过程是将输入数据进行前向传播，输出各级特征图，最后通过全连接网络输出基于输入数据的条件概率分布。最近的研究表明，经过前向传导的卷积神经网络高层特征具有很强的判别能力和泛化性能；而且，通过迁移学习，这些特征可以被应用到更加广泛的领域。这一研究成果对于扩大卷积神经网络的应用领域具有重要的意义。

3.2.4 卷积神经网络的发展趋势

随着网络性能的提升和迁移学习方法的使用，卷积神经网络的相关应用也逐渐向复杂化和多元化方向发展。总体来说，卷积神经网络的应用主要有以下三大发展趋势。

（1）随着对卷积神经网络的不断深入研究，其相关应用领域的精度也得到了迅速的提高。以图像分类领域的研究为例，在 AlexNet 将 ImagNet 的图像分类准确度大幅提升到 84.7%之后，不断有改进的卷积神经网络模型被提出并刷新了 AlexNet 的纪录，具有代表性的网络包括 VGG、GoogleNet、PReLU-net 和 BN-inception 等。由微软提出的 ResNet 已经将 ImageNet 的图像分类准确度提高到了 96.4%，而 ResNet 距离 AlexNet 的提出，也仅过去了四年的时间。卷积神经网络在图像分类领域的迅速发展，不断提升已有数据集的准确度，也给更加大型的图像应用相关数据库的设计带来了迫切的需求。

（2）实时应用领域的发展。计算开销一直是卷积神经网络在实时应用领域发展的阻碍。但是，近期的一些研究展现了卷积神经网络在实时应用中的潜力。吉希克（Gishick）等人在基于卷积神经网络的物体检测领域进行了深入的研究，先后提出了 R-CNN、Fast R-CNN 和 Faster R-CNN 模型，突破了卷积神经网络的实时应用瓶颈。R-CNN 成功地提出了利用 CNN 在候选框（Region Proposal）的基础上进行物体检测。R-CNN 虽然取得了很高的物体检测准确度，但是过多的候选框使得物体检测的速度非常缓慢。Fast R-CNN 通过在候选框之间共享卷积特征，大幅减少了大量候选框带来的计算开销，在忽略产生候选框的时间情况下，Fast R-CNN 取得了接近实时的物体检测速度。而 Faster R-CNN 则是利用端到端的卷积神经网络提取候选框代替了传统的低效的方法，实现了卷积神经网络对于物体的实时检测。随着硬件性能的不断提高，以及通过改进网络结构带来的网络复杂度的降低，卷积神经网络在实时图像处理任务领域逐渐展现出了应用前景。

（3）基于迁移学习以及网络结构的改进，卷积神经网络逐渐成为一种通用的特征提取与模式识别工具，其应用范围已经逐渐超越了传统的计算机视觉领域。例如，AlphaGo 成功地利用了卷积神经网络对围棋的盘面形势进行判断，证明了卷积神经网络在人工智能领域的成功应用；阿卜杜勒·哈米德（Abdel-Hamid）等人通过将语音信息建模成符合卷积神经网络的输入模式，并结合隐马尔可夫模型（Hidden Markov Model，HMM），将卷积神经网络成功地应用到了语音识别领域；卡尔·赫布伦纳（Kal Chbrenner）等人利用卷积神经网络提取了词汇和句子层面的信息，成功地将卷积神经网络应用于自然语言处理；多纳休（Donahue）等人结合了卷积神经网络和递归神经网络，提出了 LRCN（Long-term Recurrent Convolutional Network）模型，实现了图像摘要的自动生成。卷积神经网络作为一种通用的特征表达工具，逐渐表现出了在更加广泛的应用领域中的研究价值。

根据当前的研究状况来分析，一方面，在卷积神经网络的传统应用领域，其研究热度不减，如何改善网络的性能仍有很大的研究空间；另一方面，卷积神经网络良好的通用性能使其应用领域逐渐扩大，应用的范围不再局限于传统的计算机视觉领域，并且向应用的复杂化、智能化和实时化方向发展。

3.2.5 实验——机器人识别你的字

1．实验目的

（1）熟悉 MNIST 数据集的内容和格式。

（2）掌握卷积神经网络的原理和运用。

（3）熟悉神经网络模型的创建、训练和预测的流程。

2．实验背景

本实验将使用 MNIST 数据集，包括 55 000 个训练集数字图像和标签、5000 个验证图像和标签，以及 10 000 个测试集图像和标签。运用卷积神经网络的原理，创建神经网络模型，读取 55 000 个图像和标签进行训练，最后对测试数据集进行预测。MNIST 数据集是一个被大量使用的数据集，几乎所有的图像训练教程都会用它作为例子，它已经成为一个典范数据。

本实验运用基于卷积神经网络的 TensorFlow 实现对 MNIST 数据的识别。多层感知器（Multi-Layer Perception，MLP）也称为人工神经网络（Artificial Neural Network，ANN），除了输入输出层，它中间可以有多个隐层。卷积神经网络是在 MLP 之后发展出来的，而且从精度和效率来讲，都要优于 MLP。在卷积层中，每个感知器的节点算法公式就是卷积。卷积有一个滑动窗口，在创建网络模型时主要的工作就是对卷积的大小、通道数和每次移动的步长进行定义。

3．实验原理

神经网络（Neural Network）的基本组成包括输入层、隐藏层、全连接层和输出层。而卷积神经网络的特点在于隐藏层分为卷积层、激励层和池化层。通过卷积神经网络的隐藏层可以减少输入的特征，各层的作用如下。

- 输入层：用于将数据输入到训练网络。
- 卷积层：使用卷积核提取特征。
- 激励层：对线性运算进行非线性映射，解决线性模型不能解决的问题。
- 池化层：对特征进行稀疏处理，目的是减少特征数量。
- 全连接层：在网络末端恢复特征，以减少特征的损失。
- 输出层：输出结果。

1）输入层

输入层的数据不限定维度，MNIST 数据集中是 28 像素×28 像素的灰度图片，因此输入为[28,28]的二维矩阵。

2）卷积层

卷积层使用卷积核即过滤器来获取特征，这里需要指定过滤器的个数、大小、步长及零填充的方式，其卷积过程如图 3-7 所示。

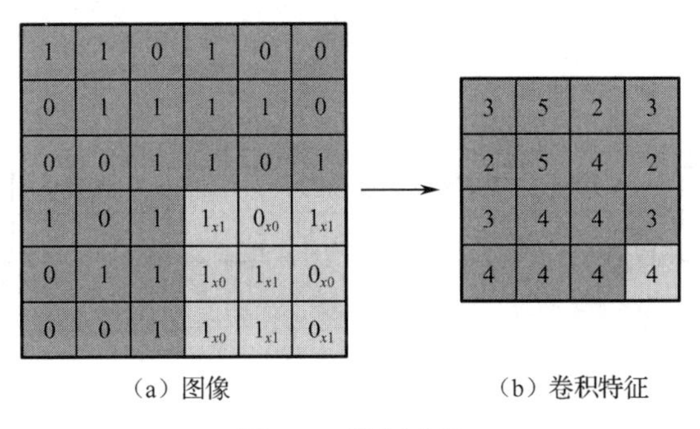

图 3-7　卷积过程

若卷积操作的输入体积大小为 $H_1 \times W_1 \times D_1$，超参数 filter 数量为 K，filter 大小为 F，步长为 S，零填充大小为 P，特征图的输出体积大小为 $H_2 \times W_2 \times D_2$，则卷积层的计算公式如下：

$$H_2 = (H_1 - F + 2P) / S + 1$$

$$W_2 = (W_1 - F + 2P) / S + 1$$

$$D_2 = K$$

下面池化操作的输出大小也按上述公式计算。

3）激励层

激励层是神经网络的关键，激励层一般使用激活函数（Activation Function）来实现。线性函数的特点是具有齐次性和可加性，这就意味着如果使用线性函数进行神经元计算，则多层神经元的叠加仍然是线性的。引入激活函数，可以实现对计算结果的非线性转换，解决一些复杂的非线性问题，卷积神经网络常用的激活函数是 ReLU（Rectified Linear Unit）函数：$f(x) = \max(0, x)$。

4）池化层

池化层的主要目的是特征提取，其池化过程如图 3-8 所示，从卷积层去掉不重要的样本，进一步减少参数数量，池化层常用的方法是 Max Pooling。

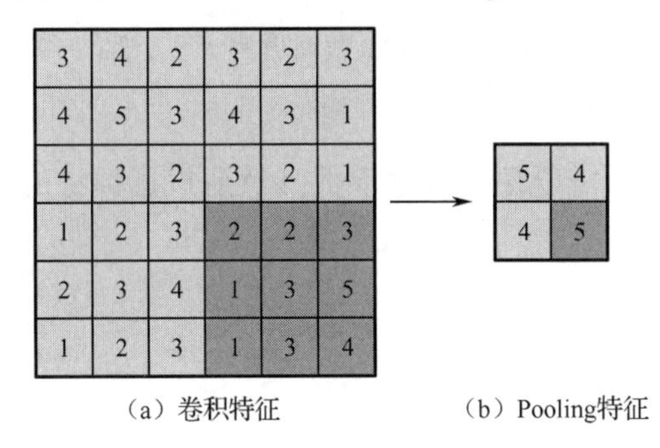

图 3-8　池化过程

5）全连接层

如果说前面的卷积和池化相当于特征工程，那么全连接相当于特征加权，在整个神经网络中起到“分类器”的作用。

6）输出层

输出层表示最终结果的输出，这个问题是个十分类问题，因此输出层有 10 个神经元向量。输出层整体的模型结构如图 3-9 所示。

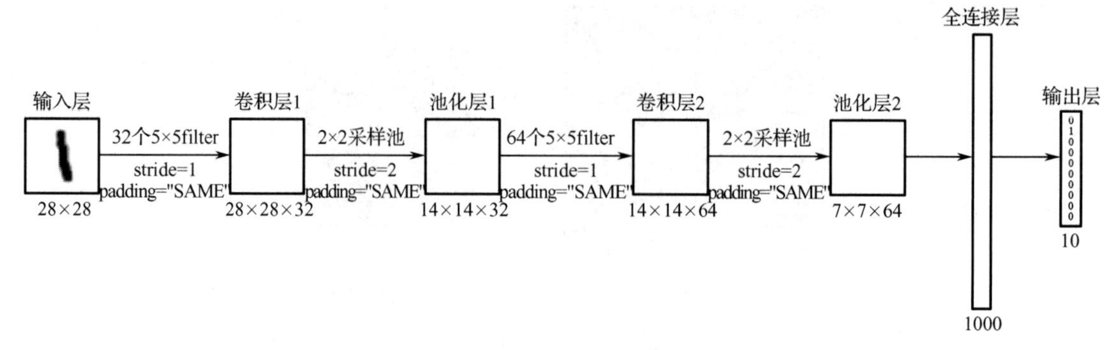

图 3-9　输出层整体的模型结构

4．实验环境

本实验使用的系统和软件包的版本为：Ubuntu16.04、Python3.6、Numpy1.18.3、TensorFlow1.5.0。

5．实验步骤

1）数据准备

首先导入 TensorFlow 的 examples 里的数据集组件，加载 MNIST 数据集，这时会创建一个 MNIST_data 目录，然后从网上下载数据集到这个目录下。

```
from tensorflow.examples.tutorials.mnist import input_data
mnist = input_data.read_data_sets('MNIST_data/', one_hot=True)
```

MNIST 数据集共有 4 个文件，如图 3-10 所示，手动创建 MNIST_data 目录，将下载好的 4 个文件移入其中，再次运行加载代码以读取数据集。

```
train-images-idx3-ubyte.gz:  training set images (9912422 bytes)
train-labels-idx1-ubyte.gz:  training set labels (28881 bytes)
t10k-images-idx3-ubyte.gz:   test set images (1648877 bytes)
t10k-labels-idx1-ubyte.gz:   test set labels (4542 bytes)
```

图 3-10　MNIST 数据集的 4 个文件

2）网络设计

在训练神经网络模型前，需要预先设定参数，然后根据训练的情况来调整参数值。本模型的参数如下：

```
#图像的宽和高
img_size = 28 * 28
#图像的 10 个类别，0～9
num_classes = 10
#学习率
learning_rate = 1e-4
#迭代次数
epochs = 10
#每批次大小
batch_size = 50
```

创建神经网络模型，使用卷积来添加网络模型中的隐藏层，这里添加两层卷积层，然后使用 softmax 多类别分类激活函数，配合交叉熵计算损失值，并通过 Adam 来定义优化器。

（1）准备数据占位符。

```
#定义输入占位符
x = tf.placeholder(tf.float32, shape=[None, img_size])
x_shaped = tf.reshape(x, [-1, 28, 28, 1])
#定义输出占位符
y = tf.placeholder(tf.float32, shape=[None, num_classes])
```

（2）定义卷积函数。

卷积层的 4 个参数为：输入图像、权重、步长、填充。其中填充 padding 为 SAME，表示在移动窗口中，不够 filter 大小的数据就用 0 填充；如果 padding 为 VALID，则表示不够 filter 大小的那块数据就不要了。

添加最大池化层，ksize 值的形状是[batch,height,width,channels]，步长 stride 值的形状是[batch,stride,stride,channels]。

```
def create_conv2d(input_data, num_input_channels, num_filters, filter_shape, pool_shape, name):
    #卷积的过滤器大小结构是[filter_height, filter_width, in_channels, out_channels]
    conv_filter_shape = [filter_shape[0], filter_shape[1], num_input_channels, num_filters]

    #定义权重 Tensor（张量）变量，初始化是截断正态分布，标准差是 0.03
    weights = tf.Variable(tf.truncated_normal(conv_filter_shape, stddev=0.03), name=name+"_W")

    #定义偏移项 Tensor（张量）变量，初始化是截断正态分布
    bias = tf.Variable(tf.truncated_normal([num_filters]), name=name+"_b")

    #定义卷积层
    out_layer = tf.nn.conv2d(input_data, weights, (1, 1, 1, 1), padding="SAME")
    out_layer += bias
    #通过激活函数 ReLU 来计算输出
    out_layer = tf.nn.relu(out_layer)
    #添加最大池化层
    out_layer = tf.nn.max_pool(out_layer, ksize=(1, pool_shape[0], pool_shape[1], 1), strides=(1, 2, 2, 1),
padding="SAME")
    return out_layer
```

（3）添加第一层卷积网络，深度为 32：

```
layer1 = create_conv2d(x_shaped, 1, 32, (5, 5), (2, 2), name="layer1")
```

（4）添加第二层卷积网络，深度为 64：

```
layer2 = create_conv2d(layer1, 32, 64, (5, 5), (2, 2), name="layer2")
```

（5）添加扁平化层，扁平化为一个大向量：

```
flattened = tf.reshape(layer2, (-1, 7 * 7 * 64))
```

（6）添加全连接层：

```
wd1 = tf.Variable(tf.truncated_normal((7 * 7 * 64, 1000), stddev=0.03), name="wd1")
bd1 = tf.Variable(tf.truncated_normal([1000], stddev=0.01), name="bd1")
```

```
dense_layer1 = tf.add(tf.matmul(flattened, wd1), bd1)
dense_layer1 = tf.nn.relu(dense_layer1)
```

（7）添加输出全连接层，深度为 10（因为只需要 10 个类别）：

```
wd2 = tf.Variable(tf.truncated_normal((1000, num_classes), stddev=0.03), name="wd2")
bd2 = tf.Variable(tf.truncated_normal([num_classes], stddev=0.01), name="bd2")
dense_layer2 = tf.add(tf.matmul(dense_layer1, wd2), bd2)
```

（8）添加激活函数的 softmax 输出层，通过 softmax 交叉熵定义计算损失值，定义的优化器是 Adam：

```
y_ = tf.nn.softmax(dense_layer2)
cost = tf.reduce_mean(tf.nn.softmax_cross_entropy_with_logits(logits=y_, labels=y))
optimizer = tf.train.AdamOptimizer(learning_rate=learning_rate).minimize(cost)
```

（9）比较正确的预测结果，计算预测的精确度。变量 correct_prediction 保存的值都是 True 或 False，之后通过 tf.cast()函数将 True 转换成 1，False 转换成 0，最后通过 tf.reduce_mean() 函数计算元素的均值。

```
correct_prediction = tf.equal(tf.argmax(y, 1), tf.argmax(y_, 1))
accuracy = tf.reduce_mean(tf.cast(correct_prediction, tf.float32))
```

3）模型训练

训练完本模型后，需要通过模型来预测测试集数据，所以此处使用 tf.train.Saver()函数来保存模型的最佳检查点，模型会保存在 checkpoints 目录下，名称是 mnist_cnn_tf.ckpt。

```
import math
iteration = 0
#定义要保存训练模型的变量
saver = tf.train.Saver()
#创建 TensorFlow 会话
with tf.Session() as sess:

    #初始化 TensorFlow 的全局变量
    sess.run(tf.global_variables_initializer())

    #当每批次是 batch_size 个时，计算所有的训练集需要被训练多少次
    batch_count = int(math.ceil(x_train.shape[0] / float(batch_size)))

    #要迭代 epochs 次训练
    for e in range(epochs):
        #对每张图像进行训练
        for batch_i in range(batch_count):
            #每次取出 batch_size 张图像
            batch_x, batch_y = mnist.train.next_batch(batch_size=batch_size)
            #训练模型
            _, loss = sess.run([optimizer, cost], feed_dict={x: batch_x, y: batch_y})

            #每训练 20 次图像时打印一次日志信息，也就是 20 次乘以 batch_size 个图像已经被训
            #练了
```

```
                if batch_i % 20 == 0:
                    print("Epoch: {}/{}".format(e+1, epochs),
                          "Iteration: {}".format(iteration),
                          "Training loss: {:.5f}".format(loss))
                iteration += 1

                #每迭代一次时，做一次验证，并打印日志信息
                if iteration % batch_size == 0:
                    valid_acc = sess.run(accuracy, feed_dict={x: x_valid, y: y_valid})
                    print("Epoch: {}/{}".format(e, epochs),
                          "Iteration: {}".format(iteration),
                          "Validation Accuracy: {:.5f}".format(valid_acc))
        #保存模型的检查点
        saver.save(sess, "checkpoints/mnist_cnn_tf.ckpt")
```

在每批次大小设置为 50、迭代次数设置为 10 时，总共训练次数为 55 000/50×10=11 000 次，大约 5min 训练完毕。训练过程日志输出如图 3-11 所示。

```
Epoch: 1/10 Iteration: 0 Training loss: 2.30278
Epoch: 1/10 Iteration: 20 Training loss: 2.32207
Epoch: 1/10 Iteration: 40 Training loss: 2.30476
Epoch: 0/10 Iteration: 50 Validation Accuracy: 0.11000
Epoch: 1/10 Iteration: 60 Training loss: 2.31522
Epoch: 1/10 Iteration: 80 Training loss: 2.31266
Epoch: 0/10 Iteration: 100 Validation Accuracy: 0.20720
Epoch: 1/10 Iteration: 100 Training loss: 2.30856
Epoch: 1/10 Iteration: 120 Training loss: 2.29936
Epoch: 1/10 Iteration: 140 Training loss: 2.31679
Epoch: 0/10 Iteration: 150 Validation Accuracy: 0.09580
Epoch: 1/10 Iteration: 160 Training loss: 2.26478
                        ...
Epoch: 10/10 Iteration: 10860 Training loss: 1.49015
Epoch: 10/10 Iteration: 10880 Training loss: 1.50177
Epoch: 9/10 Iteration: 10900 Validation Accuracy: 0.98360
Epoch: 10/10 Iteration: 10900 Training loss: 1.48207
Epoch: 10/10 Iteration: 10920 Training loss: 1.46847
Epoch: 10/10 Iteration: 10940 Training loss: 1.46172
Epoch: 9/10 Iteration: 10950 Validation Accuracy: 0.98320
Epoch: 10/10 Iteration: 10960 Training loss: 1.48210
Epoch: 10/10 Iteration: 10980 Training loss: 1.47377
Epoch: 9/10 Iteration: 11000 Validation Accuracy: 0.98320
```

图 3-11　训练过程日志输出

从过程日志可以观察到损失值逐渐减小，精度逐渐变大，最后可达到 0.98。

4）模型测试

最后，对测试数据集的样本进行预测，得到精确度。在预测前，先通过 tf.train.Saver()函数读取训练时的模型检查点。

```
#预测测试数据集
saver = tf.train.Saver()
with tf.Session() as sess:
    #从 TensorFlow 会话中恢复之前保存的模型检查点
    saver.restore(sess, tf.train.latest_checkpoint('checkpoints/'))
```

```
#通过测试集预测精确度
test_acc = sess.run(accuracy, feed_dict={x: x_test, y: y_test})
print("test accuracy: {:.5f}".format(test_acc))
```

输出计算的精确度如图 3-12 所示。

```
INFO:tensorflow:Restoring parameters from checkpoints/mnist_cnn_tf.ckpt
test accuracy: 0.98300
```

图 3-12 输出计算的精确度

3.3 基于深度学习的计算机视觉

当今深度学习技术已经普遍应用在很多计算机视觉领域中，在计算机视觉上的成功应用又进一步促进了深度学习的发展。

3.3.1 计算机视觉与深度学习的关系

在科技发展的漫漫长河中，计算机科学家孜孜不倦地追求让计算机“能看会听可说”这一目标，在这个目标中首先是让计算机能够看见这个世界，赋予计算机一双和人类一样的“眼睛”。

1. 人类视觉神经的启迪

在 20 世纪 50 年代，Torsten Wiesel 和 David Hubei 两位神经科学家在猫身上做了一个非常有名的关于动物视觉的实验，如图 3-13 所示。在实验中猫的头部被固定，视野只能落在一个显示屏区域，当一根导线直接连入猫的脑部区域中的视觉皮层位置（Visual area of brain）时，显示屏上就会时不时地出现小光点或者小光条（Stimulus）。

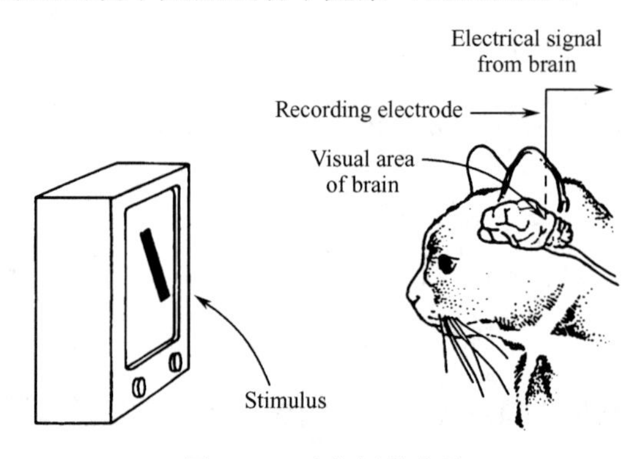

图 3-13 动物视觉实验

Torsten Wiesel 和 David Hubei 通过实验发现，当有小光点出现在屏幕上时，猫视觉皮层的一部分区域被激活，随着不同光点的闪现，不同脑部视觉神经区域被激活。而当屏幕上出现小光条时，会有更多的神经细胞被激活，区域也更为丰富。该实验进一步说明：当一个特定物体出现在视野的任意一个范围内时，某些脑部的视觉神经元会一直处于固定的活跃状态。对计算机来说，如果也建立这么一个“脑皮层”对信号进行转换，那么计算机拥有视觉就会变为现实。

2．计算机视觉的难点与人工神经网络

通过大量生物视觉实验，视觉的秘密正在逐渐被揭开，但是将生物视觉原理用到计算机上却并非易事。这主要是因为计算机识别往往有严格的限制和规格，即使同一张图片或者一个场景，一旦光线，甚至于观察角度发生变化，计算机的判别也会发生变化。也就是说，对于计算机来说，识别两个独立的物体容易，但是在不同的场景下识别同一个物体则要困难得多。因此，计算机视觉的核心在于如何忽略同一个物体内部的差异，而强化不同物体之间的差别。为了解决计算机视觉的核心问题，很多研究人员投入精力，贡献了很多不同的算法和解决方案。经过不懈的努力和无数次尝试，计算机视觉研究人员最终发现，使用人工神经网络是最好的解决办法。

人工神经网络的研究最初受限于当时的计算机硬件资源，只能停留在简单的模型之上，无法得到全面的发展和验证。随着计算机硬件资源与算力的不断提高和人工神经网络具有里程碑意义的理论基础“反向传播”算法的发明，人工神经网络在解决计算机视觉难点问题上成为了首选技术。

3．应用深度学习解决计算机视觉问题

受前人研究的启发，“带有卷积结构的深度神经网络”被大量应用于计算机视觉之中，卷积神经网络在计算机视觉中的应用主要体现在以下几个方面。

1）图像分类

图像分类就是对输入的已知图像，使用卷积神经网络提取图像特征，根据图像特征划分到已知类别中的某一个类别的过程，图 3-14 是对狗和海鸥进行分类的示意图。图像分类是深度学习在计算机视觉领域大放异彩的第一个研究方向，基于深度学习的图像分类在特定业务场景上已远远超过了人类的平均水平。

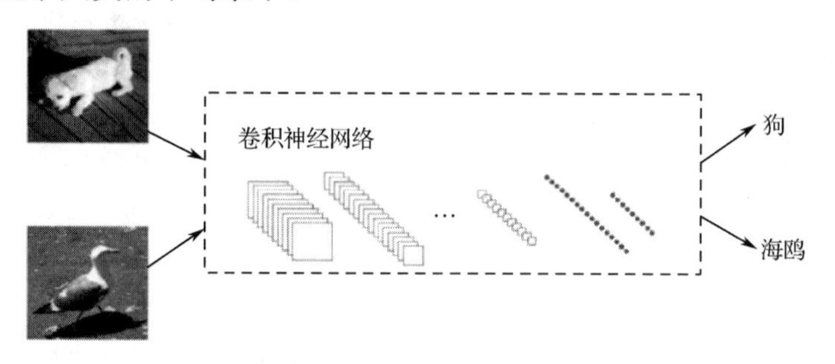

图 3-14　对狗和海鸥进行分类的示意图

2）物体检测

物体检测也是计算机视觉里最基础的一个研究方向。它和图像分类有所不同，主要研究的是什么东西出现在了什么地方，不但要识别图像中的物体，而且还要判断其位置。如图 3-15 所示，经过物体检测，得到的信息不仅包含马和摄影师，还得到了每一个检测对象的类别位置信息，图中以方框的形式展现。

3）人脸识别

人脸识别是和人类相关的研究最多的一个计算机视觉子领域。在实际生活中的应用主要有两方面：第一方面是检测图像中是否存在人脸，该方面主要应用在数码相机中对人脸的定位，网络或手机摄像头对人脸的提取。第二方面是人脸匹配，有了第一方面把人脸部分定位以后，人脸匹配是将具体定位的人脸与具体已知的人脸进行匹配，比对两张人脸之间的相似度，从而准确识别出业务场景中的人脸。有了这种人脸匹配，可以进一步判断是否是同一个人，这就是身份辨识，其在实际中也广泛用于罪犯身份确认、银行卡开卡等场景。

图 3-15　物体检测示意图

3.3.2　计算机视觉和深度学习发展的加速器——GPU

相对于其他的学习算法，深度神经网络算法会消耗大量的计算资源，同时，深度神经网络的训练对数据量也要求巨大。当数据量较小时，深度学习与传统机器学习算法相差不大，从性能和灵活性上来讲，传统机器学习算法反而更胜一筹。但当数据量积累到一定程度以后，传统机器学习算法在性能和准确率上会呈现饱和状态，而深度学习则会随着数据的增加在性能和准确率上显著提高，其对比如图 3-16 所示。

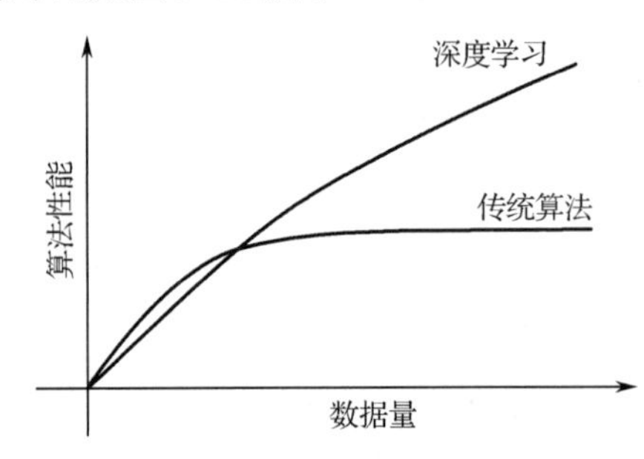

图 3-16　深度学习和传统机器学习算法对数据的依赖关系

大数据集显著支撑了深度学习的训练和应用，而大数据集也加大了对计算能力的需求。在 GPU 应用到深度学习训练之前，计算能力的低下限制了对算法和数据的探索，以及在海量数据上进行训练的可能性。

1999 年英伟达公司（NVIDIA）发布显卡 GeForce256 时，正式提出了 GPU 的概念，GPU 主要是对图形进行并行处理和逻辑计算，科研人员尝试使用 GPU 来加速通用高密度、大吞吐量的计算任务。2006 年，英伟达公司推出了基于 GPU 的通用计算平台 CUDA，研究者不用再开发底层代码，可以更加专注于计算逻辑的实现。GPU 无论是在带宽还是在浮点运算能力上都相当于 CPU 性能的 10 倍，CUDA 的出现显著地降低了 GPU 编程的门槛。在英伟达的强力推广下，CUDA 迅速成为 GPU 编程的通用计算框架，因此，2006 年以后的深度学习研究人员大多采用基于 CUDA 计算框架的 GPU 进行深度神经网络的训练。

3.3.3 计算机视觉与深度学习的基础与研究方向

计算机视觉是一个专门教计算机如何去“看”的学科，更进一步的解释就是使用机器替代生物眼睛来对目标进行识别，并在此基础上进行必要的图像处理。深度学习可以有效地解决计算机视觉研究中的问题，建立起有真正识别能力的计算机视觉系统。

1．计算机视觉研究基础结构图

计算机视觉研究结构图如图 3-17 所示。

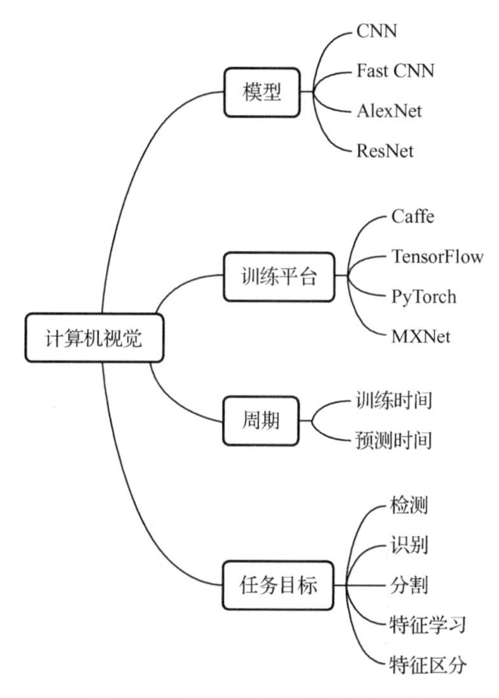

图 3-17 计算机视觉研究结构图

使用深度学习解决计算机视觉问题，首先要选择一个好的训练平台，对于绝大多数的研究人员来说，平台的易用性以及便捷性是训练的基础。目前常用的深度学习平台主要有 TensorFlow、Caffe、PyTorch 等。其次是模型的使用，深度学习发展到今天，经过不断的探索与尝试，确立了模型设计是计算机视觉训练的核心内容，而行业中广泛使用的是 AlexNet、VGGNet、GoogleNet、ResNet 模型等。最后，深度神经网络的训练速度和周期也是需要考虑的一个重要因素，如何使得训练速度更快，如何使用模型更快地对物体进行辨识，这是解决计算机视觉核心问题的关键途径。

2．计算机视觉的研究方向

目前来说，在计算机视觉领域，基于“监督学习”的深度神经网络取得了重大成果，但是相对于生物视觉学习和分辨方式的“半监督学习”和“无监督学习”，还有很多更重要的内容急需解决，如视频里物体的运动、行为存在特定规律等。除此之外，计算机视觉还可以应用在那些人类能力所限、感觉器官不能及的领域和单调乏味的工作上，如在微笑瞬间自动按下快门，帮助汽车驾驶员泊车入位，捕捉身体的姿态与计算机游戏互动，在工厂中能准确地焊接部件并检查缺陷，帮助仓库管理者分拣商品，让扫地机器人打扫房间，自动将数码照片进行识别分类等。

3.4 深度学习的实现框架 TensorFlow

为了进一步将深度学习更快且更便捷地应用在实际的项目中，谷歌经过实际的研究与开发，推出了深度学习框架 TensorFlow 并将其开源，它是深度学习应用广泛的框架之一。

3.4.1 TensorFlow 简介

TensorFlow 是由谷歌大脑团队的领头人、美国计算机科学家和软件工程师杰夫・狄恩（Jeff Dean）牵头，在谷歌内部第一代深度学习框架 DistBelief 的基础上改进而来的通用深度学习计算框架。DistBelief 是谷歌于 2011 年开发的在内部使用的深度学习工具，基于这个工具，谷歌构建了 Inception 深度神经网络模型，并获得了 2014 年计算机视觉 ImageNet 的分类比赛冠军。通过 DistBelief，谷歌在海量的 YouTube 视频中学习了猫的概念，并在谷歌搜索引擎里开发了猫的图片搜索功能。谷歌使用 DistBelief 还训练了语音识别模型，将语音识别的错误率降低了 25%。

虽然 DistBelief 深度学习框架取得了巨大的成功，但是 DistBelief 过度依赖谷歌内部的其他系统，为了能够将 DistBelief 系统进行有效的开源，进一步推进深度学习的发展，谷歌大脑团队对 DistBelief 进行了改进。2015 年，谷歌正式发布了遵循 Apache 2.0 开源协议的深度学习开源框架 TensorFlow。相对于 DistBelief，TensorFlow 的计算模型更加通用、计算速度更快、支持的深度学习算法更广而且系统的稳定性也更高。

目前 TensorFlow 已经在谷歌内部得到广泛应用，并且成功地应用到谷歌的各款产品中，如谷歌的语音搜索、广告、图片、街景图、翻译等众多产品中。除了在谷歌内部使用 TensorFlow 框架，TensoFlow 也在工业界和学术界得到了广泛使用，如 Twitter、京东、小米等国内外的科技公司都在使用 TensoFlow。现今，TensorFlow 已经变成了深度学习的框架标准，通过使用 TensorFlow，在学术界可以快速地探索深度学习的学术成果，在工业界可以更加迅速地将基于深度学习的算法应用到生产实践中。

TensorFlow 包括 TensorFlow Hub、TensorFlow Lite 和 TensorFlow Research Cloud 在内的多个项目以及各类应用程序接口，支持多种操作系统的多种开发语言的开发，主要包括 C 语言、Python 语言、JavaScript、C++、Java 语言。而 TensorFlow 最常用的开发语言为 Python，并且提供 4 个不同的硬件版本：CPU 版本（tensorflow-cpu）、GPU 加速的版本（tensorflow-gpu），以及它们的每日编译版本 tf-nightly 和 tf-nightly-gpu。

TensorFlow 可以很好地支持深度学习的各种算法，本节将介绍深度学习的框架 TensorFlow 的搭建、计算图的基本概念和使用方法，以及在 TensorFlow 中张量的基本概念、属性和使用方法。

3.4.2 TensorFlow 环境的搭建

TensorFlow 的安装方法有多种，下面将介绍基于 Docker 安装和基于 pip 安装两种方式。

1. 基于 Docker 安装

Docker 是一个开源的应用容器引擎，开发者可以打包自己的应用到容器里面，然后迁移到其他机器的 Docker 应用中，从而实现快速部署。如果出现故障，可以通过镜像，快速恢复服务。Docker 支持大部分常用的 Linux、MacOS 和 Windows 操作系统，具体如下所示。

- Linux 系统：Ubuntu、CentOS、Red Hat Enterprise Linux 等。
- MacOS 系统：10.10.3 及以上。
- Windows 系统：Windows 7 及以上。

利用 Docker 容器技术可以把 TensorFlow 及其所有依赖库封装到 Docker 镜像中，用户只需安装 Docker 镜像，从而简化了安装过程（Docker 的安装及使用本书不做具体介绍）。TensorFlow 的 Docker 镜像有很多，表 3-1 列举了部分 TensorFlow 版本的 Docker 镜像。

表 3-1　部分 TensorFlow 版本的 Docker 镜像

镜像名称	是否支持 GPU	是否含有源码	Python 版本
tensorflow/tensorflow: 1.5.0	否	否	Python2
tensorflow/tensorflow :1.5.0-devel	否	是	Python2
tensorflow/tensorflow: 1.5.0-gpu	是	否	Python2
tensorflow/tensorflow: 1.5.0-devel-gpu	是	是	Python2
tensorflow/tensorflow: 1.5.0-py3	否	否	Python3
tensorflow/tensorflow: 1.5.0-devel-py3	否	是	Python3
tensorflow/tensorflow: 1.5.0-gpu-py3	是	否	Python3
tensorflow/tensorflow: 1.5.0-devel-gpu-py3	是	是	Python3

镜像名称中冒号后面的数字是指 TensorFlow 的版本，本节统一使用 TensorFlow1.5.0 以上版本。Docker 安装成功后，可以通过命令来启动 TensorFlow 容器，首次运行时会自动下载镜像。Docker 启动 TensorFlow1.5.0 的命令如下：

```
$ docker run -it tensorflow/tensorflow:1.5.0
```

上述命令启动的是仅支持 CPU 的 Docker 镜像，表 3-1 中也有支持 GPU 的镜像，运行 GPU 镜像需要安装适配的 NVIDIA 驱动以及 nvidia-docker。在确保 NVIDIA 驱动以及 nvidia-docker 安装完成后，可以使用如下命令启动支持 GPU 的 TensorFlow。

```
$ docker run -it tensorflow/tensorflow:1.5.0-gpu
```

2. 基于 pip 安装

使用 Python 语言进行编程。pip 是一个通用的 Python 包管理工具，可以使用 pip 命令对 Python 包进行查找、下载、安装和卸载等操作。基于 pip 安装需要先安装 pip 工具，很多 Python 安装包自带了 pip 工具，可以通过如下命令判断是否已安装 pip。

```
pip --version
```

若未安装，可以使用如下命令安装：

```
$ curl https://bootstrap.pypa.io/get-pip.py -o get-pip.py #下载安装脚本 get-pip.py
$ python get-pip.py #运行安装脚本
```

注意：用哪个版本的 Python 运行安装脚本，pip 就被关联到哪个版本。本书使用的是 Python3.6，故 pip 被关联到 Python3.6 版本。

部分 Linux 发行版可直接用包管理器安装 pip，如 Debian 和 Ubuntu 可以使用如下命令安装 pip。

```
$ sudo apt-get install python-pip
```

在确保 pip 工具可使用后，需要确定安装 TensorFlow 的环境和版本。TensorFlow 分为 CPU 和 GPU 两种类型，官方对于 TensorFlow，CPU 版本安装有明确的系统要求，如下所示：

- Python3.5～3.7；
- pip19.0 或更高的版本；
- Ubuntu16.04 或更高的版本（64 位）；
- MacOS 10.12.6（Sierra）或更高版本（64 位）（不支持 GPU）；
- Windows 7 或更高版本（64 位）（仅支持 Python3）；
- Raspbian9.0 或更高版本；
- 适用于 Visual Studio 2015、2017 和 2019 的 Microsoft Visual C++可再发行软件包。

若要安装 GPU，需要额外的环境，如下所示：

- CUDA 计算能力为 3.5 或更高的 NVIDIA GPU 卡（适用于 Ubuntu 和 Windows）；
- NVIDIA GPU 驱动程序 CUDA 8.1 需要 418.x 或更高版本；
- CUDA 工具包：CUDA 8 及以上；
- CUDA 工具包附带的 CUPTI；
- cuDNN SDK（7.6 及更高版本）。

确保安装环境符合要求后，可以选择合适的 TensorFlow GPU 版本进行安装。

前面介绍 OpenCV 时，已经使用 Anaconda 进行 Python 的配置，并且介绍了 Anaconda 的使用。下面将介绍在 Ubuntu 操作系统下使用 Anaconda 基于 pip 安装 TensorFlow 的过程，安装使用的是 Ubuntu16.04（64bit）操作系统和 Anaconda5.2.0（Python3.6）环境。

（1）基于 CPU 模式的 TensorFlow 安装。

第一步：确定 Python 版本。

TensorFlow 在安装的时候对 Python 最低版本要求是 Python3.6，因此需要先查看 Python 的版本。

首先在 Ubuntu 中打开一个终端，输入 Python 命令，查看 Python 的版本，如图 3-18 所示，Python 环境是 3.6.5。

```
ubuntu@fbd5823c7f22:~$ python
Python 3.6.5 |Anaconda, Inc.| (default, Apr 29 2018, 16:14:56)
[GCC 7.2.0] on linux
Type "help", "copyright", "credits" or "license" for more information.
>>>
```

图 3-18　查看 Ubuntu 下的 Python 版本

第二步：安装 TensorFlow。

接下来进行 CPU 版本的 TensorFlow 的安装。打开一个终端，输入如下命令，使用 pip 方式在线下载安装 TensorFlow1.5.0 版本：

```
$ pip install tensorflow==1.5.0
```

安装成功后会显示安装成功。在 Anaconda 下，安装 TensorFlow 除了可以使用 pip 命令，还可以使用 conda 命令安装。安装 TensorFlow 的时候，可以根据想要安装的 TensorFlow 的版本修改上面命令等号后的 TensorFlow 版本号。TensorFlow 的版本可以使用如下命令进行查看，TensorFlow 现有版本如图 3-19 所示。

```
$ conda search tensorflow
```

```
tensorflow          1.1.0     np111py36_0  pkgs/free
tensorflow          1.1.0     np112py27_0  pkgs/free
tensorflow          1.1.0     np112py35_0  pkgs/free
tensorflow          1.1.0     np112py36_0  pkgs/free
tensorflow          1.2.1         py27_0  pkgs/free
tensorflow          1.2.1         py35_0  pkgs/free
tensorflow          1.2.1         py36_0  pkgs/free
tensorflow          1.3.0              0  pkgs/free
tensorflow          1.4.1              0  pkgs/main
tensorflow          1.5.0              0  pkgs/main
tensorflow          1.6.0              0  pkgs/main
tensorflow          1.7.0              0  pkgs/main
tensorflow          1.8.0              0  pkgs/main
tensorflow          1.8.0      h01c6a4e_0  pkgs/main
tensorflow          1.8.0      h16da8f2_0  pkgs/main
tensorflow          1.8.0      h2742514_0  pkgs/main
tensorflow          1.8.0      h469b60b_0  pkgs/main
tensorflow          1.8.0      h57681fa_0  pkgs/main
tensorflow          1.8.0      h5c3c37f_0  pkgs/main
tensorflow          1.8.0      h645107b_0  pkgs/main
tensorflow          1.8.0      h7b2774c_0  pkgs/main
```

图 3-19　查看 TensorFlow 现有版本

安装成功后可以使用如下命令查看已安装的 TensorFlow，如图 3-20 所示。

```
$ conda list
```

```
six                        1.11.0     py36h372c433_1
snappy                     1.1.7         hbae5bb6_3
snowballstemmer            1.2.1      py36h6febd40_0
sortedcollections          0.6.1             py36_0
sortedcontainers           1.5.10            py36_0
sphinx                     1.7.4             py36_0
sphinxcontrib              1.0        py36h6d0f590_1
sphinxcontrib-websupport   1.0.1      py36hb5cb234_1
spyder                     3.2.8             py36_0
sqlalchemy                 1.2.7      py36h6b74fdf_0
sqlite                     3.23.1        he433501_0
statsmodels                0.9.0      py36h3010b51_0
sympy                      1.1.1      py36hc6d1c1c_0
tblib                      1.3.2      py36h34cf8b6_0
tensorflow                 1.5.0              <pip>
tensorflow-tensorboard     1.5.1              <pip>
terminado                  0.8.1             py36_1
testpath                   0.3.1      py36h8cadb63_0
tk                         8.6.7         hc745277_3
toolz                      0.9.0             py36_0
tornado                    5.0.2             py36_0
traitlets                  4.3.2      py36h674d592_0
typing                     3.6.4             py36_0
unicodecsv                 0.14.1     py36ha668878_0
unixodbc                   2.3.6         h1bed415_0
urllib3                    1.22       py36hbe7ace6_0
wcwidth                    0.1.7      py36hdf4376a_0
```

图 3-20　查看 TensorFlow 的安装情况

第三步：验证 TensorFlow 的安装。

在终端中打开一个 Python 环境，通过 import 命令加载 TensorFlow，加载命令如下所示。

```
import tensorflow as tf
```

Python 允许对加载库重命名从而使引用更加方便，TensorFlow 库通常简写为“tf”，本书都采用此种书写方式。加载成功后可以查看 TensorFlow 的版本以及 GPU 使用情况，查看命令如下，验证 TensorFlow 的版本以及是否能使用 GPU 的情况如图 3-21 所示。

```
tf.__version__    #查看版本
tf.test.is_gpu_available()   #查看是否支持 GPU，True 为支持，False 为不支持
```

```
>>> import tensorflow as tf
>>> tf.__version__
'1.5.0'
>>> tf.test.is_gpu_available()
2020-07-02 08:33:43.637390: I tensorflow/core/platform/cpu_feature_guard.cc:137] Your CPU supports instructions that this TensorFlow binary was not compiled to use: SSE4.1 SSE4.2 AVX AVX2 FMA
False
>>> 
```

图 3-21　验证 TensorFlow 的版本以及是否能使用 GPU

（2）基于 GPU 模式的 TensorFlow 安装。

基于 CPU 模式的 TensorFlow 安装是默认的安装模式，安装过程十分简单，但在进行大规模数据计算时更多采用的是 GPU 模式的 TensorFlow。前面讲过安装 GPU 模式的 TensorFlow 需要一些额外的环境，因此需要先对这些环境进行安装配置。本次安装过程整体运行环境是 Ubuntu16.04、CUDA 9.0、cuDNN_v7.1.4、NCCL v2.2.13、Anaconda3-5.2.0 和 TensorFlow1.5.0。下面依次介绍安装配置。

第一步：安装 NVIDIA 显卡驱动。

显卡驱动程序可以从 NVIDIA 官网进行下载，进入 NVIDIA 驱动程序下载页面，手动查找适用于自己设备的 NVIDIA 产品的驱动程序，如图 3-22 所示，本次安装环境的 NVIDIA 产品型号是 Tesla K80。

NVIDIA 驱动程序下载

选项 1: 手动查找适用于我的NVIDIA 产品的驱动程序。

产品类型: Tesla
产品系列: K-Series
产品家族: Tesla K80
操作系统: Linux 64-bit
CUDA Toolkit: 9.0
语言: Chinese (Simplified)

搜索

图 3-22　在 NVIDIA 官网查找适合自己设备的驱动

找到适合自己设备信息的 NVIDIA 驱动程序后，单击下方的“搜索”按钮，即可跳转至下载页面。在下载页面，单击“其他信息”选项将会显示详细的安装步骤，如图 3-23 所示。

TESLA DRIVER FOR UBUNTU 16.04

版本:	384.145
发布日期:	2018.6.11
操作系统:	Linux 64-bit Ubuntu 16.04
CUDA Toolkit:	9.0
语言:	Chinese (Simplified)
文件大小:	97.75 MB

下载

发布重点 产品支持列表

其他信息

Once you accept the download please follow the steps listed below

i) `dpkg -i nvidia-diag-driver-local-repo-ubuntu1604-384.145_1.0-1_amd64.deb' for Ubuntu
ii) `apt-get update`
iii) `apt-get install cuda-drivers`
iv) `reboot`

图 3-23　下载安装 NVIDIA 驱动的详细信息

下载后，在 Ubuntu16.04 中进行 NVIDIA 驱动的安装。在终端依次输入如下命令。

```
$ sudo dpkg -i nvidia-diag-driver-local-repo-ubuntu-1604-384.145_1.0-1_amd64.deb #使用 dpkg 安装 NVIDIA 驱动的 deb 包
$ sudo apt-get update #更新
$ sudo apt-get install cuda-drivers    #使用 apt-get 命令安装 CUDA 驱动
$ sudo reboot #重启
```

重启成功后，在终端输入指令：nvidia-smi，查看如图 3-24 所示的 NVIDIA 显卡信息，证明驱动已经安装成功。

```
(tensorflow) root@R2S1-gpu-zlm-test:~# nvidia-smi
Tue Sep 11 01:52:49 2018
+-----------------------------------------------------------------------------+
| NVIDIA-SMI 396.45                 Driver Version: 396.45                    |
|-------------------------------+----------------------+----------------------+
| GPU  Name        Persistence-M| Bus-Id        Disp.A | Volatile Uncorr. ECC |
| Fan  Temp  Perf  Pwr:Usage/Cap|         Memory-Usage | GPU-Util  Compute M. |
|===============================+======================+======================|
|   0  Tesla K80           Off  | 00000000:04:00.0 Off |                    0 |
| N/A   59C    P0   145W / 149W |  11043MiB / 11441MiB |     89%      Default |
+-------------------------------+----------------------+----------------------+
|   1  Tesla K80           Off  | 00000000:05:00.0 Off |                    0 |
| N/A   32C    P0    70W / 149W |  10981MiB / 11441MiB |      0%      Default |
+-------------------------------+----------------------+----------------------+
|   2  Tesla K80           Off  | 00000000:08:00.0 Off |                    0 |
| N/A   40C    P0    53W / 149W |  10981MiB / 11441MiB |      0%      Default |
+-------------------------------+----------------------+----------------------+
|   3  Tesla K80           Off  | 00000000:09:00.0 Off |                    0 |
| N/A   33C    P0    69W / 149W |  10981MiB / 11441MiB |      0%      Default |
+-------------------------------+----------------------+----------------------+
```

图 3-24　查看 NVIDIA 显卡信息

第二步：安装 CUDA 9.0。

CUDA 安装包可以从 NVIDIA 官网下载，进入下载页面后，根据自己的设备信息选择目标平台。CUDA 下载页面如图 3-25 所示。

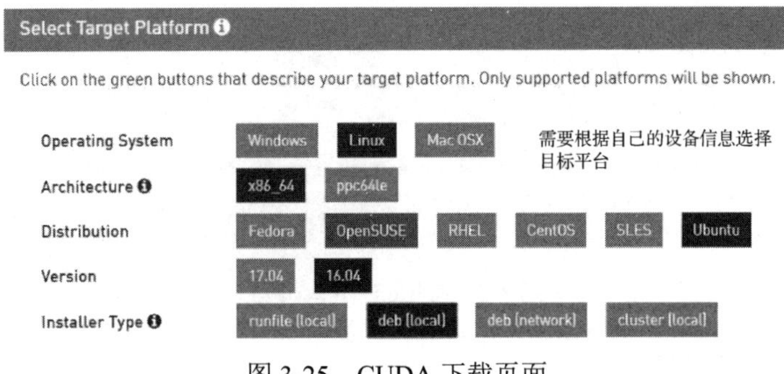

图 3-25　CUDA 下载页面

选择完成后将会出现下载按钮和具体的安装指令，CUDA 下载安装指南如图 3-26 所示。

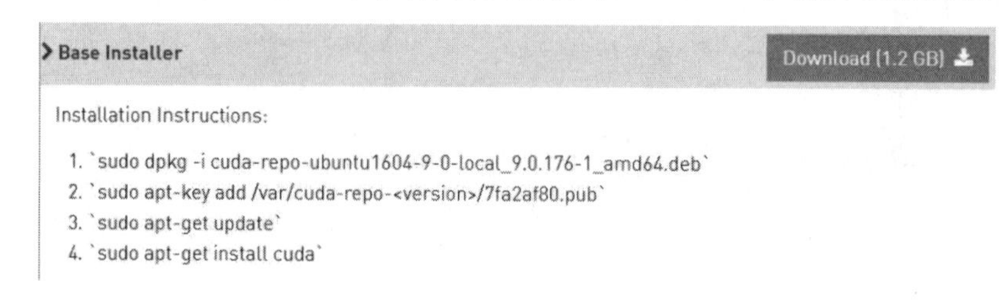

图 3-26 CUDA 下载安装指南

根据官网安装指示，在终端执行如下命令即可完成 CUDA 9.0 的安装。

```
$ sudo dpkg -i cuda-repo-ubuntu1604-9-0-local_9.0.176-1_amd64.deb #使用 dkpg 命令安装 CUDA 的 deb 包
$ sudo apt-get update #更新
$ sudo apt-get install cuda-9-0 #使用 apt-get 命令安装 CUDA 9.0
```

第三步：安装 cuDNN v7.1.4。

cuDNN 安装包可从 NVIDIA 官网下载。注意：需要在 NVIDIA 官网进行注册才能下载，注册完成后转至详细下载页面，如图 3-27 所示。本书使用的是 cuDNN v7.1.4，也可选择下载 cuDNN 的其他版本，但需要与 CUDA 的版本进行匹配。

图 3-27 cuDNN 下载页面

在终端依次执行如下命令，将 cuDNN 安装到/usr/local 目录下。

```
$ sudo cp cudnn-9.0-linux-x64-v7.1.tgz /usr/local #将 cuDNN 安装包复制到/usr/local
$ cd /usr/local #切换目录到/usr/local
$ tar -zxvf cudnn-9.0-linux-x64-v7.1.tgz #解压压缩包即可成功安装 cuDNN
```

第四步：安装 NCCL v2.2.13。

NCCL 安装包可从 NVIDIA 官网下载，NCCL 下载页面如图 3-28 所示，本书使用的是 2.2.13 版本，也可使用其他适合 CUDA 9.0 的 NCCL 版本。

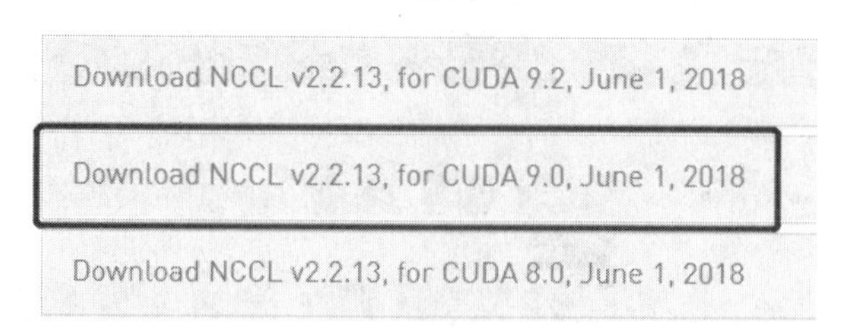

图 3-28 NCCL 下载页面

安装时在终端执行命令：

```
$ cd nccl/ #切换到 nccl 子目录
$ sudo make PREFIX=/usr/local/cuda install #将其安装到/usr/local/cuda 下
```

NCCL 默认安装在/usr/local/cuda/lib 下，可以手动复制到/usr/local/cuda/lib64 下，运行命令如下所示。

```
$ sudo cp -ar /usr/local/cuda/lib/* /usr/local/cuda/lib64
```

安装完成后，执行命令：nvcc -V。若显示如图 3-29 所示的 NCCL 安装成功的结果，则表示安装成功。

```
root@R2S1-gpu-zlm-test:/home/ubuntu# nvcc -V
nvcc: NVIDIA (R) Cuda compiler driver
Copyright (c) 2005-2017 NVIDIA Corporation
Built on Fri_Sep__1_21:08:03_CDT_2017
Cuda compilation tools, release 9.0, V9.0.176
```

图 3-29　NCCL 安装成功的显示结果

注意：在执行命令 nvcc -V 时，若出现如图 3-30 所示的错误提示，则解决方法为：接着执行 source ~/.bashrc 使其立即生效即可。如果是 64 位操作系统，则在最后添加以下内容：

```
export PATH=/usr/local/cuda-9.0/bin:$PATH
export LD_LIBRARY_PATH=/usr/local/cuda-9.0/lib64:$LD_LIBRARY_PATH
```

```
1  The program 'nvcc' is currently not installed. You can install it by typing:
2  sudo apt-get install nvidia-cuda-toolkit
```

图 3-30　错误提示示例

然后，重新执行命令 nvcc -V，就不会再报错了。

第五步：安装 Anaconda3-5.2.0。

Anaconda 可以在官网下载，也可在一些镜像网站下载。下载时选择支持 Python3.6 的 Anaconda 版本。除手动下载外，也可在终端执行如下命令进行下载。

```
$ wget https://repo.anaconda.com/archive/Anaconda3-5.2.0-Linux-x86_64.sh
```

然后，根据官网安装文档，终端执行如下命令：

```
$ bash Anaconda3-5.2.0-Linux-x86_64.sh
```

注意：建议在 Ubuntu 用户下安装 Anaconda。

安装完成后，在终端输入 Python 命令，输出如图 3-31 所示，则证明安装成功。

```
ubuntu@fbd5823c7f22:~$ python
Python 3.6.5 |Anaconda, Inc.| (default, Apr 29 2018, 16:14:56)
[GCC 7.2.0] on linux
Type "help", "copyright", "credits" or "license" for more information.
>>>
```

图 3-31　安装成功

第六步：安装 GPU 模式的 TensorFlow。

安装 GPU 模式的 TensorFlow 的过程与安装 CPU 模式的 TensorFlow 的过程类似，如下所示。

```
$ pip install tensorflow-gpu==1.5.0
```

第七步：验证 GPU 模式 TensorFlow 安装是否成功。

验证方式与 CPU 模式的验证方式一样，区别在于需要 tf.test.is_gpu_available()的返回结果是 True，而不是 False。

3.4.3 TensorFlow 计算模型——计算图

计算图是 TensorFlow 中一个基本的概念，TensorFlow 中的所有计算都会被转化为计算图上的节点，其是对有向图的一种表示。

1．计算图的概念

在学习计算图之前，需要首先掌握 TensorFlow 中两个最重要的概念——Tensor 和 Flow。Tensor（张量），表明 TensorFlow 中的数据结构，可简单地理解为多维数组，3.4.4 节会对张量进行详细介绍。Flow（流），体现了 TensorFlow 的计算模型，表达张量之间通过计算相互转化的过程。

TensorFlow 是一种通过计算图来表达计算的编程系统。计算图由一组节点和一组有向边组成。TensorFlow 使用节点表示计算，代表一个操作或一种运算，主要是指数据处理；TensorFlow 使用有向边表示计算之间的关系，即节点与节点之间的关系。TensorFlow 中的边有数据依赖和控制依赖两种连接关系，它们分别使用实线边和虚线边来表示。

- 实线边：又称为常规边，表示数据依赖，即一个节点的运算输出成为另一个节点的输入，两个节点之间有 Tensor 流动（即值传递），如图 3-32 中的两条边都是实线边。
- 虚线边：又称为特殊边，表示两个节点之间的控制相关性，不携带值且无数据流动。

下面通过【例 3.1】认识 TensorFlow 简单的计算图。

【例 3.1】TensorFlow 实现两个常量相加。

```
import tensorflow as tf
node1 = tf.constant(3.0, tf.float32, name='node1')
node2 = tf.constant(4.0, tf.float32, name='node2')
node3 = node1 + node2
```

图 3-32 描述了上述代码的计算图，包含三个节点和两条边。三个节点分别是 node1、node2 和 Add，两条边分别是 node1 到 Add 的边和 node2 到 Add 的边。其中，node1 和 node2 定义了两个常量，不依赖于任何其他计算。Add 定义了一个加法运算，其计算依赖于 node1 和 node2 这两个节点的输出。没有节点的计算依赖于 Add 节点，对应图中也没有 Add 指向其他节点的边。

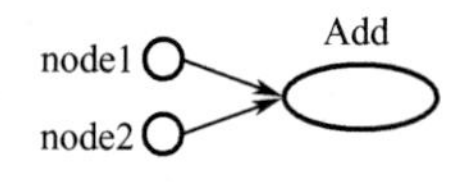

图 3-32　两个向量相加的计算图

TensorFlow 的所有程序都可以表示成类似于图 3-32 的计算图，这就是 TensorFlow 的基本计算模型。

2．计算图的使用

TensorFlow 程序一般可以分为定义和执行两个阶段。

- 定义阶段：定义计算图中所有的计算。如【例 3.1】中的程序，先定义两个常量，然后定义一个加法计算求两个常量的和。
- 执行阶段：用会话（Session）执行定义好的计算。

在【例 3.1】的程序中，虽然没有明确指定计算图，但系统会自动维护一张默认的计算图。当前默认的计算图可以通过 tf.get_default_graph()函数获取。下面的代码演示如何查看计算图。

```
print(node1.graph) #通过 node1.graph 可以查看张量 node1 所属的计算图
print(tf.get_default_graph()) #获取当前默认的计算图
#因为没有特意指定，nodel.graph 的计算图应该等于当前默认的计算图。所以下面这个操作输出值为 True
print(node1.graph is tf.get_default_graph())
```

运行结果如图 3-33 所示。

```
<tensorflow.python.framework.ops.Graph object at 0x7f01751430f0>
<tensorflow.python.framework.ops.Graph object at 0x7f01751430f0>
True
```

图 3-33　运行结果

除默认计算图外，TensorFlow 还支持使用 tf.Graph()函数来生成新的计算图。同一个计算图上的张量和运算可以共享，但不同计算图上的张量和运算是相互独立的，不可以共享。

【例 3.2】在不同的计算图上定义和使用张量。

```
import tensorflow as tf
g1 = tf.Graph()
with g1.as_default():
  #在计算图 g1 中定义变量，名字为“v”，并设置初始值为 0
  v = tf.get_variable("v", shape=(1,), initializer=tf.zeros_initializer())

g2 = tf.Graph()
with g2.as_default():
  #在计算图 g2 中定义变量，名字为“v”，并设置初始值为 1
  v = tf.get_variable("v", shape=(1,), initializer=tf.ones_initializer())
#在计算图 g1 中读取变量“v”的值
with tf.Session(graph=g1) as sess:
  tf.global_variables_initializer().run()
  with tf.variable_scope("", reuse=True):
      #在计算图 g1 中，变量“v”的取值为 0，所以下面这行代码会输出[0.]
      print(sess.run(tf.get_variable("v")))

#在计算图 g2 中读取变量“v”的值
with tf.Session(graph=g2) as sess:
  tf.global_variables_initializer().run()
  with tf.variable_scope("", reuse=True):
      #在计算图 g2 中，变量“v”的取值为 0，所以下面这行代码会输出[1.]
      print(sess.run(tf.get_variable("v"))）
```

运行结果如图 3-34 所示。

```
[0.]
[1.]
```

图 3-34 【例 3.2】的运行结果

上述代码定义了两个计算图 g1 和 g2，两个计算图中都定义了名为 v 的变量。g1 中的 v 初始化值为 0，g2 中的 v 初始化值为 1。通过运行结果，可以看到不同的计算图中变量 v 的值是不一样的。

TensorFlow 中的计算图不仅可以用于隔离张量和计算，还可以用于管理张量和计算。通过 tf.Graph.device()函数可以指定运行计算的设备，这为 TensorFlow 使用 GPU 提供了机制。有关 TensorFlow 使用 GPU 的内容本节不做具体的讲解。下面代码实现了将加法运算运行在第一块 GPU 上。

```
g = tf.Graph()              #生成计算图
with g.device('/gpu:0'):    #指定计算图 g 的运算使用第一块 GPU
    result = 1 + 2
    print(result)
```

3.4.4 TensorFlow 数据模型——张量

上节介绍了 TensorFlow 的计算模型——计算图，本节介绍 Tensor（张量）这一核心概念。

1．张量的概念

张量（Tensor）是 TensorFlow 管理数据的形式，也是 TensorFlow 中数据的基本单位。在 TensorFlow 中，所有的数据都通过张量来表示。Tensor 在概念上等同于数学中的多维数组，可用于描述数学中的标量（0 维数组）、向量（1 维数组）、矩阵（2 维数组）等各种量。

在 TensorFlow 中，张量并不真正保存数据，而是保存一个数据的计算过程。此外，张量也不是直接采用数组的形式实现，而是对 TensorFlow 中计算结果的引用。下面的程序以【例 3.1】为例，当运行代码时，对 node3 进行输出，并不会得到加法的结果 7.0，而是会得到一个张量，表示对结果的引用。

```
import tensorflow as tf
node1 = tf.constant(3.0, tf.float32, name='node1')
node2 = tf.constant(4.0, tf.float32, name='node2')
node3 = node1 + node2
print(node3)
```

node3 输出结果如图 3-35 所示。

```
Tensor("add:0", shape=(), dtype=float32)
```

图 3-35　node3 输出结果

从结果来看，TensorFlow 并没有直接返回一个数字结果 7.0，而是返回了一个张量。观察发现，张量主要有三个属性。

- 名字（name）：形式为“node:src_output”，以“:”分为两部分，前面是节点名称，后面表示此张量来自节点的第几个输出。名字是张量的唯一标识符，同时也表示张量是如何计算的。上述结果“add:0”表明 node3 节点的名字为 Add，该张量是节点的第一个输出（编号从 0 开始）。
- 维度（shape）：描述张量的维度，上述结果中 shape=()表示标量，后面会详细介绍张量的维度。
- 类型（type）：每一个张量的类型都是唯一的，后面会详细介绍张量的类型。

2. 张量的维度

张量的维度可以用三个术语描述：阶（rank）、形状（shape）和维数（dimension number），三者之间的关系如表 3-2 所示。

表 3-2　张量维度的三种描述及其关系

阶	形　状	维　数	例　子
0	()	0	4
1	(D_0)	1	[2,3,4]
2	(D_0,D_1)	2	[[2,3], [1,5]]
3	(D_0,D_1,D_2)	3	[[[7],[3]], [[4],[5]]]
n	$(D_0,D_1,\cdots,D_{n-1})$	n	形为$(D_0,D_1,\cdots,D_{n-1})$的张量

【例 3.3】张量的维度分析。

```
import tensorflow as tf
tess = tf.constant([[[1,2,2],[2,2,3]],
                    [[3,5,6],[5,4,3]],
                    [[7,0,1],[9,1,9]],
                    [[11,12,7],[1,3,14]]],name='tess')
print(tess)
```

运行结果如图 3-36 所示。

```
Tensor("tess:0", shape=(4, 2, 3), dtype=int32)
```

图 3-36　张量的维度分析运行结果

从运行结果可以看出，张量 tess 的维度为（4,2,3）。张量的维度分析可以通过张量的值来分析。张量 tess 的值是用数组的形式表示的，开头和结尾分别有三个“[”和“]”，表示这是一个三维数组。通过观察，最外围的“[]”里面有 4 个元素，第二层“[]”里面有 2 个元素，最内层的“[]”里面有 3 个元素，（4,2,3）就是这样来的。张量的维度还可以使用 shape 属性或者使用 get_shape()方法来获取，如【例 3.3】中的张量 tess 的维度可以用 tess.shape 或 tess.get_shape()获取。

张量的阶也可用于表示张量的维度，其与数学实体之间的对应关系如表 3-3 所示。

表 3-3　张量的阶与数学实体之间的对应关系

阶	数学实体	示　例
0	Scalar	Scalar = 1000
1	Vector	Vector = [2,8,3]
2	Matrix	Matrix = [[2,3,6], [1,5,7]]
3	3-Tensor	Tensor = [[[7],[3]], [[4],[5]]]
N	N-Tensor	……

3. 张量的类型

TensorFlow 支持不同的数据类型，如表 3-4 所示。

表 3-4　TensorFlow 支持的数据类型

类　　别	TensorFlow 支持的数据类型
整数	tf.int8、tf.int16、tf.uint8、tf.uint16、tf.int32、tf.int64
实数	tf.int16、tf.float32、tf.float64、tf.bfloat16
布尔	tf.bool
复数	tf.complex64、tf.complex128
字符串	tf.string

在 Tensor 的属性中，类型是可选参数，如果没有显示指定则会被指定为默认类型，如不带小数点的数值则会被默认为 tf.int32；带小数点的数值则会被默认为 tf.float32。

TensorFlow 在运算时，会对参与运算的所有张量进行类型的检查，一旦发现类型不匹配，就会报错。因此，在定义和运算时要格外注意张量的数据类型。

【例 3.4】张量的数据类型不一致会报错。

```
import tensorflow as tf
a = tf.constant([1,2], name='a')
b = tf.constant([3.0,4.0], name='b')
c = a + b
print(c)
```

运行结果如图 3-37 所示，错误提示为两个张量的数据类型一个是 int32，另一个是 float32，不匹配。

```
ValueError: Tensor conversion requested dtype int32 for Tensor with dtype float32: <tf.Ten
sor 'b:0' shape=(2,) dtype=float32>
```

图 3-37　张量数据类型不一致的运行结果

解决方法是指定两个张量的类型均为 tf.float32 或将张量 a 指定为 tf.float32，使两个张量的类型一致。修改后的代码和运行结果如图 3-38 所示。

```
import tensorflow as tf
a = tf.constant([1,2],dtype = tf.float32, name = 'a')
b = tf.constant([3.0,4.0], name = 'b')
c = a + b
print(c)
```

```
Tensor("add_3:0", shape=(2,), dtype=float32)
```

图 3-38　修改后的代码和运行结果

对于已定义好的张量，可以使用 dtype 属性获取张量的类型，如【例 3.4】中，可以使用 a.dtype 获取张量 a 的数据类型，如图 3-39 所示。

```
print(a.dtype)
```

```
<dtype: 'float32'>
```

图 3-39　获取数据类型

4．张量中元素的获取

前面说过张量可以理解为多维数组。因为在 Python 中可以使用下标对数组的某个元素进行访问，故对张量中的元素进行获取可以采用类似的方法。阶为 1 的张量等价于向量，通过 $t[i]$ 获取元素；阶为 2 的张量等价于矩阵，通过 $t[i, j]$ 获取元素；阶为 3 的张量，通过 $t[i, j, k]$ 获取元素；依次类推。注意：下标从 0 开始。

【例 3.5】访问张量中的元素。

```
import tensorflow as tf
cube_matrix = tf.constant([[[1],[2],[3]],[[4],[5],[6]],[[7],[8],[9]]])
cube_matrix[2,1,0] #获取元素 8，在 cube_matrix 中的索引位置为[2,1,0]
```

运行结果如图 3-40 所示。

```
<tf.Tensor 'strided_slice:0' shape=() dtype=int32>
```

图 3-40　访问张量中元素的运行结果

5．张量的使用

张量的使用可以分为两大类：一类是对中间计算结果的引用，另一类是当构造完计算图后，使用张量来获取计算结果，即得到真实的值。

1）中间计算结果的引用

当一个计算中包含很多中间结果时，张量的使用可以提高代码的可读性。

【例 3.6】使用张量和不使用张量记录中间结果，来进行向量相加的功能代码对比，如下所示。

```
import tensorflow as tf
#使用张量记录中间结果
a = tf.constant([1.0,2.0], name='a')
b = tf.constant([3.0,4.0], name='b')
c = a + b
#不使用张量记录中间结果，直接计算变量的和
d = tf.constant([1.0,2.0], name='a') + tf.constant([3.0,4.0], name='b')
```

从【例 3.6】可以看出，a 和 b 是对常量的运算结果的引用，这样在后面的运算时就不需要再去生成这些常量，直接使用 a 和 b 即可。当计算的复杂度增加时，这种引用方式可以提高代码的可阅读性。此外，这种引用方式还可以方便地获取中间结果。如在卷积神经网络中，卷积层的张量的维度可能在运算过程中发生改变，有了中间结果的引用，可以直接使用 get_shape()方法获取张量的维度信息，从而避免了人工计算的麻烦。

2）计算图运行后获取张量的真实结果

虽然张量本身不存储具体的值，但通过运行会话可以得到具体的数值。TensorFlow 可以使用 tf.Session().run()方法得到某个张量的具体的计算结果。

【例 3.7】通过会话获取【例 3.6】中张量的计算结果。

创建一个会话，并通过 Python 的上下文管理器来管理这个会话。

```
with tf.Session() as sess:
    # 使用创建好的会话来计算结果
```

```
print(sess.run(c))
print(sess.run(d))
```

使用上下文管理器的好处是不需要再调用 close()函数来关闭会话，当上下文退出时会话即关闭，同时资源释放也自动完成。

运行结果如图 3-41 所示。

```
[4. 6.]
[4. 6.]
```

图 3-41 运行结果

3.4.5 TensorFlow 运行模型——会话

前面的章节介绍了 TensorFlow 是如何组织数据和运算的。本节将介绍如何使用 TensorFlow 中的会话来执行运算。TensorFlow 程序运行时，会话需要管理对应的资源，一般计算完成之后，需要关闭会话来通知系统回收资源，否则就可能出现资源泄露的问题。TensorFlow 中一般有两种模式来使用会话，第一种模式需要明确调用会话生成函数和会话关闭函数，这种模式的代码流程如下。

```
#创建一个会话
sess = tf.Session()
#使用这个创建好的会话来得到运算的结果。如可以调用 sess.run(result) ，来得到张量 result 的取值
sess.run(…)
#关闭会话，释放本次运行中使用到的资源
sess.close()
```

在这种模式下当所有计算完成后，需要手动调用 Session.close()函数关闭会话并释放系统资源。然而当程序因为某些原因异常退出时，原程序设计中的一些函数（如关闭会话的函数）可能不会被执行，从而导致资源泄露。为了解决上述情况下的资源释放问题，可以通过 Python 的上下文管理器来使用会话，即 TensorFlow 使用会话的第二种模式。以下代码展示了这种模式的使用方式。

```
#创建一个会话，并通过 Python 中的上下文管理器来管理这个会话
with tf.Session() as sess:
  #使用创建好的会话来计算结果
  sess.run(…)
#不需要再调用“Session.close()”函数来关闭会话，当上下文退出时，会话关闭和资源释放会自动完成
```

如果通过 Python 上下文管理器的机制，只要将对应的计算内容放在管理器“with”的内部就可以了。当上下文管理器退出时，会自动释放对应的资源，这样既解决了程序运行时资源释放的问题，同时也避免了开发者忘记调用 Session.close()函数而产生资源泄露。

前面已经介绍过 TensorFlow 计算模型中计算图的内容，程序运行时会自动生成一个默认的计算图，如果没有特殊指定，运算会自动加入这个计算图中。对于会话来说也有类似的机制，但是需要手动指定，它不会自动生成默认的会话。当会话被指定后，可以通过 tf.Tensor.eval()函数来计算一个张量的取值。设定默认会话并计算张量取值的过程如以下代码所示。

```
sess = tf.Session()
#设定默认会话
with sess.as default():
    print(result.eval())
```

以下代码也可以完成相同的功能

```
sess = tf.Session()
#以下两个命令有相同的功能
print(sess.run(result))
print(result.eval(session=sess))
```

在交互式环境下可以通过设置默认会话的方式方便地获取张量，即使用直接构建默认会话的函数 tf.InteractiveSession()。使用这种方式会将自动生成的会话注册为默认会话，以下代码展示了该函数的用法。

```
#直接构建默认会话
sess = tf.InteractiveSession()
print(result.eval())
sess.close()
```

通过 tf.InteractiveSession()函数可以省略注册默认会话的过程。对于会话的配置可以通过 ConfigProto()函数来实现，下面给出了通过 ConfigProto()函数配置会话的方法：

```
#配置会话相关参数
config = tf.ConfigProto(allow_soft_placement=True，log_device_placement=True)
#直接构建默认会话
sess1 = tf.InteractiveSession(config=config)
#创建一个会话
sess2 = tf.Session(config=config)
```

通过 ConfigProto 可以配置相关参数，如设备日志、CPU/GPU 分配策略、并行运算的线程数等。在这些参数中，最常使用的有两个。第一个是 allow_soft_placement，该参数的类型为布尔型，当它为 True 时，在以下任意条件成立时，GPU 上的运算可以放到 CPU 上进行：①GPU 上无法执行指定运算时；②没有所指定的 GPU 资源时；③运算涉及 CPU 计算结果的引用时。

这个参数的默认值为 False，但这个参数在有 GPU 的环境下一般会被设置为 True，目的是使代码的可移植性更强。不同版本的 GPU 驱动可能在计算策略上有略微的区别，通过将 allow_soft_placement 参数设为 True，当某些运算无法被当前 GPU 支持时，可以自动调整到 CPU 上，而不是报错。此外，通过将这个参数设置为 True，可以让程序在拥有不同数量的 GPU 机器上顺利运行。

第二个使用得比较多的配置参数是 log_device_placement。该参数的类型也为布尔型，当它被设置为 True 时，日志中将会记录每个节点的详细信息。而在实际环境中更多的是将这个参数设置为 False，可以达到减少日志输出量的效果。

第 4 章　图像分类

随着互联网的飞速发展和智能手机等数码设备的普及，互联网上的图像也越来越多。图像作为信息的重要载体，包含重要的信息和知识，图像识别、分类检测等应用也逐渐发展起来。近年来深度学习、人工智能的快速发展，给图像处理带来了新的解决方案，极大地推动了计算机视觉的发展。

图像分类是计算机视觉领域的重要研究内容之一，在图像搜索、商品推荐、用户行为分析以及人脸识别等互联网应用产品中得到了广泛的应用，具有良好的应用前景。同时，其在智能机器人、自动驾驶和无人机等高新科技产业以及生物学、医学和地质学等众多学科领域也具有广阔的应用前景。

本章从图像分类的定义与应用场景、实现方法和常用数据集等方面进行介绍。

4.1　定义与应用场景

图像分类也称为图像识别，是一种利用计算机对图像进行处理、分析和理解，以识别各种不同模式的目标和对象的技术，是物体检测、图像分割、物体跟踪、行为分析、人脸识别等其他高层视觉任务的基础。

对计算机来说，图像是一个由数字组成的巨大的三维数组。数组元素是取值从 0～255 的整数。数组的尺寸为宽度×高度×3，其中 3 代表图像红、绿和蓝三个颜色通道。

图像分类的任务就是使用图像分类模型读取该图片，并生成该图片属于集合中各个标签的概率，最终判定图片的标签，如判定图片属于集合{cat,dog,hat,mug}中的标签“cat”。

图像分类包括通用图像分类和细粒度图像分类两种。图 4-1 展示了通用图像分类（动物数据集样例）效果。

目前，图像分类在许多领域都有着广泛的应用，具体如下。

1）遥感图像领域

遥感图像一般是指通过航空拍摄或者利用卫星从高空对地物的电磁波记录的数字图像，其中包含地物的光谱特征、空间特征、时相特征等。遥感图像分类是人们对遥感图像的特性进行分类的过程，是研究人员获取地球重要信息的途径之一，可以被广泛地应用于航空航天、土地的利用与规划、军事侦察、气象灾害的预报、生态环境的检测等军民领域，并发挥着举足轻重的作用，对经济和社会的快速发展提供强劲的动力。

图 4-1　动物数据集样例

2）图像和视频检索

进入 21 世纪以来，每天产生的数字图像和视频的数量都是庞大的，图片与视频承载的信息也是巨大的，因此，图像和视频检索也成为一个重要的技术领域。图像检索现在更多的是指根据输入图像的内容从数据库中查找与之相似或者相同内容的其他图像的过程，它与图像分类是密不可分的，这一检索过程需要在建立数据库时利用图像分类算法对输入的所有图像进行详尽的分析和分类。传统的图像检索则是基于文本的查找操作，一般都是根据图像的名称、文字信息和索引来完成查找要求的。视频检索的过程和图像检索类似，主要是利用图像分类算法针对视频的一些关键帧图像对视频进行分类。无论是图像检索还是视频检索，都可以极大地提高人们寻找特定类别的效率，并克服人工标注不稳定性的不足，更好地满足用户的检索需求。

3）医学领域

医疗行业很多诊断需要对诸如 X 光机、核磁共振机器等输出的数字图像进行诊断，对这些医学图像的分类对于特定疾病的研究和治疗方案的制订非常重要，但医生的诊断普遍存在知识经验的差别，并且有时不能及时诊断，而计算机通过对医疗影像的学习和训练，可以自动化地进行检测，另外还可完成人体组织重构、任意切片显示等，为病理分析、病例对比提供决策支持。

4）无人驾驶

无人驾驶一般是指机动车融合计算机技术、传感器技术、人工智能等多个高科技领域的技术于一体，完成代替人工驾驶汽车的目的。无人驾驶涉及道路车辆识别、道路检测、道路交通标志的分类和识别等技术，以供智能系统分析并采取进一步的措施。准确的道路交通标志分类是保证智能交通安全和舒适的重要前提。

5）智能监控

视频监控是通过获取监控目标的视频图像信息，对视频进行分析、记录、回溯等，而根据视频图像中的信息人工或自动地做出反应，可以达到对监控目标的监视、控制、安全防范和智能监控。目前，智能监控已被广泛应用于军事、海关、公安、消防、林业、堤坝、机场、铁路、港口、城市交通等众多公众场合，随着技术的进步和成本的降低将逐渐普及至家庭安全防范和生活应用。

6）机器人视觉领域

机器人视觉系统是机器人系统不可或缺的组成部分。机器人视觉系统一般是指机器人利用摄像头获取环境的数字图像，对得到的数字图像进行分析和计算，并对其进行分类识别的过程，这一过程是机器人进行其操作的重要基础和前提。

4.2 实现方法

早期的图像分类技术主要是利用尺度不变特征变换（Scale Invarian Feature Transform，SIFT）和方向梯度直方图（Histogram of Oriented Gradient，HOG）等特征提取方法，将提取到的特征输入至分类器中进行分类识别。这些特征本质上是一种手工设计的特征，针对不同的识别问题，提取到的特征的好坏对系统性能有着直接的影响，因此需要研究人员对所要解决的问题领域进行深入的研究，以设计出适应性更好的特征，从而提高系统的性能。这个时期的图像识别系统一般都是针对某个特定的识别任务，且数据的规模不大，泛化能力较差，难以在实际应用问题中实现精准的识别效果。

从 2010 年至今，每年举办的 ILSVRC（ImageNet Large Scale Visual Recognition Challenge）是评估图像分类算法的一个重要赛事。它的数据集是 ImageNet 的子集，包含上百万幅图像，这些图像被划分为1000个类别。其中，2010年与2011年的获胜团队采用的是传统的图像分类算法，主要使用SIFT、LBP等算法来手动提取特征，再将提取的特征用于训练支持向量机（Support Vector Machine，SVM）等分类器进行分类，取得的最好结果是28.2%的错误率。

深度学习是机器学习的一个分支，是近些年来机器学习领域取得的重大突破和研究热点之一。深度学习的思想提出后，其在学术界和工业界持续升温，在语音识别、图像识别和自然语言处理等领域获得了突破性的进展。自2011年以来，研究人员首先在语音识别问题上应用深度学习技术，将准确率提高了20%～30%，取得了近十年来最大的突破性进展。2012年之后，基于卷积神经网络的深度学习模型在大规模图像分类任务上取得了非常大的性能提高，掀起了深度学习研究的热潮并持续至今。AlexNet、GoogleNet和深度残差网络是其中具有代表性的三个网络。

1．AlexNet

ILSVRC2012是大规模图像分类领域的一个重要转折点。在这场赛事中，Alex Krizhevsk等人提出的AlexNet首次将深度学习应用于大规模图像分类，并取得了16.4%的错误率，该错误率比使用传统算法的第2名的参赛队低了大约10%。简化的AlexNet模型结构如图4-2所示，该模型采用线性修正单元ReLU来取代传统的sigmoid和tanh函数作为神经元的非线性激活函数，并提出了Dropout方法来减轻过拟合问题。

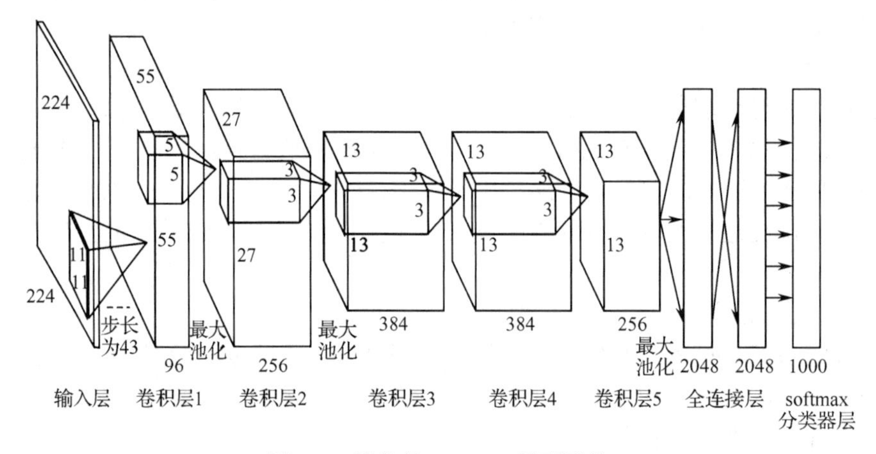

图4-2　简化的AlexNet模型结构

2．GoogleNet

ILSVRC2014的比赛结果相比于前一年取得了重大的突破，其中获胜队伍Google团队所提出的GoogleNet以6.7%的错误率将图像分类比赛的错误率降至以往最佳纪录的一半。该网络共有22层，受到赫布学习规则的启发，同时基于多尺度处理的方法对卷积神经网络做出了改进。GoogleNet基于网络中的网络（Network in Network，NIN）思想提出了Inception模块。简化的Inception模块结构如图4-3所示，它的主要思想是想办法找出图像的最优局部稀疏结构，并将其近似地用稠密组件替代。这样做一方面可以实现有效的降维，从而能够在计算资源同等的情况下增加网络的宽度与深度；另一方面也可以减少需要训练的参数，从而减轻过拟合问题，提高模型的推广能力。

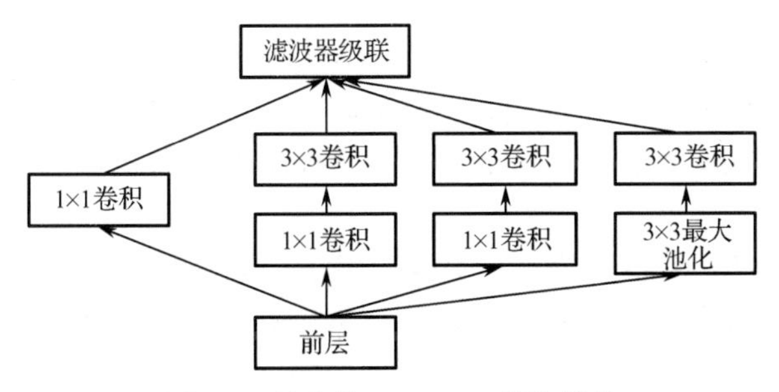

图 4-3　简化的 Inception 模块结构

2015 年年初，微软亚洲研究院的研究人员提出的 PReLU-Nets，在 ILSVRC 的图像分类数据集上取得了 4.94%的 top-5 错误率（错误率排名前五中的一个），成为在该数据集上首次超过人眼识别效果（错误率约 5.1%）的模型。该模型推广了传统的修正线性单元（ReLU），提出了参数化修正线性单元（PReLU），即其激活函数可以适应性地学习修正单元的参数，并且能够在额外计算成本可以忽略不计的情况下提高识别的准确率。同时，该模型通过对修正线性单（ReLU/PReLU）的建模，推导出了一套具有鲁棒性的初始化方法，能够使得层数较多的模型（如含有 30 个带权层的模型）收敛。

随后不久，Google 在训练网络时对每个 mini-batch 进行了正规化，并称其为批量归一化（Batch Normalization），将该训练方法运用于 GoogleNet，在 ILSVRC2012 的数据集上达到了 4.82%的 top-5 错误率。归一化是训练深度神经网络时常用的输入数据预处理手段，可以减少网络中训练参数初始权重对训练效果的影响，加速收敛。于是 Google 的研究人员将归一化的方法运用于网络内部的激活函数中，对层与层之间的传输数据进行归一化。由于训练时使用随机梯度下降法，这样的归一化只能在每个 mini-batch 内进行，所以被命名为 Batch Normalization。该方法可以使得训练时能够获得更高的学习率，减少训练时间；同时减少过拟合，提高准确率。

3．深度残差网络

ImageNet 的 ILSVRC2015 的冠军是微软亚洲研究院团队所提出的深达 152 层的深度残差网络 ResNet，其以绝对优势获得图像检测、图像分类和图像定位三个项目的冠军，其中在图像分类的数据集上取得了 3.57%的错误率。

随着卷积神经网络层数的加深，网络的训练过程更加困难，从而导致准确率开始达到饱和甚至下降。该团队的研究人员认为，当一个网络达到最优训练效果时，可能要求某些层的输出与输入完全一致，这时让网络层学习值为 0 的残差函数比学习恒等函数更加容易。因此，深度残差网络的研究人员将残差表示运用于网络中，提出了残差学习的思想。残差学习模块如图 4-4 所示，为了实现残差学习，将 Shortcut Connection 的方法适当地运用于网络中部分层之间的连接，从而保证随着网络层数的增加，准确率能够不断提高，而不会下降。

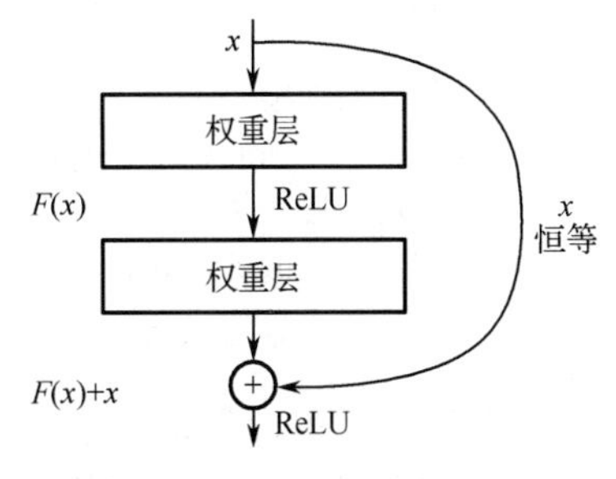

图 4-4　残差学习模块

ImageNet 具有数据集规模大、图像类别多等特点，运用 ImageNet 所训练的模型具有很强的推广能力，在其他数据集上也能取得良好的分类结果。与只用目标数据集进行训练相比，进一步在目标数据集上进行微调大多能够获得更好的效果。首个将卷积神经网络很好地运用于物体检测的 R-CNN 模型，就是将使用 ImageNet 训练过的 AlexNet 模型在 PASCAL VOC 数据集上进行微调后用于提取图像特征，取得了比以往模型高出 20%的准确率。除此之外，将用 ImageNet 数据集训练过的模型运用于遥感图像分类、室内场景分类等其他类型的数据集上，也取得了比以往方法更好的效果。

自从深度学习首次在 ILSVRC2012 中被运用于图像分类比赛并取得令人瞩目的成绩以来，基于深度学习方法模型开始在图像识别领域被广泛地运用，新的深度神经网络模型的涌现在不断刷新着比赛纪录的同时，也使得深度神经网络模型对于图像特征的学习能力不断提升。同时，由于 ImageNet、MS COCO 等大规模数据集的出现，使得深度神经网络模型能够得到很好的训练，通过大量数据训练出来的模型具有更强的泛化能力，能够更好地适应对于实际应用所需要的数据集的学习，提升分类效果。

4.3 常用数据集

为了训练和检测模型，选择合适的数据集也是非常必要的。常用的图像分类数据集有 MNIST、Fashion-MNIST、CIFAR-10、CIFAR-100、Caltech-101、ImageNet 等。

1）MNIST

MNIST 数据集是由 Yann 提供的手写数字数据库文件，包含 10 类共 70 000 幅 28×28 的 0～9 的手写阿拉伯数字图像，每类包含了 7000 个图像数据。所有的图像均为灰度图像，每个像素都是一个字节（0～255），图 4-5 列出了 MNIST 数据集的部分数字图片。

图 4-5　MNIST 数据集的部分数字图片

学习过程中，可以从数据集的官方网站下载数据。也可以使用如下代码对数据进行加载：

```
#获取数据集
from tensorflow.examples.tutorials.mnist import input_data
#指定解压文件夹
mnist = input_data.read_data_sets('MNIST_data', one_hot=True)
```

运行以上代码能够下载 MNIST 数据集至本地，并将数据集文件解压至指定文件夹下。代码中的 one_hot=True，表示将样本的标签转化为独热（one-hot）编码。

2）CIFAR-10 和 CIFAR-100

CIFAR-10 和 CIFAR-100 均是带有标签的图像数据集，这里以 CIFAR-10 为例进行介绍。CIFAR-10 是一个生活中常见物体的彩色图像数据集。该数据集共有 60 000 幅 32×32 的 RGB 彩色图像，分为 10 类：飞机（airplane）、船（ship）、汽车（automobile）、卡车（truck）、狗（dog）、猫（cat）、马（horse）、鹿（deer）、蛙类（frog）和鸟类（bird），部分图片如图 4-6 所示。

图 4-6　CIFAR-10 数据集部分图片

CIFAR-10 数据集在官方网站中共有三个版本，适用于不同的开发语言：Python、MATLAB、C。使用如下的代码也能够对数据进行加载：

```
from data import get_data_set
#获取并划分数据集
train_x, train_y, train_l = get_data_set(cifar=10)
test_x, test_y, test_l = get_data_set("test", cifar=10)
```

CIFAR-10 数据集包含文件 data_batch_1～data_batch_5 和 test_batch，每个文件中各有 10 000 个样本。每个样本由 3073 个字节组成，第一个字节为 label 标签，其余字节为图像数据。各样本之间无多余的字节分割，因此各文件的大小都为 30 730 000 字节。

CIFAR-100 图像数据集和 CIFAR-10 类似，但是 CIFAR-100 中图像类别较多，共有 100 个类别。每个类别包含 600 幅图像，600 幅图像是由 500 幅训练图像和 100 幅测试图像组成的。这 100 个类别的图像实际上是由 20 个大类（每个类又包含 5 个子类）构成的（5×20=100）。

3）Caltech-101

Caltech-101 是 2003 年由美国加州理工学院编写完成的图像数据集。该数据集是计算机视觉领域用于目标检测的基准数据集，它包含 101 类的物体图像，每个图像都有与之对应的标签。每个类别包含 40～800 幅图像，约 9000 幅图像。图像大小可变，典型的边缘长度为 200～300 像素。该数据集部分文件如图 4-7 所示。

4）ImageNet

2009 年，斯坦福大学的李飞飞教授带领其团队创建了 ImageNet 数据集，ImageNet 是根据 WordNet 层次结构组织的图像数据集，该数据集包含 1500 万幅图像，旨在根据一组定义的单词和短语，将图像标记并分类到将近 2.2 万个类别中。其中，训练集包含 1 281 167 幅图像，验证集包含 50 000 幅图像，测试集包含 100 000 幅图像。

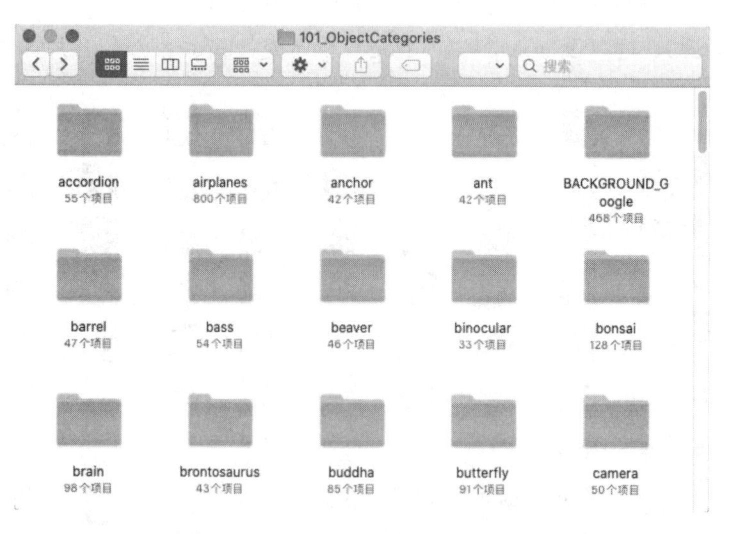

图 4-7　Caltech-101 数据集部分文件

ImageNet 数据集中的图像数据涵盖了日常生活中出现频率较多的物品种类，如图 4-8 为以鱼为主题的数据集示例。

图 4-8　ImageNet 数据集中以鱼为主题的数据集示例

数据可以直接从官方网站进行下载。由于数据量很大，实际应用中可以根据项目或者研究需求单独搜索某一类进行下载。

4.4　实验——机器人看图识物

1．实验目的

（1）了解经典神经网络模型 AlexNet 的原理、结构。

（2）使用 AlexNet 模型进行训练和部署。

（3）使用非线性激活函数 ReLU 解决梯度弥散问题。

（4）使用 Dropout 避免模型过拟合。

（5）使用重叠的最大池化。

2．实验背景

利用计算机实现对于现实世界中的图像辨认是计算机视觉研究的重中之重。为此，世界各地每年都举办各种关于计算机图像识别的竞赛，各种论文和相关算法也随之涌现，很好地促进了计算机图像辨认技术的发展。

2012 年，在 ImageNet 的图像分类挑战赛上，Alex 提出的 AlexNet 网络结构模型赢得了 2012 届图像识别冠军。在此基础上，GoogleNet 和 VGG 同时获得了 2014 年 ImageNet 图像分类挑战赛的好成绩。

本实验是基于 TensorFlow 的经典神经网络模型 AlexNet 对猫狗图像进行识别。

3．实验原理

本实验使用非线性激活函数 ReLU 解决梯度弥散问题，训练时使用 Dropout 随机忽略一部分神经元以避免模型过拟合、使用重叠的最大池化。

1）关键技术点

（1）ReLU 激活函数。

传统的神经网络普遍使用 sigmoid 或者 tanh 等非线性函数作为激活函数，容易出现梯度弥散或梯度饱和的情况。以 sigmoid 函数为例，当输入的值非常大或者非常小的时候，这些神经元的梯度接近于 0（梯度饱和现象），如果输入的初始值很大，梯度在反向传播时因为需要乘上一个 sigmoid 导数，会造成梯度越来越小，导致网络变得很难学习。在 AlexNet 中，使用了 ReLU 激活函数，该函数的公式为：$f(x)=\max(0,x)$，当输入信号<0 时，输出都是 0，当输入信号>0 时，输出等于输入，如图 4-9 所示。

使用 ReLU 替代 sigmoid/tanh，由于 ReLU 是线性的，且导数始终为 1，计算量大大减少，收敛速度会比 sigmoid/tanh 快很多。如图 4-10 所示，一个带有 ReLU 的四层卷积神经网络（实线）在 CIFAR-10 上 6 次达到 25%的训练错误率（Training error rate），比具有 tanh 神经元（虚线）的等效网络更快（出自论文：*ImageNet Classification with Deep Convolutional Neural Networks* By Alex Krizhevsky,Ilya Sutskever, and Geoffrey E. Hinton）。

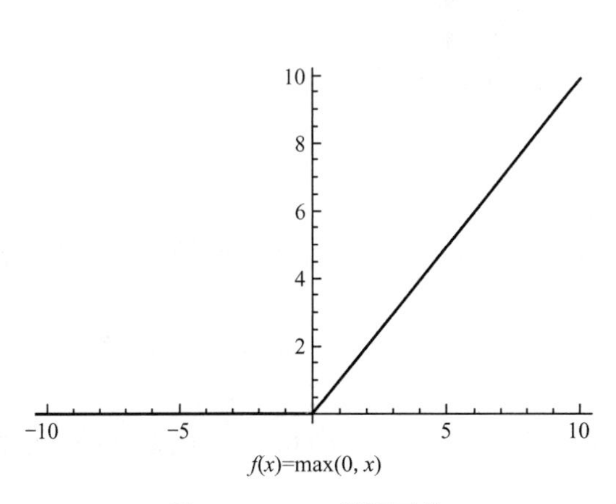

图 4-9　ReLU 激活函数

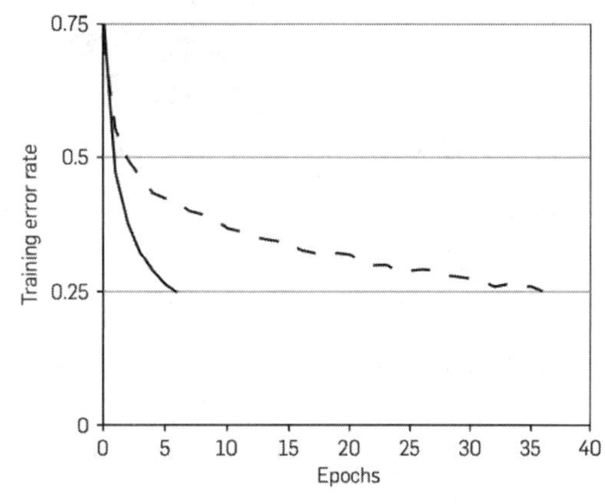

图 4-10　ReLU 激活函数和 tanh 激活函数对 CIFAR-10 数据集的训练误差收敛的对比

（2）数据扩充（Data Augmentation）。

一般来说，用作神经网络训练的数据越多，效果越好。如果能够增加训练数据，提供海量数据进行训练，则能够有效地提升算法的准确率，因为这样可以避免过拟合，从而可以进一步增大、加深网络结构。

在训练数据有限的情况下，可以通过一些变换从已有的训练数据集中生成一些新的数据，以快速地扩充训练数据。其中，最简单、通用的图像数据变形的方式：水平翻转图像，从原始图像中进行随机裁剪、平移变换和颜色、光照变换，如图 4-11 所示。

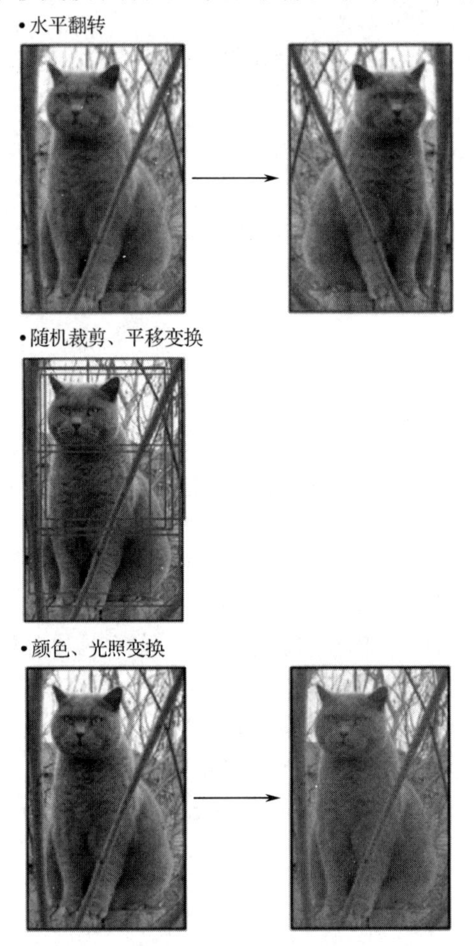

图 4-11　水平翻转，随机裁剪、平移变换和颜色、光照变换的图像变换效果

AlexNet 在训练时，在数据扩充方面是这样处理的：

- 随机裁剪，将 256×256 的图片随机裁剪到 224×224，然后进行水平翻转，相当于将样本数量增加了（$(256-224)^2$）×2=2048 倍；
- 测试的时候，对左上、右上、左下、右下、中间分别做了 5 次裁剪，然后翻转，共 10 次裁剪，之后对结果求平均。如果不做随机裁剪，网络基本上都是过拟合的；
- 对 RGB 空间做 PCA（主成分分析），然后对主成分做一个（0,0.1）的高斯扰动，也就是对颜色、光照进行变换，结果可使错误率下降 1%左右。

（3）重叠池化（Overlapping Pooling）。

池化区域的窗口大小与步长如图 4-12 所示。一般的池化（Pooling）是不重叠的，池化区域的窗口大小与步长相同。

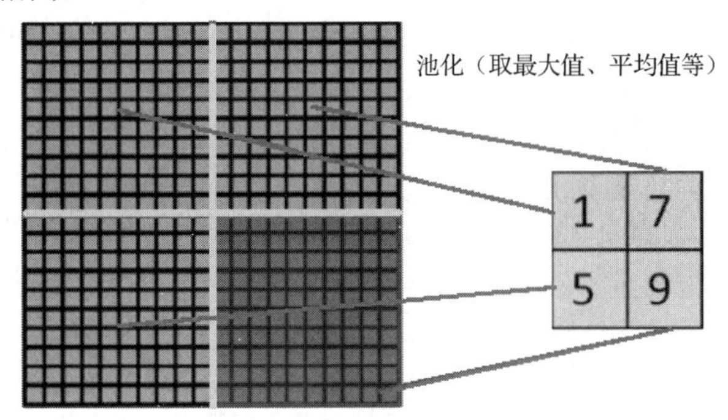

图 4-12　池化区域的窗口大小与步长

在 AlexNet 中使用的池化（Pooling）是可重叠的，也就是说，在池化的时候，每次移动的步长小于池化的窗口长度。AlexNet 池化的大小为 3×3 的正方形，每次池化移动步长为 2，这样就会出现重叠。重叠池化可以避免过拟合，这个策略贡献了 0.3%的 top-5 错误率。

（4）局部归一化（Local Response Normalization，LRN）。

神经生物学中有一个概念——“侧抑制”（Lateral Inhibitio），指的是被激活的神经元抑制相邻神经元。归一化的目的是“抑制”，局部归一化就是借鉴了“侧抑制”的思想来实现局部抑制，尤其是当使用 ReLU 时这种“侧抑制”很有用，因为 ReLU 的响应结果是无界的（可以非常大），所以需要归一化。使用局部归一化的方案有助于增加泛化能力。

（5）Dropout。

引入 Dropout 主要是为了防止过拟合。在神经网络中，Dropout 可通过修改神经网络本身的结构来防止过拟合。具体做法是，对于某一层的神经元，通过定义的概率将某些神经元置为 0，被置为 0 的神经元就不参与前向和反向传播，就如同在网络中被删除了一样，同时保持输入层与输出层神经元的个数不变，然后按照神经网络的学习方法进行参数更新。在下一次迭代中，又重新随机删除一些神经元（置为 0），直至训练结束。

另外，Dropout 也可以看成是一种模型组合，每次生成的网络结构都不一样，通过组合多个模型的方式能够有效地减少过拟合，Dropout 只需要两倍的训练时间即可实现模型组合（类似取平均）的效果，非常高效。完整网络与 Dropout 结构的对比如图 4-13 所示。

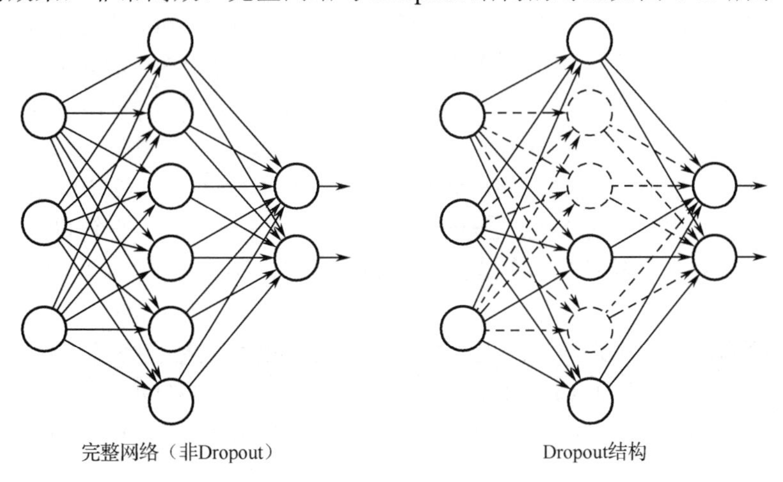

图 4-13　完整网络和 Dropout 结构的对比

（6）多 GPU 训练。

AlexNet 使用了 GTX580 的 GPU 进行训练，由于单个 GTX 580 GPU 只有 3GB 内存，这限制了在其上训练的网络的最大规模，因此 AlexNet 在每个 GPU 中都放置一半核（或神经元），将网络分布在两个 GPU 上进行并行计算，大大加快了 AlexNet 的训练速度。

2）AlexNet 网络结构的逐层解析

AlexNet 的网络结构如图 4-14 所示。

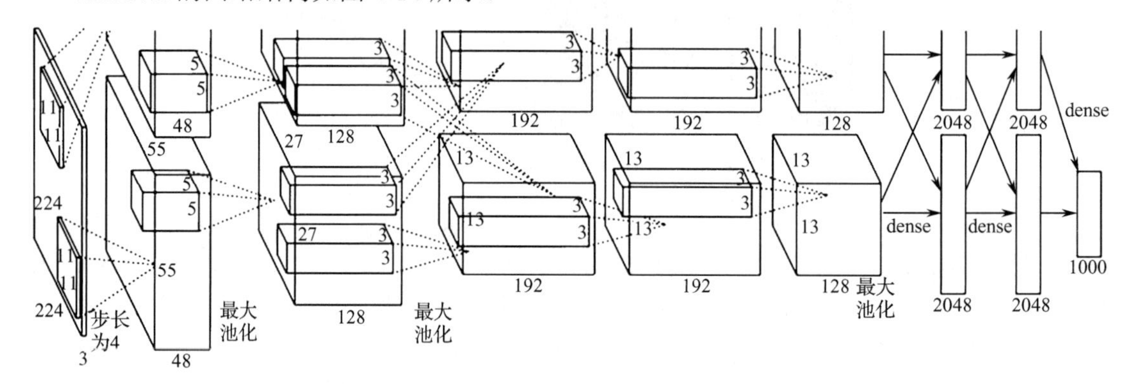

图 4-14　AlexNet 的网络结构

AlexNet 的网络结构共有 8 层，前面 5 层是卷积层，后面 3 层是全连接层，最后一个全连接层的输出传递给一个 1000 路的 softmax 层，对应 1000 个类标签的分类。

AlexNet 的网络结构中的部分层分上下两块，原因是这些层的数据是使用两块 GPU 并行计算完成的。

第一层：卷积层 1，输入为 224×224×3 的图像，在训练时会经过预处理变为 227×227×3；卷积核的大小为 11×11×3，数量：96，分为两组，按步长 4 进行卷积运算。卷积后输出的每组特征核大小都为 55×55×48；经过 ReLU 单元的处理，生成激活像素层，尺寸仍为两组 55×55×48 的像素层数据。

然后进行池化：pool_size=(3, 3)，stride=2，padding=0，输出大小为 27×27×96；池化后的像素层再进行归一化处理，归一化运算的尺寸为 5×5，归一化后的像素规模不变，仍为 27×27×96，分别在一个独立的 GPU 上进行计算。

第二层：卷积层 2，输入为上一层卷积的特征图，与第一层处理流程类似，分别经过卷积、ReLU、池化、归一化。卷积核的大小为 5×5×48，数量为 256；padding=2，stride=1；经过 LRN，最后进行最大池化，pool_size=(3, 3)，stride=2，输出大小为 13×13×256，分别由两个 GPU 进行运算。

第三层：卷积层 3，输入为第二层的输出，卷积核的大小为 3×3×256， padding=1，每个 GPU 中都有 192 个卷积核，每个卷积核的尺寸是 3×3×256。因此，每个 GPU 中的卷积核都能对两组 13×13×128 的像素层的所有数据进行卷积运算。第三层无 LRN 和池化，输出大小为 13×13×384。

第四层：卷积层 4，输入为第三层的输出，卷积核个数为 384，卷积核的大小为 3×3×192，padding=1，和第三层一样，无 LRN 和池化，输出大小为 13×13×384。

第五层：卷积层 5，输入为第四层的输出，卷积核个数为 256，卷积核的大小为 3×3×192，padding=1。然后直接进行最大池化，pool_size=(3, 3)，stride=2，输出大小为 6×6×256。

第六、七、八层是全连接层，每一层的神经元的个数都为4096，经过池化和Dropout过程，最终输出softmax为1000，因为当时ImageNet比赛的分类个数为1000。

4．实验环境

本实验使用的系统和软件包的版本为Ubuntu16.04、Python3.6、Numpy1.18.3、TensorFlow1.5.0、Seaborn0.10.0、Scikit-Learn0.22.2、Pandas0.25.0、Matplotlib3.2.0、Pillow6.1.0。

5．实验步骤

1）数据准备

猫狗大战的数据集来源于kaggle。其中数据集有12 500只猫和12 500只狗。数据集中的数据都来自于真实世界的照片，这无形中加大了图像处理的难度。数据准备过程如下：

第一步，通过generate_txt(save_mode,train_img_dir)方法，将train和test的图片信息存放到文本txt中，代码如下：

```
#定义 generate_txt 方法，用于生成 txt 文件
def generate_txt(save_mode, train_img_dir):
    '''将图片的 ID 和标签信息写入 txt 中
    save_mode: train 或 test
    train_img_dir: 图片所在的目录
    return: 空
    '''
    if save_mode not in ["train", "test"]:
        raise ValueError("save_mode:%s,is train or test" % save_mode)
    #判断目录是否存在
    if not os.path.exists(train_img_dir):
        raise ValueError("train_img_dir:%s,is not exist" % train_img_dir)
    #判断是否为目录
    if not os.path.isdir(train_img_dir):
        raise ValueError("train_img_dir:%s,is not directory" % train_img_dir)
    if not os.path.exists(save_txt_dir):
        os.makedirs(save_txt_dir)
    if save_mode == "train":
        save_txt_path = os.path.join(save_txt_dir, "train.txt")
    else:
        save_txt_path = os.path.join(save_txt_dir, "test.txt")
    #打开文件
    with open(save_txt_path, mode="w", encoding="utf-8") as f_wirter:
        for img_name in os.listdir(train_img_dir):
            img_path = os.path.join(train_img_dir, img_name).replace("\\", "/")
            if img_path.endswith("jpg"):
                if save_mode == "train":
                    #获取图片的标签名 cat 或者 dog
                    label_name, img_id, _ = img_name.split(".")
                    #将图片信息写入 txt 文件中,使用逗号进行分割
                    f_wirter.write("%s,%s,%s\n" % (img_id, img_path, label_name))
                else:
                    #获取图片的 ID
                    img_id, _ = img_name.split(".")
```

```
                #将图片的 id 写入 txt 文件中
                f_wirter.write("%s,%s\n" % (img_id, img_path))
        f_wirter.close()
```

第二步，定义 get_img_infos()和 split_dataset()这两个方法，将数据分为训练集和验证集，代码如下：

```
def get_img_infos(mode, img_info_txt, label_name_to_num=None):
    '''读取 txt 中存储的图片信息
    mode：train 或 test
    img_info_txt：文件信息存储的 txt 路径
    label_name_to_num：将字符串标签转为数字
    返回值：图片 ID 信息和图片的标签 (mode 为 train 时不为空,mode 为 test 时为空)
    '''
    if mode not in ["train", "test"]:
        raise ValueError("mode:%s,is train or test" % mode)
    img_ids = []
    img_labels = []
    img_paths = []
    with open(img_info_txt, "r", encoding="utf-8") as f_read:
        line = f_read.readline()
        while line:
            if mode == "train":
                img_id, img_path, label = line.replace("\n", "").split(",")
                if label_name_to_num != None:
                    img_labels.append(label_name_to_num[label])
                else:
                    img_labels.append(label)
            else:
                img_id, img_path = line.replace("\n", "").split(",")
            img_ids.append(int(img_id))
            img_paths.append(img_path)
            line = f_read.readline()
        f_read.close()
    return img_ids, img_labels, img_paths

def split_dataset(img_ids, img_paths, img_labels, val_size=0.1):
    '''
    img_ids：图片的 ID 列表
    img_paths：图片的路径列表
    img_labels：图片的标签列表
    val_size：验证集大小 5000
    返回值：训练集数据、验证集数据、测试集数据
    '''
    data = pd.DataFrame({"img_id": img_ids, "img_path": img_paths, "img_label": img_labels})
    #对标签进行分组
    group_data = data.groupby(by="img_label")
    for label_num, data in group_data:
```

```
            if label_num == 0:
                cat_dataset = data
            if label_num == 1:
                dog_dataset = data
        #打乱顺序
        cat_dataset = shuffle(cat_dataset)
        dog_dataset = shuffle(dog_dataset)
        val_num = int(len(img_ids) * val_size)
        val_dataset = shuffle(pd.concat([cat_dataset.iloc[:val_num, :], dog_dataset.iloc[:val_num, :]], axis=0))
        train_dataset  =  shuffle(pd.concat([cat_dataset.iloc[val_num:,  :],  dog_dataset.iloc[val_num:,  :]],
axis=0))
        #将训练集文件和测试集文件保存为 csv 文件
        train_dataset.to_csv("txt/train.csv")
        val_dataset.to_csv("txt/val.csv")
        return train_dataset, val_dataset
```

通过传入参数，可以将 25 000 张图片分为训练集和验证集，训练集 20 000 张图片，验证集 5000 张图片，并保证训练集和验证集中猫和狗所占的比例相同。

第三步，定义数据生成类 ImageDataGenerator。

```
class ImageDataGenerator(object):
    '''
    初始化图片生成参数
    '''
    def __init__(self, dataset, mode, batch_size, num_classes=None, shuffle=False, buffer_size=1000):
        self.num_classes = num_classes
        self.mode = mode
        self.img_paths = dataset.img_path.tolist()
        self.img_ids = dataset.img_id.tolist()
        #获取数据的大小
        self.data_size = len(self.img_paths)
        if mode == "train" or mode == "val":
            self.labels = dataset.img_label.tolist()
            #打乱数据集中数据的顺序
            if shuffle:
                self._shuffle_lists()
            #将 img_paths、labels 转为张量
            self.img_paths = convert_to_tensor(self.img_paths, dtype=tf.string)
            self.labels = convert_to_tensor(self.labels, dtype=tf.int32)
            #利用 TensorFlow 的 Dataset 接口创建数据集
            data = tf.data.Dataset.from_tensor_slices((self.img_paths, self.labels))
            data = data.map(self._parse_function_train, num_parallel_calls=8).prefetch(100 * batch_size)
        elif mode == "test":
            self.img_paths = convert_to_tensor(self.img_paths, dtype=tf.string)
            #利用 TensorFlow 的 Dataset 接口创建数据集
            data = tf.data.Dataset.from_tensor_slices((self.img_paths, self.img_ids))
            data = data.map(self._parse_function_test, num_parallel_calls=8).prefetch(100 * batch_size)
        else:
```

```
            raise ValueError("Invalid mode '%s'." % (self.mode))
        #打乱第一个 buffer_size 元素的顺序
        if shuffle:
            data = data.shuffle(buffer_size=buffer_size)
        data = data.batch(batch_size)
        self.data = data
    '''
    打乱图片路径列表和图片标签列表的顺序
    '''
    def _shuffle_lists(self):
        permutation = np.random.permutation(self.data_size)
        self.img_paths = np.array(self.img_paths)[permutation].tolist()
        self.labels = np.array(self.labels)[permutation].tolist()
    def _parse_function_train(self, filename, label):
        #将标签转为 one-hot 编码
        one_hot = tf.one_hot(label, self.num_classes)
        #加载图片的预处理
        img_string = tf.read_file(filename)
        img_decode = tf.image.decode_jpeg(img_string, channels=3)
        img_resized = tf.image.resize_images(img_decode, [227, 227])
        return img_resized, one_hot
    def _parse_function_test(self, filename, img_ids):
        #加载图片的预处理
        img_string = tf.read_file(filename)
        img_decode = tf.image.decode_jpeg(img_string, channels=3)
        img_resized = tf.image.resize_images(img_decode, [227, 227])
        return img_resized, img_ids
```

利用 CPU 资源来加载数据，在读取图片时需要将图片转为 227×227，因为 AlexNet 要求输出图片的大小是 227×227。

2）网络实现

构建 AlexNet 模型，代码如下：

```
#卷积函数
def conv(x, filter_height, filter_width, num_filters, stride_y, stride_x, name, padding="SAME", groups=1):
    #获取输入张量的通道
    input_channels = int(x.get_shape()[-1])
    #创建一个 lambda()函数
    convolve = lambda i, k: tf.nn.conv2d(i, k, strides=[1, stride_y, stride_x, 1], padding=padding)
    with tf.variable_scope(name) as scope:
        #定义权重
        weights = tf.get_variable("weights", shape=[filter_height, filter_width,
                                                     input_channels / groups, num_filters])
        #定义偏置
        biases = tf.get_variable("biases", shape=[num_filters])
    if groups == 1:
```

```
            conv = convolve(x, weights)
        else:
            input_groups = tf.split(axis=3, num_or_size_splits=groups, value=x)
            weight_groups = tf.split(axis=3, num_or_size_splits=groups, value=weights)
            output_groups = [convolve(i, k) for i, k in zip(input_groups, weight_groups)]
            #连接卷积层
            conv = tf.concat(axis=3, values=output_groups)
        bias = tf.reshape(tf.nn.bias_add(conv, biases), tf.shape(conv))
        #ReLU 激活函数
        relu = tf.nn.relu(bias, name=scope.name)
        return relu
#全连接层函数
def fc(x, num_in, num_out, name, relu=True):
    with tf.variable_scope(name) as scope:
        #定义权重和偏置
        weights = tf.get_variable("weights", shape=[num_in, num_out], trainable=True)
        biases = tf.get_variable("biases", [num_out], trainable=True)
        fc_out = tf.nn.xw_plus_b(x, weights, biases, name=scope.name)
    if relu:
        fc_out = tf.nn.relu(fc_out)
    return fc_out
#最大池化层函数
def max_pool(x, filter_height, filter_width, stride_y, stride_x, name, padding="SAME"):
    return tf.nn.max_pool(x, ksize=[1, filter_height, filter_width, 1], strides=[1, stride_y, stride_x, 1],
                          padding=padding, name=name)
#LRN 层
def lrn(x, radius, alpha, beta, name, bias=1.0):
    return tf.nn.local_response_normalization(x, depth_radius=radius, alpha=alpha, beta=beta, bias=bias,
name=name)
#Dropout 层
def dropout(x, keep_prob):
    return tf.nn.dropout(x, keep_prob)
#定义 AlexNet 类
class AlexNet(object):
    '''
    初始化 AlexNet 网络
    x：输入的张量
    keep_prob：Dropout 节点保留概率
    num_classes：需要分类的数量
    skip_layer：需要重新训练的层
    weights_path：预训练参数文件的路径
    '''
    def __init__(self, x, keep_prob, num_classes, skip_layer, weights_path="default"):
        self.X = x
        self.KEEP_PROB = keep_prob
        self.NUM_CLASSES = num_classes
        self.SKIP_LAYER = skip_layer
```

```
        if weights_path == "default":
            self.WEIGHTS_PATH = "model/bvlc_alexnet.npy"
        else:
            self.WEIGHTS_PATH = weights_path
        self.create()
        #创建 AlexNet 网络的计算图
    def create(self):
        #第一层卷积
        conv1 = conv(self.X, 11, 11, 96, 4, 4, padding="VALID", name="conv1")
        norm1 = lrn(conv1, 2, 2e-05, 0.75, name="norm1")
        pool1 = max_pool(norm1, 3, 3, 2, 2, padding="VALID", name="pool1")
        #第二层卷积
        conv2 = conv(pool1, 5, 5, 256, 1, 1, groups=2, name="conv2")
        norm2 = lrn(conv2, 2, 2e-05, 0.75, name="norm2")
        pool2 = max_pool(norm2, 3, 3, 2, 2, padding="VALID", name="pool2")
        #第三层卷积
        conv3 = conv(pool2, 3, 3, 384, 1, 1, name="conv3")
        #第四层卷积
        conv4 = conv(conv3, 3, 3, 384, 1, 1, groups=2, name="conv4")
        #第五层卷积
        conv5 = conv(conv4, 3, 3, 256, 1, 1, groups=2, name="conv5")
        pool5 = max_pool(conv5, 3, 3, 2, 2, padding="VALID", name="pool5")
        #第六层,全连接层
        flattened = tf.reshape(pool5, [-1, 6 * 6 * 256])
        fc6 = fc(flattened, 6 * 6 * 256, 4096, name="fc6")
        dropout6 = dropout(fc6, self.KEEP_PROB)
        #第七层,全连接层
        fc7 = fc(dropout6, 4096, 4096, name="fc7")
        dropout7 = dropout(fc7, self.KEEP_PROB)
        #第八层,全连接层
        self.fc8 = fc(dropout7, 4096, self.NUM_CLASSES, relu=False, name="fc8")
    #加载预训练权重文件初始化权重
    def load_initial_weights(self, session):
        #加载预训练权重文件
        weights_dict = np.load(self.WEIGHTS_PATH, encoding="bytes", allow_pickle=True).item()
        #遍历所有的层,看是否需要重新训练
        for op_name in weights_dict:
            if op_name not in self.SKIP_LAYER:
                with tf.variable_scope(op_name, reuse=True):
                    for data in weights_dict[op_name]:
                        if len(data.shape) == 1:
                            var = tf.get_variable("biases", trainable=False)
                            session.run(var.assign(data))
                        else:
                            var = tf.get_variable("weights", trainable=False)
                            session.run(var.assign(data))
```

3）模型训练

先读入数据，再训练，代码如下：

```
import os
import numpy as np
import tensorflow as tf
from AlexNet import AlexNet
from DataGenerator import ImageDataGenerator
from util_data import get_img_infos, split_dataset
from datetime import datetime
import pandas as pd
from Exploration import show_part_image, classifiction_report_info, val_pred_and_real_distribution
#设置训练文件的路径
train_txt = "txt/train.txt"
test_txt = "txt/test.txt"
#Begin 模型参数设置[重点关注]
learning_rate = 0.0001
num_epochs = 10
batch_size = 128
dropout_rate = 0.5
num_classes = 2
#train_layers 设置需要重新训练的层数，在这次训练过程中，只重新训练 AlexNet 的最后三层，即全连接层，其余的层保持不变
train_layers = ["fc6", "fc7", "fc8"]
#End 模型参数设置[重点关注]
#设置训练多少次保存 tensorboard
display_step = 20
filewrite_path = "tensorboard"
checkpoint_path = "checkpoints"
#判断目录是否存在
if not os.path.isdir(filewrite_path):
    os.mkdir(filewrite_path)
if not os.path.isdir(checkpoint_path):
    os.mkdir(checkpoint_path)
x = tf.placeholder(tf.float32, [None, 227, 227, 3])
y = tf.placeholder(tf.float32, [None, num_classes])
keep_prob = tf.placeholder(tf.float32)
model = AlexNet(x, keep_prob, num_classes, train_layers)
#获取最后一层全连接层的输出结果
output_y = model.fc8
#计算输出的标签
output_label = tf.argmax(output_y, 1)

#训练模型
def train():
    label_name_to_num = {"dog": 1, "cat": 0}
    #获取所有的训练数据
```

```
img_ids, img_labels, img_paths = get_img_infos("train", train_txt, label_name_to_num)
train_dataset, val_dataset = split_dataset(img_ids, img_paths, img_labels)
#默认使用 GPU 设备进行运算
with tf.device("/gpu:0"):
    train_data = ImageDataGenerator(train_dataset, mode="train", batch_size=batch_size, num_classes=
num_classes, shuffle=True)
    val_data = ImageDataGenerator(val_dataset, mode="val", batch_size=batch_size, num_classes=
num_classes)
    #创建一个获取下一个批次的迭代器
    iterator = tf.data.Iterator.from_structure(train_data.data.output_types, train_data.data.output_shapes)
    next_batch = iterator.get_next()
#初始化训练集数据
training_init_op = iterator.make_initializer(train_data.data)
#初始化测试集数据
val_init_op = iterator.make_initializer(val_data.data)
#获取需要重新训练的变量
var_list = [v for v in tf.trainable_variables() if v.name.split("/")[0] in train_layers]
#定义交叉熵损失值
with tf.name_scope("cross_entropy_loss"):
    loss = tf.reduce_mean(tf.nn.softmax_cross_entropy_with_logits_v2(logits=output_y, labels=y))
#更新变量
with tf.name_scope("train"):
    #计算需要更新变量的梯度
    gradients = tf.gradients(loss, var_list)
    gradients = list(zip(gradients, var_list))
    #更新权重
    #optimizer = tf.train.GradientDescentOptimizer(learning_rate)
    #train_op = optimizer.apply_gradients(grads_and_vars=gradients)
    train_op = tf.train.AdamOptimizer(learning_rate).minimize(loss)
for gradient, var in gradients:
    tf.summary.histogram(var.name + "/gradient", gradient)
for var in var_list:
    tf.summary.histogram(var.name, var)
tf.summary.scalar("cross_entropy", loss)
#计算准确率
with tf.name_scope("accuracy"):
    correct_pred = tf.equal(tf.argmax(output_y, 1), tf.argmax(y, 1))
    accuracy = tf.reduce_mean(tf.cast(correct_pred, tf.float32))
tf.summary.scalar("accuracy", accuracy)
merged_summary = tf.summary.merge_all()
writer = tf.summary.FileWriter(filewrite_path)
saver = tf.train.Saver()
#计算每轮的迭代次数
train_batches_per_epoch = int(np.floor(train_data.data_size / batch_size))
val_batches_per_epoch = int(np.floor(val_data.data_size / batch_size))
#这里的 allow_soft_placement=True，表示当上面指定的 GPU 设备不存在，将会自动分配其他可
#以用于计算的 CPU 设备
```

```
    config = tf.ConfigProto(allow_soft_placement=True)
    with tf.Session(config=config) as sess:
        sess.run(tf.global_variables_initializer())
        writer.add_graph(sess.graph)
        model.load_initial_weights(sess)
        #记录最好的验证准确率
        best_val_acc = 0.9
        #迭代训练
        for epoch in range(num_epochs):
            sess.run(training_init_op)
            for step in range(train_batches_per_epoch):
                img_batch, label_batch = sess.run(next_batch)
                sess.run(train_op, feed_dict={x: img_batch, y: label_batch, keep_prob: dropout_rate})
                if step % display_step == 0:
                    s, train_acc, train_loss = sess.run([merged_summary, accuracy, loss],
                                                   feed_dict={x: img_batch, y: label_batch, keep_prob: 1.0})
                    writer.add_summary(s, epoch * train_batches_per_epoch + step)
            sess.run(val_init_op)
            #统计验证集的准确率
            val_acc = 0
            #统计验证集的损失值
            val_loss = 0
            test_count = 0
            for _ in range(val_batches_per_epoch):
                img_batch, label_batch = sess.run(next_batch)
                acc, val_batch_loss = sess.run([accuracy, loss],
                                               feed_dict={x: img_batch, y: label_batch, keep_prob: 1.0})
                val_acc += acc
                val_loss += val_batch_loss
                test_count += 1
            val_acc /= test_count
            val_loss /= test_count
            print("%s epoch:%d,train acc:%.4f,train loss:%.4f,val acc:%.4f,val loss:%.4f"
                  % (datetime.now(), epoch + 1, train_acc, train_loss, val_acc, val_loss))
            if val_acc > best_val_acc:
                checkpoint_name = os.path.join(checkpoint_path, "model_epoch%s_%.4f.ckpt" %
(str(epoch + 1), val_acc))
                saver.save(sess, checkpoint_name)
                best_val_acc = val_acc

if __name__ == "__main__":
    #首先训练模型，把下面的 genrate_pre_result()和 evaluation_eval_dataset() 进行注释
    train()
    #预测测试集生成结果，先把上面的 train()和下面的 evaluation_eval_dataset()进行注释
    #然后修改 genrate_pre_result()方法中的 model_path = "checkpoints/model_epoch10_0.9465.ckpt"。
    #修改 ckpt 文件，该文件名可以在 checkpoints 文件夹中查看，我们挑选精准度最高的
    #genrate_pre_result()
```

```
    #评估验证集的预测结果，把上面的 train()和 genrate_pre_result() 进行注释
    #然后修改 evaluation_eval_dataset()方法中的 model_path = "checkpoints/model_epoch10_0.9465.ckpt"
    #修改 ckpt 文件，该文件名可以在 checkpoints 文件夹中查看，我们挑选精准度最高的
    #evaluation_eval_dataset()
```

4）模型测试

构建模型评估方法 genrate_pre_result()如下：

```
#预测测试集生成结果
def genrate_pre_result():
    #获取需要预测结果的所有数据
    img_ids, _, img_paths = get_img_infos("test", test_txt)
    test_dataset = pd.DataFrame({"img_id": img_ids, "img_path": img_paths})
    #默认使用 GPU 设备进行运算
    with tf.device("/gpu:0"):
        test_data = ImageDataGenerator(test_dataset, mode="test", batch_size=batch_size, num_classes=
num_classes)
        iterator = tf.data.Iterator.from_structure(test_data.data.output_types, test_data.data.output_shapes)
        next_batch = iterator.get_next()
    #初始化测试集中的图片数据
    test_init_op = iterator.make_initializer(test_data.data)
    #创建一个加载模型文件的对象
    saver = tf.train.Saver()
    #用来保存图片的 ID
    test_img_ids = []
    #用来保存图片的预测结果
    test_pred_labels = []
    #计算需要迭代的次数
    steps = (test_data.data_size - 1) // batch_size + 1
    #设置模型文件的路径，根据 train()方法生成的文件进行修改
    model_path = "checkpoints/model_epoch10_0.9465.ckpt"
    #这里的 allow_soft_placement=True，表示当上面指定的 GPU 设备不存在时，将会自动分配其他
    #可以用于计算的 CPU 设备
    config = tf.ConfigProto(allow_soft_placement=True)
    with tf.Session(config=config) as sess:
        sess.run(test_init_op)
        #加载模型文件
        saver.restore(sess, model_path)
        for step in range(steps):
            #获取数据
            image_data, image_id = sess.run(next_batch)
            #预测图片的标签
            pred_label = sess.run(output_y, feed_dict={x: image_data, keep_prob: 1.0})
            pred_prob = tf.nn.softmax(pred_label)
            #保存预测的结果
            test_img_ids.extend(image_id)
            test_pred_labels.extend(np.round(sess.run(pred_prob)[:, 1], decimals=2))
        data = pd.DataFrame({"id": test_img_ids, "label": test_pred_labels})
```

```
        data.sort_values(by="id", ascending=True, inplace=True)
        #保存结果
        data.to_csv("AlexNet_transfer_20200726.csv", index=False)
```

模型训练默认采用 GPU 进行计算，如果用 CPU 计算将会耗费比较长的时间。当然，也可以通过配置 run.py（如下面的代码块）中的参数来改变模型训练的复杂情况。

```
#Begin 模型参数设置[重点关注]
learning_rate = 0.0001
#输出训练模型数量
num_epochs = 10
#批次大小，减小该值会加快训练速度，同时会降低准确度。如果硬件支持，不建议减小该值
batch_size = 128
dropout_rate = 0.5
num_classes = 2
#train_layers 设置需要重新训练的层数，在这次训练过程中，只重新训练 AlexNet 的最后三层，即全
#连接层，其余层保持不变
train_layers = ["fc6", "fc7", "fc8"]
#End 模型参数设置[重点关注]
```

这里需要运行三次 run.py，每次运行不同的方法，以达成训练、测试、评估效果。run.py 的运行主体代码如图 4-15 所示。

```
if __name__ == "__main__":
    # 首先训练模型，把下面的genrate_pre_result()和evaluation_eval_dataset() 进行注释
    train()
    # 预测测试集生成结果，先把上面的train()和下面的evaluation_eval_dataset()进行注释
    # 然后修改genrate_pre_result()方法中的 model_path = "checkpoints/model_epoch10_0.9465.ckpt"
    # 修改ckpt文件，该文件名可以在checkpoints文件夹中查看，我们挑选精准度最高的
    # genrate_pre_result()
    # 评估验证集的预测结果，把下面的train()genrate_pre_result() 进行注释
    # 然后修改evaluation_eval_dataset()方法中的 model_path = "checkpoints/model_epoch10_0.9465.ckpt"
    # 修改ckpt文件，该文件名可以在checkpoints文件夹中查看，我们挑选精准度最高的
    # evaluation_eval_dataset()
```

图 4-15 run.py 的运行主体代码

第一次运行 train()方法，训练完成后，在 checkpoints 文件夹中会产生 ckpt 模型文件。每个 epoch 保存一次模型文件，只有当后一个在验证集上的准确率大于前一个时才会保存模型文件，在保存模型文件时后面有附带该次 epoch 在验证集上的准确率。

第二次运行 genrate_pre_result()方法进行模型测试，结果如图 4-16 所示。

```
2020-07-26 09:44:03.346630 epoch:1, train acc:0.7812, train loss:0.5178, val acc:0.8307, val loss:0.4009
2020-07-26 09:51:29.404735 epoch:2, train acc:0.9453, train loss:0.2118, val acc:0.9073, val loss:0.2319
2020-07-26 09:59:08.869781 epoch:3, train acc:0.9688, train loss:0.1110, val acc:0.9127, val loss:0.1999
2020-07-26 10:10:23.932519 epoch:4, train acc:0.9219, train loss:0.1449, val acc:0.9397, val loss:0.1605
2020-07-26 10:18:00.922486 epoch:5, train acc:0.9844, train loss:0.0457, val acc:0.9395, val loss:0.1534
2020-07-26 10:25:39.252507 epoch:6, train acc:0.9766, train loss:0.0559, val acc:0.9409, val loss:0.1583
2020-07-26 10:33:21.582484 epoch:7, train acc:0.9922, train loss:0.0269, val acc:0.9407, val loss:0.1766
2020-07-26 10:41:11.262505 epoch:8, train acc:1.0000, train loss:0.0205, val acc:0.9485, val loss:0.1891
2020-07-26 10:49:32:372831 epoch:9, train acc:1.0000, train loss:0.0078, val acc:0.9439, val loss:0.2131
2020-07-26 10:57:53.082837 epoch:10, train acc:0.9922, train loss:0.0173, val acc:0.9413, val loss:0.2350
```

图 4-16 模型测试结果

第三次，对验证集的预测结果进行评估，在 run.py 中构造 evaluation_eval_dataset()方法，代码如下：

```
#评估验证集的预测结果
def evaluation_eval_dataset():
    #读取验证集的 csv 文件
    data = pd.read_csv("txt/val.csv", index_col=False)
    #默认使用 GPU 设备进行运算
    with tf.device("/gpu:0"):
        val_data = ImageDataGenerator(data, mode="val", batch_size=batch_size, num_classes=num_classes)
        iterator = tf.data.Iterator.from_structure(val_data.data.output_types, val_data.data.output_shapes)
        next_batch = iterator.get_next()
    val_init_op = iterator.make_initializer(val_data.data)
    saver = tf.train.Saver()
    steps = (val_data.data_size - 1) #batch_size + 1
    #用来保存预测的类标结果
    val_pred_label = []
    #用来保存真实的结果
    val_real_label = []
    #用来保存图片的路径
    #设置模型文件的路径，根据 train()方法生成的文件来修改
    model_path = "checkpoints/model_epoch10_0.9465.ckpt"
    #这里的 allow_soft_placement=True，表示当上面指定的 GPU 设备不存在时，将会自动分配其他
    #可以用于计算的 CPU 设备
    config = tf.ConfigProto(allow_soft_placement=True)
    with tf.Session(config=config) as sess:
        sess.run(val_init_op)
        saver.restore(sess, model_path)
        for step in range(steps):
            #获取数据
            img_data, img_label = sess.run(next_batch)
            #预测类标
            pred_label = sess.run(output_label, feed_dict={x: img_data, keep_prob: 1.0})
            val_real_label.extend(np.argmax(img_label, axis=1))
            val_pred_label.extend(pred_label)
    #展示部分图片的预测结果
    show_part_image(val_pred_label, val_real_label, data.img_path.tolist())
    #展示预测结果的分布情况
    val_pred_and_real_distribution(val_pred_label, val_real_label)
    #展示分类结果报告
    classifiction_report_info(val_pred_label, val_real_label)
```

将验证机预测的结果传入 evaluation_eval_dataset()方法，运行后的预测结果如图 4-17 所示。

图 4-17　预测结果展示

图 4-18 展示了模型预测结果的分布情况，上半部分的两个柱形图分别表示预测的猫狗数量、真实的猫狗数量；下半部分的左侧柱形图表示分类正确的猫狗数量，右侧柱形图表示分类错误的猫狗数量。

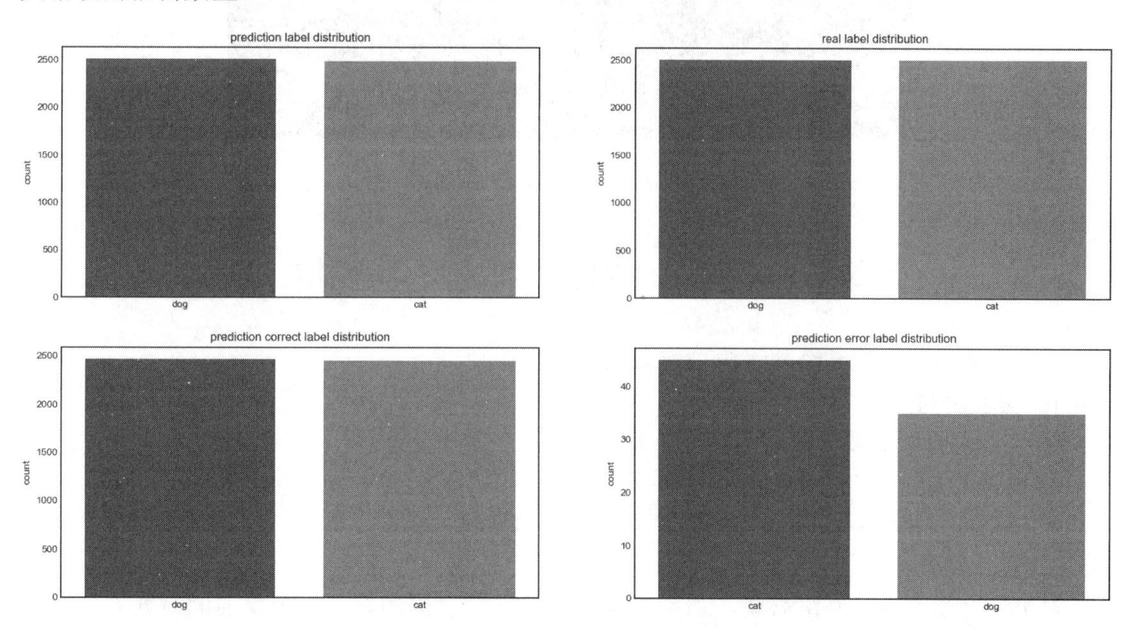

图 4-18　模型预测结果的分布情况

图 4-19 是验证集预测结果的分布情况，纵坐标和横坐标的 0 和 1 分别代表猫狗预测成功、失败的数量。

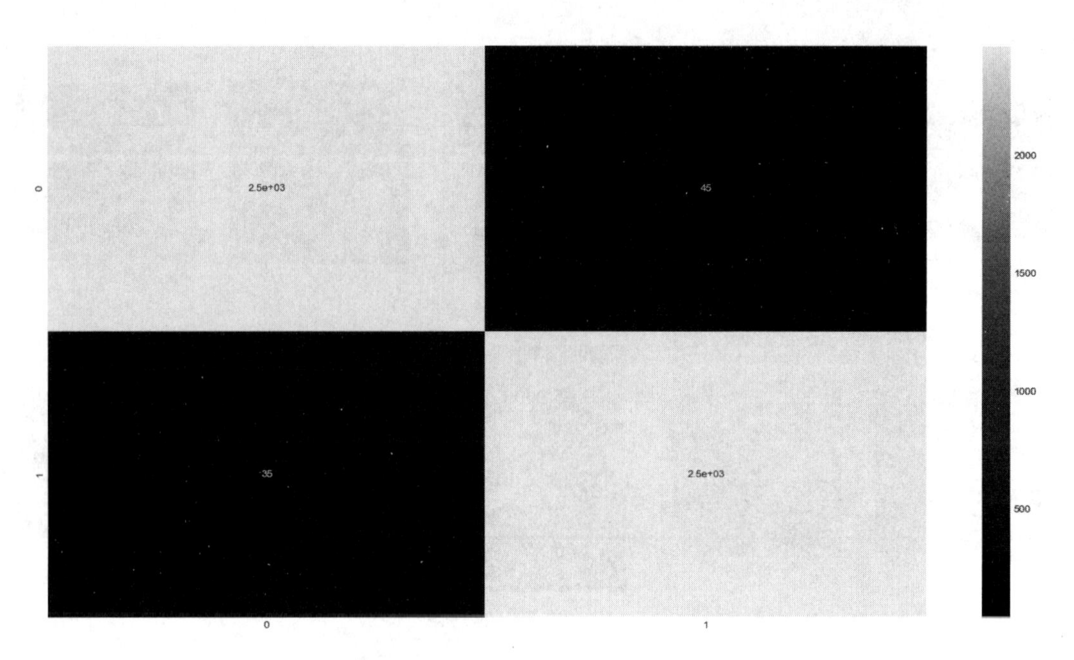

图 4-19 验证集预测结果的分布情况

验证集分类结果的矩阵如图 4-20 所示。

	precision	recall	f1-score	support
cat	0.99	0.98	0.98	2500
dog	0.98	0.99	0.98	2500
avg / total	0.98	0.98	0.98	5000

图 4-20 验证集分类结果的矩阵

4.5 实验——机器人识别人脸表情

本节讲解使用卷积神经网络模型实现人脸表情识别。

1. 实验目的

- 推介人脸面部表情识别的使用场景。
- 理解人脸面部表情识别模型的原理。
- 使用卷积神经网络模型实现人脸面部表情识别。

2. 实验背景

对于深度学习神经网络来说，识别不同的人脸面部表情形态是一个重要的研究方向。在现实生活中，它常见的应用场景有很多，如国内的 K12 在线教育公司研发的此类产品被应用在中小学教室内，用来检测学生上课时的状态，是认真听讲还是在打瞌睡等，这有助于老师有针对性地对学生进行单独辅导，以便提高学生的知识水平。又如，在一些公众场所，警方对高清摄像头拍摄到的画面进行人脸面部表情识别，可找出一些有嫌疑的人，快速锁定关键人。

表情机器人在国际上的研究起步较早，已经有很多好的成果。Kismet 机器人 4 是早期的仿人机器人之一。该机器人的面部具有 15 个自由度，能实现平静、生气、开心、沮丧、惊喜、恶心等表情。此外，该机器人还具有视觉和听觉系统，能对外部活动进行感知，还能通过语音合成器，发出类似婴儿的声音，来表达自身的情感。

而人脸表情识别是计算机视觉领域的一个重要研究方向，它涉及心理学、图像处理、模式识别、人工智能等多方面的知识。人脸表情识别早期的研究主要集中在心理学和生物学方面。达尔文经过研究发现世界各地人类的面部表情具有一致性，他认为面部表情的表达是基因遗传的一部分，也是人类进化的产物。外国心理学家将人脸的不同表情与脸部肌肉动作相关联，建立了表情与运动单元的映射关系，通过不同运动单元的组合，来表示不同的表情。随着计算机技术的发展，表情识别的方法取得了很大的进展。

本实验使用 FER2013 人脸表情数据集，该数据集由 35 886 张人脸表情图片组成。其中，测试图（Training）28 708 张，公共验证图（PublicTest）和私有验证图（PrivateTest）各 3589 张，每张图片由大小为 48 像素×48 像素的灰度图像组成，共有 7 种表情，分别对应于数字标签 0～6。具体表情对应的数字标签和中英文为：0，anger（生气）；1，disgust（厌恶）；2，fear（恐惧）；3，happy（开心）；4，sad（伤心）；5，surprise（惊讶）；6，neutral（中性）。

3．实验原理

在现实的机器学习任务中，我们往往利用搜集到的尽可能多的样本集来输入模型进行训练，以达到尽可能高的精度。但很多情况下，搜集到的样本集不能代表真实的全体，其分布也不一定与真实的全体相同。另外，很多算法容易发生过拟合，即其过度学习到训练集中一些比较特别的情况，使得其误认为训练集之外的其他集合也适用于这些规则，结果是训练好的算法在输入训练数据进行验证时结果非常好，但在训练集之外的新测试样本上精度则很低，这样训练出的模型使用价值极低。所以，对数据集进行合理的抽样—训练—验证就显得非常重要。本实验的数据集为 csv 格式文件，利用数据类别对图片进行分割，使之分为训练集、验证集和测试集。

在实际中，可以使用图片增强类（ImageDataGenerator）进行实时数据增强，生成张量图像数据批次，并且可以循环迭代。我们知道：在 Keras（一个由 Python 编写的开源人工神经网络库，可作为 TensorFlow 等高阶应用程序接口）中，当数据量很多时需要使用 model.fit_generator()方法读取数据，该方法接收的第一个参数是一个生成器。而 ImageDataGenerator 是 keras.preprocessing.image 模块中的图片生成器，可以每一次都给模型“喂”一个 batch_size 大小的样本数据，同时也可以在每一个批次中都对这 batch_size 个样本数据进行增强，以扩充数据集大小、增强模型的泛化能力，如进行旋转、变形、归一化等。

4．实验环境

本实验使用的系统和软件包的版本为 Ubuntu16.04、Python3.6.5、Numpy1.18.3、Matplotlib3.2.0、Keras2.1.4、TensorFlow1.5.0、PIL6.1.0、opencv-python-3.4.2.17。

5．实验步骤

1）数据准备

首先下载 FER2013 数据集，该数据集来源于 Kaggle。下载后解压得到 fer2013.csv 文件，文件里包含训练集和测试集。fer2013.csv 是一个逗号分隔符文件，其具体数据形式如图 4-21 所示。

	A	B	C
1	emotion	pixels	Usage
2	0	70 80 82 72 58 58 60 63 54 58 60 48 8	Training
3	0	151 150 147 155 148 133 111 140 170	Training
4	2	231 212 156 164 174 138 161 173 182	Training
5	4	24 32 36 30 32 23 19 20 30 41 21 22 3	Training
6	6	4 0 0 0 0 0 0 0 0 0 0 0 0 3 15 23 28 48 5(	Training
7	2	55 55 55 55 55 54 60 68 54 85 151 16:	Training
8	4	20 17 19 21 25 38 42 42 46 54 56 62 6	Training
9	3	77 78 79 79 78 75 60 55 47 48 58 73 7	Training
10	3	85 84 90 121 101 102 133 153 153 16	Training
11	2	255 254 255 254 254 179 122 107 95 1	Training
12	0	30 24 21 23 25 25 49 67 84 103 120 1:	Training
13	6	39 75 78 58 58 45 49 48 103 156 81 4	Training
14	6	219 213 206 202 209 217 216 215 219	Training
15	6	148 144 130 129 119 122 129 131 139	Training
16	3	4 2 13 41 56 62 67 87 95 62 65 70 80 1	Training
17	5	107 107 109 109 109 109 110 101 123	Training
18	3	14 14 18 28 27 22 21 30 42 61 77 86 8	Training
19	2	255 255 255 255 255 255 255 255 255	Training

图 4-21　FER2013 数据集的数据形式

图 4-21 中各列名称意义如下：

- 第一列是 emotion，表示人脸面部类别的序号，其值为 0～6。
- 第二列是 pixels，表示描述 48 像素×48 像素的灰度图片矩阵数值。
- 第三列是 Usage，表示训练集或测试集，训练集用 Training 表示，测试集用 PublicTest 表示。

其次使用 open()函数将数据集的内容读取到内存中，具体代码如下：

```
import numpy as np
#通过 with 关键字读取 fer2013.csv 文件的内容
with open("/home/ubuntu/fer2013.csv") as f:
    #读取所有的行
    content = f.readlines()
#将数据内容装填到 Numpy 格式的数据矩阵中
lines = np.array(content)
num_of_instances = lines.size
print("实例数量:{}。".format(num_of_instances))
print("实例长度:{}。".format(len(lines[1].split(",")[1].split(" "))))
```

输出结果如下。

```
实例数量：1812。
实例长度：2304。
```

其中，1812 表示数据集的行数，2304 表示灰度图片（48 像素×48 像素）的长度。

然后，将这个数据集分割成训练集、验证集和测试集。因为 fer2013.csv 文件中没有验证集，所以这里需要手动对测试集进行折半处理，一半作为验证集，另一半作为测试集。具体代码如下：

```
from keras import utils
#定义面部表情的 7 个类别
class_list = ["angry", "disgust", "fear", "happy", "sad", "surprise", "neutral"]
num_classes = len(class_list)
#定义训练集、验证集和测试集的数组
```

```
X_train, y_train, X_valid, y_valid, X_test, y_test = [], [], [], [], [], []
#开始循环进行数据分割
for i in range(1, num_of_instances):
    try:
        #读取一行数据
        emotion, img, usage = lines[i].split(",")
        #用空格将图片的数值内容分割成数组
        val = img.split(" ")
        #将图片转换成 Numpy 数组
        pixels = np.array(val, np.float32)
        #对面部表情类别做 one-hot 编码
        emotion = utils.to_categorical(emotion, num_classes)
        #如果是训练集数据，就添加到训练集数组
        if 'Training' in usage:
            y_train.append(emotion)
            X_train.append(pixels)
            #如果是测试集数据，就添加到测试集数组
        elif 'PublicTest' in usage:
            y_test.append(emotion)
            X_test.append(pixels)
    except:
        print("", end="")
#最后将测试集的数组数据分割一半给验证集，前半部分是验证集的，后半部分是测试集的
half_test_len = int(len(X_test) / 2)
X_valid = X_test[:half_test_len]
y_valid = y_test[:half_test_len]
X_test = X_test[half_test_len:]
y_test = y_test[half_test_len:]
```

数据集分割完后，需要对这些图片数据集进行预处理。FER2013 数据集的图片是灰度图，也就是说，只有一个颜色通道，颜色的数值范围是 0～255。我们会对图片数值进行归一化处理，即将其转换成 0～1 的数值。在构建卷积神经网络时，要求输入的图片形状是（batch_size，height，width，channels），即需要将三维图片的形状修改为四维数组的图片。代码如下：

```
#将训练集图片数值转换成 float32，并且创建 Numpy 的数据格式表示
X_train = np.array(X_train,np.float32)
y_train = np.array(y_train,np.float32)
#将验证集图片数值转换成 float32，并且创建 Numpy 的数据格式表示
X_valid = np.array(X_valid,np.float32)
y_valid = np.array(y_valid,np.float32)
#将测试集图片数值转换成 float32，并且创建 Numpy 的数据格式表示
X_test = np.array(X_test,np.float32)
y_test = np.array(y_test,np.float32)
#归一化处理输入的图片数值，将其转换成 0～1 间的值
X_train /= 255
X_valid /= 255
X_test /= 255
#定义图片的宽和高
```

```
img_width = 48
img_height = 48
#将训练集图片的形状转换成（batch_size,height, width, channels）的四维数组
X_train = X_train.reshape(X_train.shape[0], img_width, img_height,1)
X_train = X_train.astype(np.float32)
#将验证集图片的形状转换成（batch_size, height, width, channels）的四维数组
X_valid = X_valid.reshape(X_valid.shape[0], img_width, img_height,1)
X_valid = X_valid.astype(np.float32)
#将测试集图片的形状转换成（batch_size, height, width, channels）的四维数组
X_test = X_test.reshape(X_test.shape[0],img_width, img_height,1)
X_test = X_test.astype(np.float32)
#打印输出
print("X_train.shape={},y_train.shape={}.".format(X_train.shape,y_train.shape))
print("X_valid.shape={},y_valid.shape={}.".format(X_valid.shape,y_valid.shape))
print("X_test.shape={},y_test.shape={}.".format(X_test.shape,y_test.shape))
```

结果输出如下。

```
X_train.shape=(28709,48,48,1),y_train.shape=(28709,7).
X_valid.shape=(1794,48,48,1),y_valid.shape=(1794,7).
X_test.shape=(1795,48,48,1),y_test.shape=(1795,7).
```

2）模型构建

使用 Keras 构建 CNN 模型，有三个卷积层，深度分别为 64、64 和 128。卷积窗大小从一开始的（5，5）转换成后面的（3，3），最后添加 1024 个全连接层和 7 个类别的输出全连接层。7 个类别属于多分类问题，所以输出使用 softmax 激活函数。构建模型代码如下：

```
from keras.models import Sequential
from keras.layers import Conv2D, MaxPooling2D, AveragePooling2D
from keras.layers import Dense, Activation, Dropout, Flatten
#创建 Keras 的 Sequential 模型实例
model = Sequential()
#添加第一层卷积层，需要传入图片的 input_shape 参数的值
model.add(Conv2D(64, (5, 5), activation='relu', input_shape=(img_width, img_height, 1)))
model.add(MaxPooling2D(pool_size=(5,5), strides=(2, 2)))
model.add(Dropout(0.5))
#添加第二层卷积层
model.add(Conv2D(64, (3, 3), activation='relu'))
model.add(Conv2D(64, (3, 3), activation='relu'))
model.add(AveragePooling2D(pool_size=(3,3), strides=(2, 2)))
model.add(Dropout(0.5))
#添加第三层卷积层
model.add(Conv2D(128, (3, 3), activation='relu'))
model.add(Conv2D(128, (3, 3), activation='relu'))
model.add(AveragePooling2D(pool_size=(3,3), strides=(2, 2)))
model.add(Dropout(0.5))
model.add(Flatten())
#添加 1024 个全连接层
model.add(Dense(1024, activation='relu'))
```

```
model.add(Dropout(0.2))
model.add(Dense(1024, activation='relu'))
model.add(Dropout(0.2))
#添加输出层
model.add(Dense(num_classes, activation='softmax'))
model.summary()
```

输出模型的网络架构信息如图 4-22 所示。

Layer (type)	Output Shape	Param #
conv2d_1 (Conv2D)	(None,44,44,64)	1664
max_pooling2d_1 (MaxPooling2	(None,20,20,64)	0
dropout_1 (Dropout)	(None,20,20,64)	0
conv2d_2 (Conv2D)	(None,18,18,64)	36928
conv2d_3 (Conv2D)	(None,16,16,64)	36928
average_pooling2d_1 (Average	(None,7,7,64)	0
dropout_2 (Dropout)	(None,7,7,64)	0
conv2d_4 (Conv2D)	(None,5,5,128)	73856
conv2d_5 (Conv2D)	(None,3,3,128)	147584
average_pooling2d_2 (Average	(None,1,1,128)	0
dropout_3 (Dropout)	(None,1,1,128)	0
flatten_1 (Flatten)	(None,128)	0
dense_1 (Dense)	(None,1024)	132096
dropout_4 (Dropout)	(None,1024)	0
dense_2 (Dense)	(None,1024)	1049600
dropout_5 (Dropout)	(None,1024)	0
dense_3 (Dense)	(None,7)	7175

Total params: 1485831
Trainable params: 1485831
Non-trainable params: 0

图 4-22 输出模型的网络架构信息

3）模型训练

在训练模型前，可以通过 ImageDataGenerator 类对图片进行数据增强处理。ImageDataGenerator 类会遍历所有的图片，返回一个由 yield 关键字产生的 iterator 对象，然后通过 Sequential 对象的 fit_generator()函数来训练模型。训练模型代码如下：

```
import keras
from keras.preprocessing.image import ImageDataGenerator
#定义每批次大小
batch_size = 256
#定义迭代训练次数
epochs = 20
#创建图片数据增强生成器对象
imgGenerator = ImageDataGenerator()
#增强图片数据后返回 iterator 对象
```

```
train_generator = imgGenerator.flow(X_train, y_train, batch_size=batch_size)
#编译模型，使用类别交叉熵作为损失函数，以 Adam 为优化器，用 accuracy 来衡量效果
model.compile(loss='categorical_crossentropy'
    , optimizer=keras.optimizers.Adam()
    , metrics=['accuracy']
)
#训练模型
history = model.fit_generator(train_generator,
                              steps_per_epoch=batch_size, epochs=epochs,
                              validation_data=(X_valid, y_valid),
                              verbose=1)
```

训练模型输出结果如图 4-23 所示。

```
Epoch 1/20
256/256 [==============================] - 7s 27ms/step - loss: 1.8027 - acc: 0.2517 - val_loss: 1.7376 - val_acc: 0.2821
Epoch 2/20
256/256 [==============================] - 5s 21ms/step - loss: 1.6555 - acc: 0.3258 - val_loss: 1.5380 - val_acc: 0.4013
Epoch 3/20
256/256 [==============================] - 5s 21ms/step - loss: 1.5118 - acc: 0.4072 - val_loss: 1.4068 - val_acc: 0.4532
Epoch 4/20
256/256 [==============================] - 5s 21ms/step - loss: 1.4249 - acc: 0.4472 - val_loss: 1.3560 - val_acc: 0.4833
Epoch 5/20
256/256 [==============================] - 6s 22ms/step - loss: 1.3586 - acc: 0.4755 - val_loss: 1.3058 - val_acc: 0.5078
Epoch 6/20
256/256 [==============================] - 6s 22ms/step - loss: 1.3253 - acc: 0.4910 - val_loss: 1.2562 - val_acc: 0.5223
Epoch 7/20
256/256 [==============================] - 6s 22ms/step - loss: 1.2830 - acc: 0.5082 - val_loss: 1.2527 - val_acc: 0.5151
Epoch 8/20
256/256 [==============================] - 6s 22ms/step - loss: 1.2593 - acc: 0.5222 - val_loss: 1.2276 - val_acc: 0.5334
Epoch 9/20
256/256 [==============================] - 6s 22ms/step - loss: 1.2288 - acc: 0.5324 - val_loss: 1.2048 - val_acc: 0.5346
Epoch 10/20
256/256 [==============================] - 6s 22ms/step - loss: 1.2124 - acc: 0.5375 - val_loss: 1.1982 - val_acc: 0.5429
Epoch 11/20
256/256 [==============================] - 6s 22ms/step - loss: 1.1922 - acc: 0.5478 - val_loss: 1.1821 - val_acc: 0.5385
Epoch 12/20
256/256 [==============================] - 6s 22ms/step - loss: 1.1784 - acc: 0.5506 - val_loss: 1.1757 - val_acc: 0.5440
Epoch 13/20
256/256 [==============================] - 6s 22ms/step - loss: 1.1613 - acc: 0.5605 - val_loss: 1.1611 - val_acc: 0.5580
Epoch 14/20
256/256 [==============================] - 6s 22ms/step - loss: 1.1450 - acc: 0.5662 - val_loss: 1.1426 - val_acc: 0.5574
Epoch 15/20
256/256 [==============================] - 6s 22ms/step - loss: 1.1317 - acc: 0.5710 - val_loss: 1.1319 - val_acc: 0.5674
Epoch 16/20
256/256 [==============================] - 6s 22ms/step - loss: 1.1242 - acc: 0.5763 - val_loss: 1.1441 - val_acc: 0.5591
Epoch 17/20
256/256 [==============================] - 6s 22ms/step - loss: 1.1112 - acc: 0.5802 - val_loss: 1.1336 - val_acc: 0.5741
Epoch 18/20
256/256 [==============================] - 6s 22ms/step - loss: 1.0984 - acc: 0.5841 - val_loss: 1.1304 - val_acc: 0.5775
Epoch 19/20
256/256 [==============================] - 6s 22ms/step - loss: 1.0955 - acc: 0.5853 - val_loss: 1.1190 - val_acc: 0.5808
Epoch 20/20
256/256 [==============================] - 6s 22ms/step - loss: 1.0733 - acc: 0.5940 - val_loss: 1.1167 - val_acc: 0.5674
```

图 4-23　训练模型输出结果

可以看出，训练损失值一开始为 1.8027，最后降到了 1.0733；验证精确度从一开始的 0.2821 提高到了 0.5674。

4）模型评估

先通过测试集对模型进行评估，然后再通过 Keras 模型，绘图显示在训练时保存的损失值数组和精确度数组。评估模型的代码如下：

```
#对训练模型进行评估，计算损失值和精确度数组
#训练分数
train_score = model.evaluate(X_train, y_train, verbose=0)
print('Train loss: {}.'.format(train_score[0]))
print('Train accuracy: {}.'.format(train_score[1]))
#对测试模型进行评估，计算损失值和精确度数组
```

```
#测试分数
test_score = model.evaluate(X_test, y_test, verbose=0)
print('Test loss: {}.'.format(test_score[0]))
print('Test accuracy: {}.'.format(test_score[1]))
```

输出如下：

```
Train loss: 0.9199279783379052.
Train accuracy: 0.6604200773287053.
Test loss: 1.1018399342188927.
Test accuracy: 0.5855153203508648.
```

绘图代码如下：

```
import matplotlib.pyplot as plt
#绘制训练时和验证时的精确度走势
plt.plot(history.history['acc'])
plt.plot(history.history['val_acc'])
plt.title('model accuracy')
plt.ylabel('accuracy')
plt.xlabel('epoch')
plt.legend(['train', 'test'], loc='upper left')
plt.show()
#绘制训练时和验证时的损失值走势
plt.plot(history.history['loss'])
plt.plot(history.history['val_loss'])
plt.title('model loss')
plt.ylabel('loss')
plt.xlabel('epoch')
plt.legend(['train', 'test'], loc='upper left')
plt.show()
```

history 变量在训练完模型后就返回了，可以通过 history.history. keys()函数来查看该对象包含哪些数值。输出模型精确度走势如图 4-24 所示，损失值走势如图 4-25 所示。

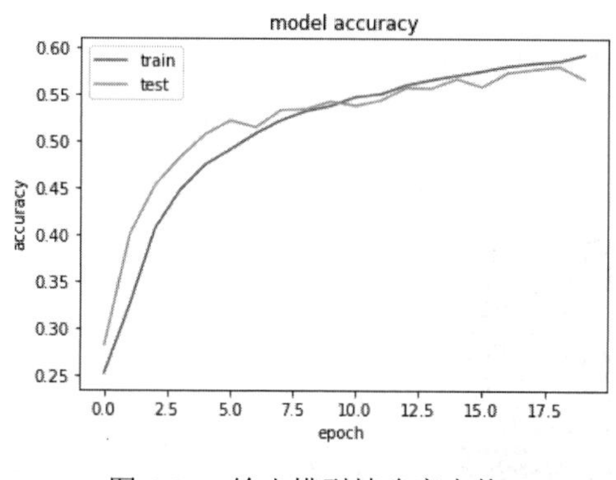

图 4-24　输出模型精确度走势

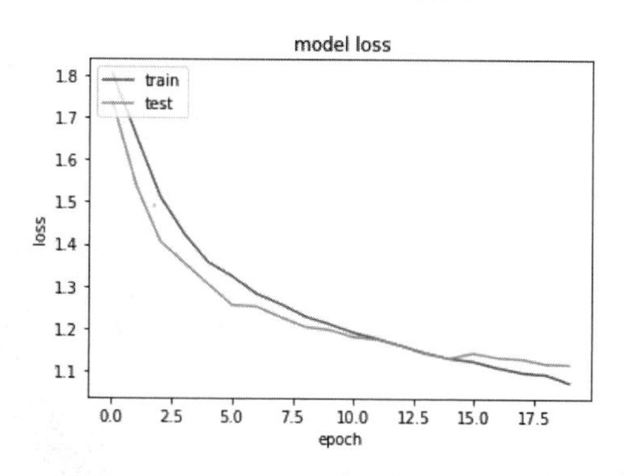

图 4-25　输出模型损失值走势

5）模型保存与读取

如果希望下次使用该模型时不再重新运行以上代码，且不再重新训练模型，可以将模型序列化保存到本地，以便于下次直接读取和使用。模型的架构使用 to_json()函数保存，模型的权重使用 save_weights()函数保存。具体代码如下：

```
#序列化模型的架构保存到 JSON 对象中
model_json = model.to_json()
#保存到本地
with open("facial_expression_recog_model_architecture.json", "w") as json_file:
    json_file.write(model_json)
#序列化模型的权重保存到 HDF5 文件中
model.save_weights("facial_expression_recog_model_weights.h5")
```

使用时，可以从本地读取模型的架构文件和权重文件，并可以通过 loaded_model 变量来进行新图片的识别。具体代码如下：

```
from keras.models import model_from_json
from keras.models import load_model
#加载模型架构
with open('facial_expression_recog_model_architecture.json', 'r') as json_file:
    loaded_model_json = json_file.read()
    loaded_model = model_from_json(loaded_model_json)
#加载模型权重
loaded_model.load_weights("facial_expression_recog_model_weights.h5")
```

6）单张图片测试模型

接下来，对单张图片中的人脸面部表情进行识别。这里使用一张 RGB 的图作为识别图，原图在模型识别时显示是 48 像素×48 像素。之所以显示图有马赛克，因为其像素太小了。代码如下：

```
from keras.preprocessing import image
import matplotlib.pyplot as plt
#将图片从本地读取到内存中
def plot_src_image(img_path, grayscale=False):
    img = image.load_img(img_path, grayscale=grayscale, target_size=(48, 48, 3))
#显示图片
    plt.imshow(img)
    plt.show()
plot_src_image("test_jpg/test8.jpg")
```

单张图片测试结果如图 4-26 所示。

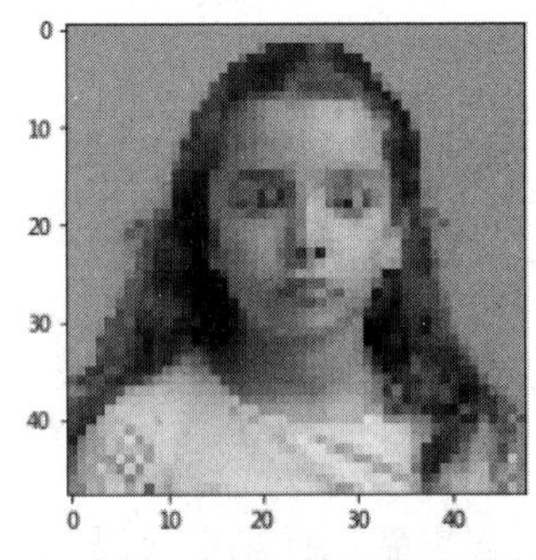

图 4-26　单张图片测试结果

识别单张图片各个类别的概率图时，先用 load_img()函数读取图片并进行预处理，其次通过模型变量 loaded_model 对图片进行识别预测，最后通过直方图将产生的概率数组显示出来。代码如下：

```
import numpy as np
from keras.preprocessing import image
def load_img(img_path, width=48, height=48):
    #以灰度的模式来加载指定的 RGB 图片，并且将其修改为 48 像素×48 像素
    img = image.load_img(img_path, grayscale=True, target_size=(width, height))
    #将图片转换为数组
    x = image.img_to_array(img)
    #扩展图片的数组维度为四维，这是 CNN 模型需要的
    x = np.expand_dims(x, axis=0)
    #对图片的数值内容进行归一化处理
    x /= 255
    return x
def plot_analyzed_emotion(emotions_probs, class_list):
    #绘制直方图，显示各个类别的概率
    y_pos = np.arange(len(class_list))
    plt.bar(y_pos, emotions_probs, align='center', alpha=0.5)
    plt.xticks(y_pos, class_list)
    plt.ylabel('percentage')
    plt.title('emotion')
    plt.show()
#加载图片
test_img = load_img("test_jpg/test8.jpg")
#识别图片的概率
predicted_probs = loaded_model.predict(test_img)
#定义类别
class_list = ["angry", "disgust", "fear", "happy", "sad", "surprise", "neutral"]
#绘图显示
plot_analyzed_emotion(predicted_probs[0], class_list)
```

输出的概率结果如图 4-27 所示。

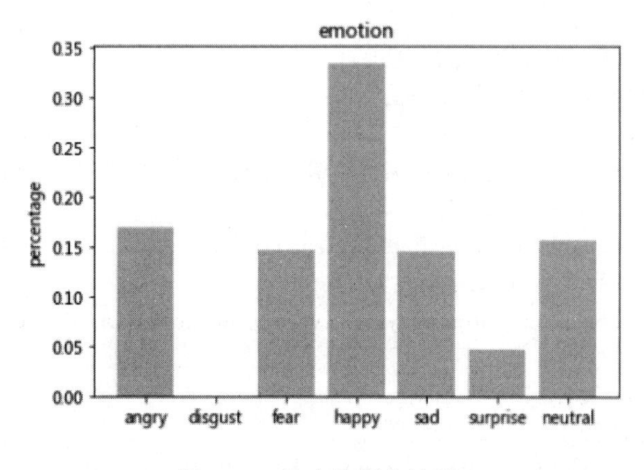

图 4-27　输出的概率结果

本实验对应的目录 test_imgs 里有 8 张图片，这里对这些图片一一进行模型识别并绘图显示。代码如下：

```
from glob import glob
import matplotlib
import matplotlib.pyplot as plt
import cv2
import numpy as np
from PIL import ImageFont, ImageDraw, Image
import random
def plot_emotion_faces(filepaths):
    #定义人脸矩阵排列的绘图函数
    #随机打乱文件路径的数组
    random.shuffle(filepaths)
    #加载宋体字体
    fontpath = "simsun.ttc"
    font = ImageFont.truetype(fontpath, 30)
    #创建 2 行 4 列的对象 fig
    fig, axes = plt.subplots(nrows=2, ncols=4)
    #设置整体宽和高
    fig.set_size_inches(20, 6)
    index = 0
    #遍历 2 行
    for row_index in range(2):
        #遍历 4 行
        for col_index in range(4):
            #通过 load_img()函数对加载的图片进行模型识别，返回类别概率
            predicted_probs = loaded_model.predict(load_img(filepaths[index]))
            #取出类别概率数组
            probs = predicted_probs[0]
            #获取最大类别概率的数组索引
            max_index = np.argmax(probs)
            #获取最大类别概率的值
            probs_val = probs[max_index]
            #获取最大类别概率的具体中文名称
            emotion = class_list[max_index]
            #拼接类别名称和概率值的字符串
            emotion_text = emotion + ":" + str(round(probs_val * 100, 2)) + "%"
            #以下是将识别到的概率名称和值的字符串显示在图片左上角
            #从文件路径读取图片
            img = matplotlib.image.imread(filepaths[index])
            #将图片转换为 RGB 模式
            img_PIL = Image.fromarray(cv2.cvtColor(img, cv2.COLOR_BGR2RGB))
            #创建绘图对象
            draw = ImageDraw.Draw(img_PIL)
            #将概率的字符串绘制到图片左上角 x=30 和 y=5 的位置
            draw.text((30, 5), emotion_text, font=font, fill=(0, 0, 255))
```

```
                #将图片从 RGB 模式转换为 BGR 模式
                final_img = cv2.cvtColor(np.asarray(img_PIL), cv2.COLOR_RGB2BGR)
                #获取 matplotlib 的 Axes 对象
                ax = axes[row_index, col_index]
                #将图片显示到指定位置
                ax.imshow(final_img)
                index += 1
#加载 test_imgs 目录下的所有 JPG 文件
test_img_filenames = glob("test_jpg/*.jpg")
#绘图显示
plot_emotion_faces(test_img_filenames)
```

图形的测试结果如图 4-28 所示。

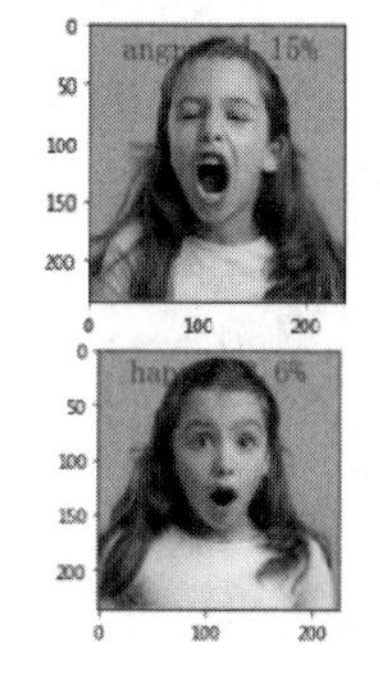
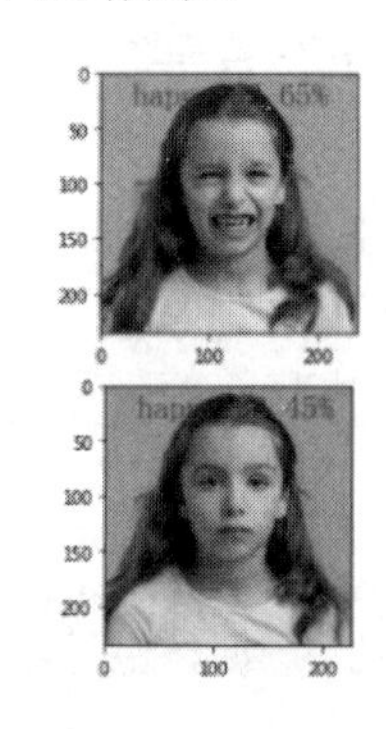
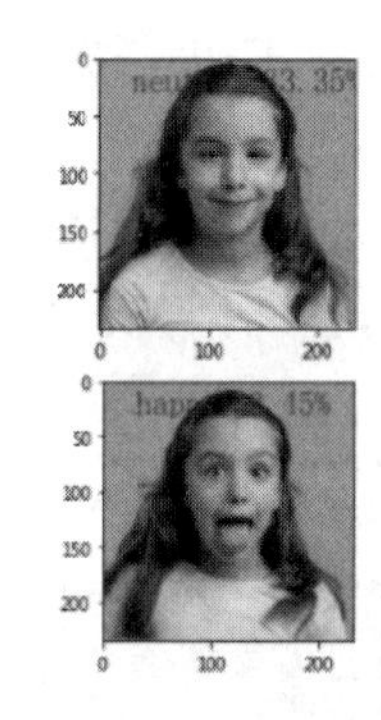
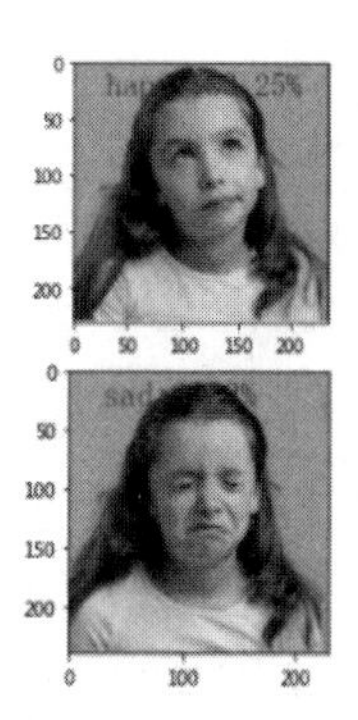

图 4-28　图形的测试结果

第5章　目标检测

随着电子设备在社会生产和人们生活中的应用越来越普遍，我们不仅关注对图像的简单分类，而且希望能够准确获得图像中存在的我们感兴趣的目标及其位置，并将这些信息应用到视频监控、自动驾驶等一系列现实任务中，因此目标视觉检测技术受到了广泛关注。

本章主要讲解目标检测的定义与应用场景、实现方法与常用数据集，并用两个具体的案例来加深理解。

5.1　定义与应用场景

目标检测的目标是在给定一幅图像或一个视频帧的条件下，让计算机从图像中确定目标的位置，并进行分类。这意味着，计算机不仅要用算法来判断出图像中哪个物体是汽车（car）、自行车（bicycle）还是狗（dog），还要在图像中标记出它们的坐标位置，并用边框或有色方框把它们圈起来，如图5-1所示。

图5-1　图像检测

目标检测具有很大的实用价值和应用前景，其应用领域包括智能视频监控、机器人导航、数码相机中的自动定位和聚焦人脸技术、飞机航拍或卫星图像中道路的检测、车载摄像机中的障碍物检测等。

目标检测的应用非常广泛，主要有以下几个方面：

（1）货架商品巡检。货架商品巡检对于线下商店超市具有重要的作用，它能够帮助经营者了解货架上的商品类别、可视排面占比、缺货率等关键指标。长期以来，货架商品巡检都是由人工来完成的，其效率低下、成本高昂，并且容易出错。而基于计算机视觉的目标检测则让货架商品巡检可以准确并快速地采集到货架上的商品信息，让管理者实时把控终端销量、库存、铺货等情况。

（2）自动驾驶。自动驾驶系统通过目标检测分辨出汽车在行驶过程中遇见的对象，如汽车、人、动物、道路标志、道路交叉点、路边标志（物体），能够确定场景中的相关现实对象且所有这些操作都需要实时进行。目标检测通过与传感器联动操作，使汽车自动驾驶系统立刻分析距离、感应速度，并做出刹车操作等，这个反应的时间是任何人为操作都不可比拟的。

（3）车辆检测。车辆检测主要使用在车流量统计、车辆违章的自动分析等方面，通过车辆自动检测可以实时对交通道路上的车流量进行统计，还可以为交通流量疏导提供基础依据。同时，在特定的道路和卡口，车辆检测与监控设备进行联动，可以实现车辆违章的实时处理。车辆检测如图 5-2 所示。

图 5-2 车辆检测

（4）遥感图像目标识别。通过对海量的遥感数据进行目标检测，能够准确检测船舶、农田和建筑物的位置，有效地实现各类资源的调配与划分，如图 5-3 所示。

图 5-3 遥感图像目标识别

5.2 实现方法

近年来，不少学者提出了多个基于 CNN 的方法，使目标检测算法取得了很大的突破，也证明了深度学习对物体检测起到了巨大的推动作用。图像检测算法的发展史如图 5-4 所示。

这些算法大致可以分为两类，第一类是基于候选区域（Region Proposal）的 R-CNN 系列算法（R-CNN、SPP-Net、Fast R-CNN、Faster R-CNN 等），它们属于两阶段算法，即首先让算法产生目标候选框，也就是目标位置，其次对候选框进行分类与回归；第二类是 YOLO、SSD 等单阶段算法，其仅使用一个卷积神经网络即可直接预测出不同目标的类别与位置。第一类算法预测准确度高一些，但是运算速度慢；第二类算法计算速度快，但准确性要低一些。

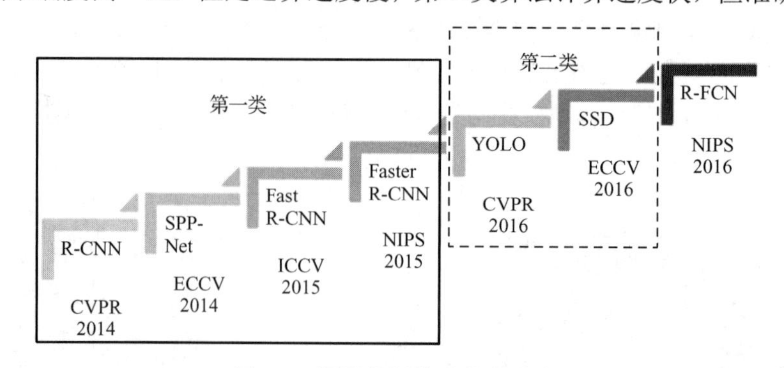

图 5-4　图像检测算法的发展史

5.2.1　基于候选区域的目标检测算法

下面介绍几种基于候选区域的目标检测算法。

1．滑窗法

滑动窗口目标定位算法（滑窗法）是一种暴力检测方法，其对一幅图像或者一帧视频图像从左到右，从上到下滑动窗口遍历搜索整张图像，然后利用分类器识别目标，从而做出目标检测。可以使用不同大小的窗口，因为一幅图像可能从不同距离和角度展示同一个目标对象。

尽管图像中可能包含多个目标，但滑动窗口对应的图像局部区域内通常只会有一个目标（或没有）。因此，在窗口区域内进行逐个扫描是可以检测目标的。但是，该方法需要把图像所有区域都滑动一遍，当定义的滑动窗口大小不一样时，会使得计算复杂度和空间复杂度成倍提高。

2．R-CNN

R-CNN 是在滑窗法的基础上，先利用一些非深度学习的无监督方法，在图像中挑选出一些可能包含目标的候选区域，再进行目标检测。图 5-5 演示了 R-CNN 算法的处理流程。

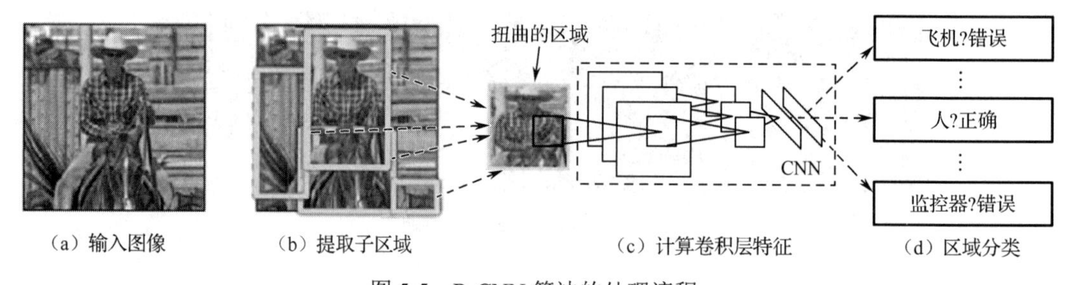

图 5-5　R-CNN 算法的处理流程

首先，利用候选区域生成算法对图像的颜色、背景、纹理、布局、面积、位置等相似的像素进行合并，最终可以得到一系列的候选矩阵区域。这些算法，如 Selective Search 或 EdgeBoxes，只需要几秒钟的计算时间。通常，会将一幅图像划分为 2000 个候选区域，相当于用滑窗法把图像内的所有区域都扫描一遍。尽管候选区域生成算法的准确率（Precision）一般，但其召回率（Recall，正确预测为正例数据占实际正例数量的比例）比较高，图像中的目标也不会轻易被遗漏。

然后利用 CNN 从每个区域提取一个固定长度的特征向量，这里采用 AlexNet 结构，待检测图像经过 5 个卷积层和 2 个全连接层，得到一个 4096 维的特征向量；接着把提取到的特征向量送入支持向量机进行分类。CNN 的参数共享以及更低维度的特征，使得整个检测算法更加高效。

当目标检测的平均精度接近瓶颈时，R-CNN 算法在 ImageNet 预训练模型的微调方法上的改进，将 mAP（表示各类别的平均 PR 曲线下的面积）由 40.1%提升至 53.7%，使物体检测的指标跃上了一个新台阶，体现了深度学习在目标检测领域的重要性。但是，R-CNN 算法也存在一些不容忽视的问题：

（1）候选区域之间的交叠使得特征被重复提取，造成了严重的速度瓶颈，降低了计算效率。

（2）将候选区域直接缩放到固定大小，破坏了物体的长宽比，可能导致物体的局部细节损失。

（3）使用边框回归有助于提高物体的定位精度，但是如果待检测物体存在遮挡，该算法将难以奏效。

3. SPP-Net

He 等人针对 R-CNN 算法速度慢以及要求输入图像块尺寸固定的问题，提出了空间金字塔池化（Spatial Pyramid Pooling，SPP）模型。在 R-CNN 算法中，要将提取到的目标候选区域变换到固定尺寸，再输入卷积神经网络，而 He 等人则通过加入一个空间金字塔池化层来避免这个限制。不论输入图像的尺寸如何，SPP-Net 都能产生固定长度的特征表示。因 SPP-Net 是对整幅图像提取特征的，在最后一层卷积层得到特征图后，再针对每个候选区域在特征图上进行映射，由此得到候选区域的特征。

空间金字塔池化的思想来源于空间金字塔模型（Spatial Pyramid Model，SPM），它采用多个尺度的池化来替代原来单一的池化。SPP 层用不同大小的池化窗口作用于卷积得到特征图，池化窗口的大小和步长根据特征图的尺寸进行动态计算，其流程如图 5-6 所示。SPP-Net 算法对于一幅图像的所有候选区域，只需要进行一次卷积过程，避免了重复计算，显著地提高了计算效率，而且空间金字塔池化层使得检测网络可以处理任意大小的图像。因此，可以采用多尺度图像来训练网络。

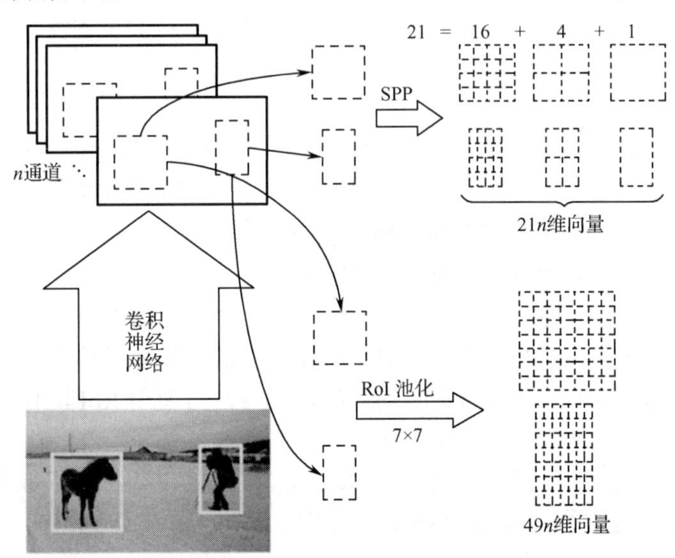

图 5-6　空间金字塔池化和 RoI 池化流程

在图 5-6 中，假设输入是图像中锁定摄影师和小马的两个方框区域，经过卷积神经网络，

到了输出 n 个通道响应图的最后一层时，原图像上的两个方框也会对应两个区域。这个被用于对所有可能物体检测进行前向计算的共享响应图区域，被称为兴趣区域汇合（Region of Interest Pooling，RoI 池化）。

兴趣区域汇合的目的是将任意大小的候选区域所对应的局部卷积特征提取为固定大小的特征。接下来的步骤与 R-CNN 算法相似，都是将这些特征表示输入全连接层、将全连接层输出的特征输入线性支持向量机进行分类以及使用边框回归（Bounding Box Regression）修正候选区域坐标。具体做法是，先将候选区域投影到卷积特征上，再将对应的卷积特征区域划分成固定数目的网格（数目根据下一步网络希望的输入层大小确定，如 VGGNet 需要 7×7 的网格），最后在每个小的网格区域内进行最大汇合，即可得到固定大小的汇合结果。和经典的最大汇合一样，每个通道的兴趣区域汇合也是相互独立的。

总体来说，对于每个 RoI，SPP 层会将指定区域划分为不同数目的区域。图 5-6 中分为 3 层，最底层划分为 4×4=16 个子区域，中间层是 2×2=4 个子区域，最顶层是对整个区域进行池化。而对每个通道，每个 RoI 都变成了一个 21 维的向量，因为有 n 个通道，所以每个 RoI 都生成了一个 $21n$ 维的向量。越是底层，被划分的数目越多。SPP 通过像金字塔一样的结构来获得兴趣区域不同大小信息的过程，被称为空间金字塔池化。

借助 SPP 算法，不仅可以实现对 RoI 的分类，而且对于整幅图像只需要进行一次卷积神经网络的前向计算，从而节省了大量的计算时间。除了用于物体检测，SPP 还可以把任意大小的向量转化为固定大小的向量，因此在执行分类任务时，可以对任意形状和大小的图像进行处理。

SPP 算法在速度上比 R-CNN 算法提高了 24～102 倍，并且在 PASCAL VOC 2007 和 Caltech-101 数据集上取得了当时最好的成绩。但是该算法也存在以下缺点：

（1）SPP-Net 的检测过程是分阶段的，在提取特征后不仅要用 SVM 进行分类，还要进一步进行边框回归，这使得训练过程变得更复杂。

（2）CNN 提取的特征存储需要的空间和时间开销大。

（3）在微调阶段，SPP-Net 只能更新空间金字塔池化层后的全连接层，而不能更新卷积层，这限制了检测性能的提升。

4．Fast R-CNN

Ross 于 2015 年提出了 Fast R-CNN 算法，它针对 R-CNN 算法的缺陷进行了改进。Fast R-CNN 算法的处理流程如图 5-7 所示，该算法主要包括以下 4 个步骤：

（1）采用 Selective Search 提取 2000 个候选 RoI。

（2）使用一个卷积神经网络对全图进行特征提取。

（3）使用一个 RoI 池化层在全图特征上提取每一个 RoI 对应的特征。

（4）分别经过 21 维和 84 维的全连接层并列输出，前者是分类输出，后者是回归输出。

Fast R-CNN 通过 CNN 直接获取整幅图像的特征图，再使用 RoI 池化层在特征图上获取对应每个候选框的特征，避免了 R-CNN 中要对每个候选框都进行的串行卷积（耗时较长）。

Fast R-CNN 算法的贡献主要有：取代了 R-CNN 算法的串行特征提取方式，直接采用一个 CNN 对全图特征进行提取。与 R-CNN 算法相比，在训练 VGG 网络时，Fast R-CNN 算法的训练阶段快 9 倍，测试阶段快 213 倍；与 SPP-Net 算法相比，Fast R-CNN 算法的训练阶段快 3 倍，测试阶段快 10 倍，并且检测精度有一定程度的提高。然而，Fast R-CNN 算法也存在着速度上的瓶颈，因为候选区域生成步骤耗费了整个检测过程的大量时间。

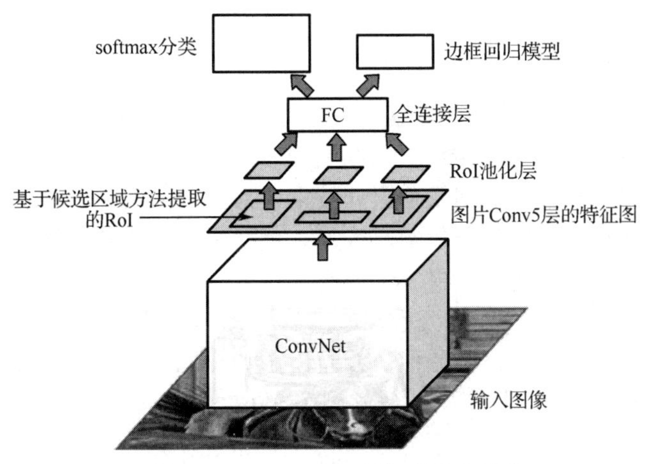

图 5-7　Fast R-CNN 算法的处理流程

5. Faster R-CNN

Ren Shaoqing 等人在其设计的 Faster R-CNN 中提出了通过对图像生成候选区域提取特征，判别特征类别并修正候选框位置的方法，这个方法改变了它的前辈们最耗时、最致命的部位：候选区域。它将 Selective Search 算法替换成 RPN，并使用 RPN 进行区域的选取，将提取时间从 2s 降低到了 10ms。

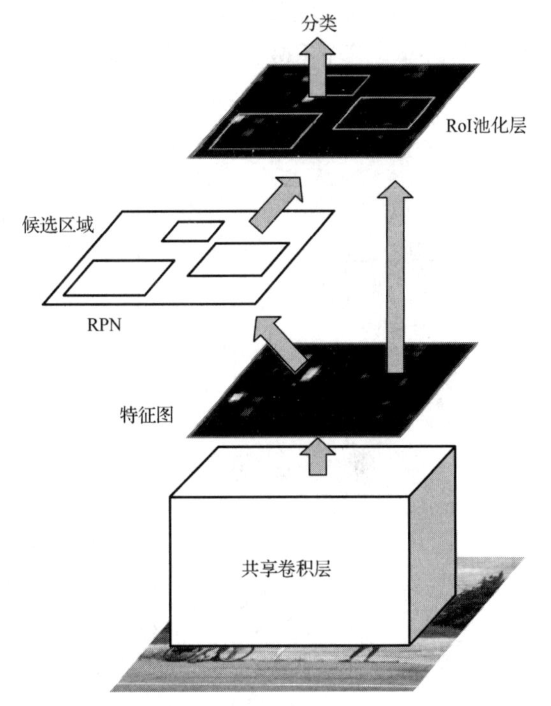

图 5-8　Faster R-CNN 算法的处理流程

Ren Shaoqing 设计的 Faster R-CNN 算法由共享卷积层、RPN、RoI 池化层以及分类 4 部分组成，其处理流程如图 5-8 所示。这 4 个部分的详细工作描述如下。

（1）首先使用共享卷积层为全图提取特征。

（2）将得到的特征图送入 RPN，由 RPN 生成待检测框（指定 RoI 池化层的位置），并对 RoI 的边界框进行第一次修正。

（3）RoI 池化层根据 RPN 的输出，在特征图上面选取每个 RoI 池化层对应的特征，并将维度置为定值。

（4）使用全连接层（FC Layer）对框进行分类，并且进行目标边界框的第二次修正。

Faster R-CNN 是在 Fast R-CNN 的基础上，在最后一层卷积层输出的特征映射上设置了一个滑动窗口，该滑动窗口与候选区域网络进行全连接。在图像经 CNN 得到的特征图上从头开始滑动，可以全覆盖整个卷积层。在每个窗口进行选择时，需要给物体划定一片区域，也就是预测包含这个物体的框。物体大小不同，对应的框也不同，原始方案是预测几个大小、纵横比不同的框（Ren Shaoqing 等人的论文中描述的是 3×3=9，这 9 个框称为 anchor），这几个框中总有和真实框接近的，选择其中包含检测目标并与实际物体区域重合度高的框。

6. R-FCN

Faster R-CNN 在 RoI 池化层之后，需要对每个候选区域都进行回归与分类两分支的预测，而 R-FCN 则尽可能地使所有的计算都共享，以进一步加快计算速度。由于图像分类任务并不关注目标在图像中的具体位置，故卷积层网络具有平移不变性。但目标检测任务需要确定目标的位置，若目标平移，则会影响网络输出的结果。为了平衡这两者的性能，R-FCN 算法将原来全连接层的计算替换成了卷积层的共享计算，使得最后的 RoI 直接输出结果。

因此给定 RoI，R-FCN 架构旨在将 RoI 分类为对象类别和背景。

图 5-9 所示为 R-FCN 算法的处理流程，首先是在 RPN（提取候选框的网络）和本文主要网络的共享卷积层的最后一个特征图处，一方面，利用 RPN 生成候选区域；另一方面，对特征图进行卷积，生成 $k \times k \times (C+1)$ 深度的得分图（Score Map）。$k \times k$ 为 RoI 经过计算输出的大小，也称为位置敏感得分图；C 表示对象类别，背景也作为一个类别。因此，输出层通道数目应为 $k^2(C+1)$，而 k^2 得分图库对应于描述相对位置的 $k \times k$ 空间网格。例如，在 $k \times k = 3 \times 3$ 的情况下，9 个得分图按照{左上、中上、右上、…、右下}的情况对对象类别进行编码。R-FCN 以位置敏感的 RoI 池化层结束，该层聚合了最后一个卷积层并为每个 RoI 都生成分数。通过端到端的训练，这个 RoI 池化层引导最后一个卷积层来学习专门的位置敏感得分图。

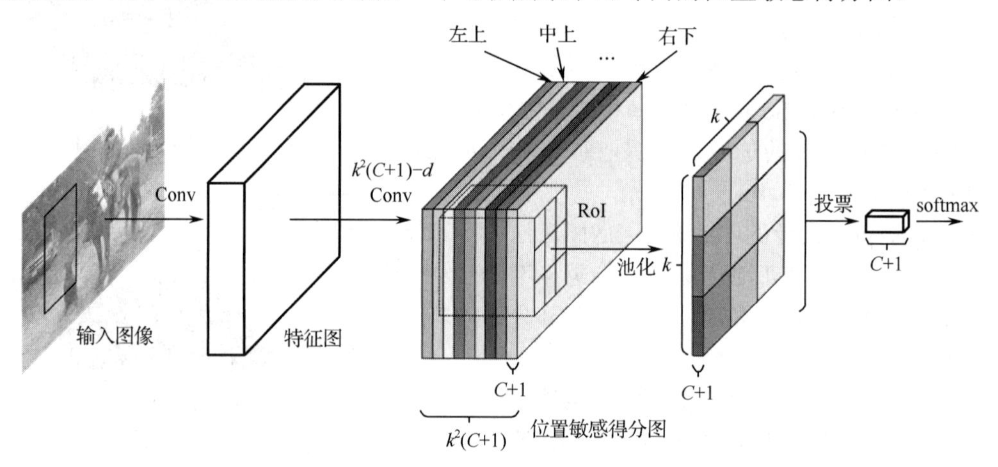

图 5-9 R-FCN 算法的处理流程

基于候选区域的目标检测算法通常需要两步：首先，从图像中提取深度共同特征（特征图）；其次，对每个候选区域进行分类和回归。其中，提取深度共同特征是对图像进行计算，一幅图像只需要前馈该部分网络一次。而第二步是对区域进行计算，每个候选区域都需要前馈该区域网络一次。因此，第二步占用了整体计算的主要开销。R-CNN、Fast R-CNN、Faster R-CNN、R-FCN 算法的改进思路是逐渐提高网络中对图像的计算比例，同时降低对区域的计算比例。R-CNN 算法中几乎所有的计算都是对区域进行的，而 R-FCN 算法中几乎所有的计算开销都在图像整体上，故后者运算效率更高。

但是，在对 RoI 进行计算时，由于 RoI 池化层的整数量化，特征图区域和原始图像区域不对齐，因此在预测像素级掩码时会产生一个偏差，从而对后续预测产生影响。

7. Mask R-CNN

2017 年，He 等人在 Faster R-CNN 算法的基础上进行改进，提出了 Mask R-CNN 算法。Mask R-CNN 算法的整体框架如图 5-10 所示。

相比于 Faster R-CNN 算法，Mask R-CNN 算法进行了三点优化：

（1）为解决在下采样和 RoI 池化层等比例缩放对特征图尺度进行取整操作时引入误差的问题，He 等人提出用 RoI Align 层代替 RoI 池化层，使用双线性差值填补非整数位置的像素，以实现像素级对齐，提高了目标检测分支的精度。该方法使得在 COCO 数据集的 mAP 提升至 39.8%，检测速度为 5frame/s。

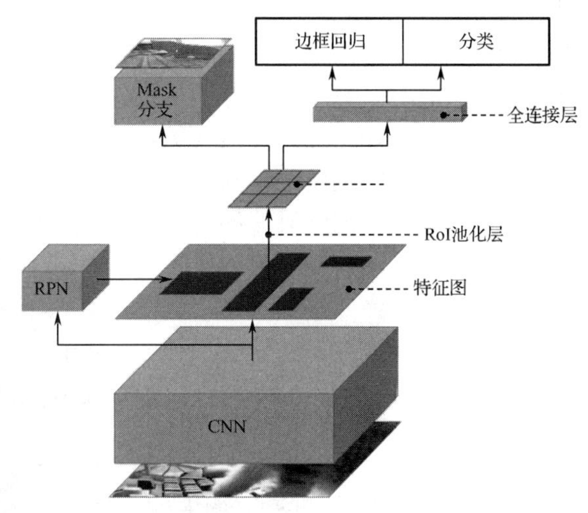

图 5-10　Mask R-CNN 算法的整体框架

（2）Mask R-CNN 算法通过向 Faster R-CNN 算法添加一个分支网络，在实现目标检测的同时，把目标像素分割出来。该分支输出二进制掩码，该掩码表示给定像素是否是对象的一部分。分支是基于 CNN 的特征映射的完全卷积网络，其输入是 CNN 特征图，输出是矩阵，在响应所属对象的位置上为 1，在其他位置上为 0（这被称为二进制掩码）。

（3）在特征提取部分，Mask R-CNN 算法采用 ResNet-101-FPN 算法骨干网络，使用 ResNet-FPN 算法主干通过 Mask R-CNN 算法进行特征提取，在准确度和速度方面都有出色的提升。

Mask R-CNN 算法的步骤为：

（1）输入一张待处理图片，然后进行对应的预处理操作，或者输入预处理后的图片。

（2）将图片输入一个预训练好的神经网络中，获得对应的特征图。

（3）对这个特征图中的每一点提取都以以其为中心的不同大小和横宽比的框作为候选 RoI 池化层。

（4）将这些候选的 RoI 池化层送入 RPN 网络进行分类和边框回归，过滤掉一部分候选的 RoI 池化层。

（5）对这些剩下的 RoI 池化层进行 RoI Align 对应匹配操作。

（6）对这些 RoI 池化层进行分类、边框回归和 Mask 生成。

5.2.2　基于直接回归的目标检测算法

基于候选区域的目标检测算法需要进行两步操作，尽管检测性能比较好，但还不能达到理想的实时效果。而基于直接回归的目标检测算法不需要生成候选区域，图像只需要前馈网络一次，即可直接输出分类与回归结果，通常速度更快，几乎可以达到实时。具有代表性的两种算法是 YOLO 和 SSD。

1. YOLO

YOLO 的全称是 You Only Look Once，直译是看一眼即可识别物体。这种算法的初衷是希望能达到与人眼识别一样的快速、准确。

YOLO 算法采用单个卷积网络，同时预测多个边界框和这些框的类别概率。YOLO 算法是在整个图像上训练并直接优化检测性能，其处理图像简单明了。YOLO 算法的处理流程：①将输入图像调整为 448×448 大小；②对图像进行卷积；③通过模型的置信度，对结果检测进行阈值处理，得到最终的预测结果。

YOLO 算法用一个单一的卷积网络直接基于整幅图像来预测包围边框的位置及所属类型，其算法流程如图 5-11 所示。首先，将一幅图像分成 $S \times S$ 个网格，每个网格都要预测 B 个边框，每个边框除了要回归自身的位置，还要附带预测一个置信度。置信度不仅反映了包含目标的可信程度，也反映了预测位置的准确度。另外，对每个网格还要预测 C 个类型的条件概率，并将这些预测结果编码为一个 $S \times S \times (B \times 5+C)$ 维的张量。

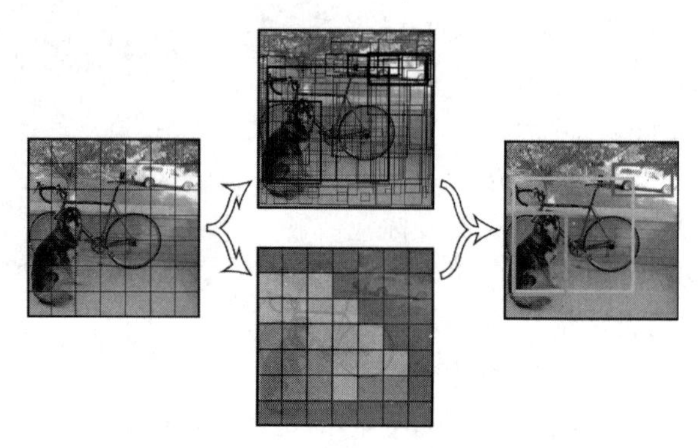

图 5-11　YOLO 算法的流程

假设一幅图像被划分成 7×7 的网格，并且图像中的真实目标被划分到目标中心所在的网格及其最接近的锚盒内。对每个网格区域，网络都需要预测以下 3 个问题：

（1）每个锚盒包含目标的概率。若不含目标，则为 0；否则，为锚盒和真实包围盒的 IoU（交并比）。

（2）每个锚盒的 4 个顶点的位置坐标。

（3）该网格的类别概率分布。

每个锚盒的类别概率分布都等于该锚盒包含目标的概率乘以该网格所属类别的概率分布。因为目标仅存在图像中的小部分区域，因此 YOLO 算法只需要预测包含目标的概率，以便对训练目标的坐标和类别概率分布进行更新。

YOLO 算法的优点在于：

（1）速度快。因为将检测视为回归问题，该模型没有复杂的管道，所以运算速度快。

（2）基于候选区域的目标检测算法的感受野是图像中的某个区域，而 YOLO 算法在进行预测时会对图像进行全局推理。

（3）泛化能力更强，更具有普遍性与说服力。

YOLO 算法的局限在于：

（1）当某个锚盒中出现多个目标或目标数量超过预设固定值时，检测的精确度就不理想。

（2）对小目标检测的精确度不够。

（3）对于长宽比不常见的包围盒的检测能力不强。

（4）计算损失时没有考虑包围盒的大小，而大包围盒中的小偏移有可能比小包围盒中的大偏移产生更大的结果变动。

2．SSD

针对 YOLO 算法存在的不足，Liu 等人提出了 SSD。SSD 全称为 Single Shot MultiBox Detector，它也是一种单阶段的目标检测算法，进行目标检测时并不对候选区域进行预测，而是从特征图中直接回归得到目标的边界框和分类概率。SSD 与 YOLO 模型结构比较如图 5-12 所示。

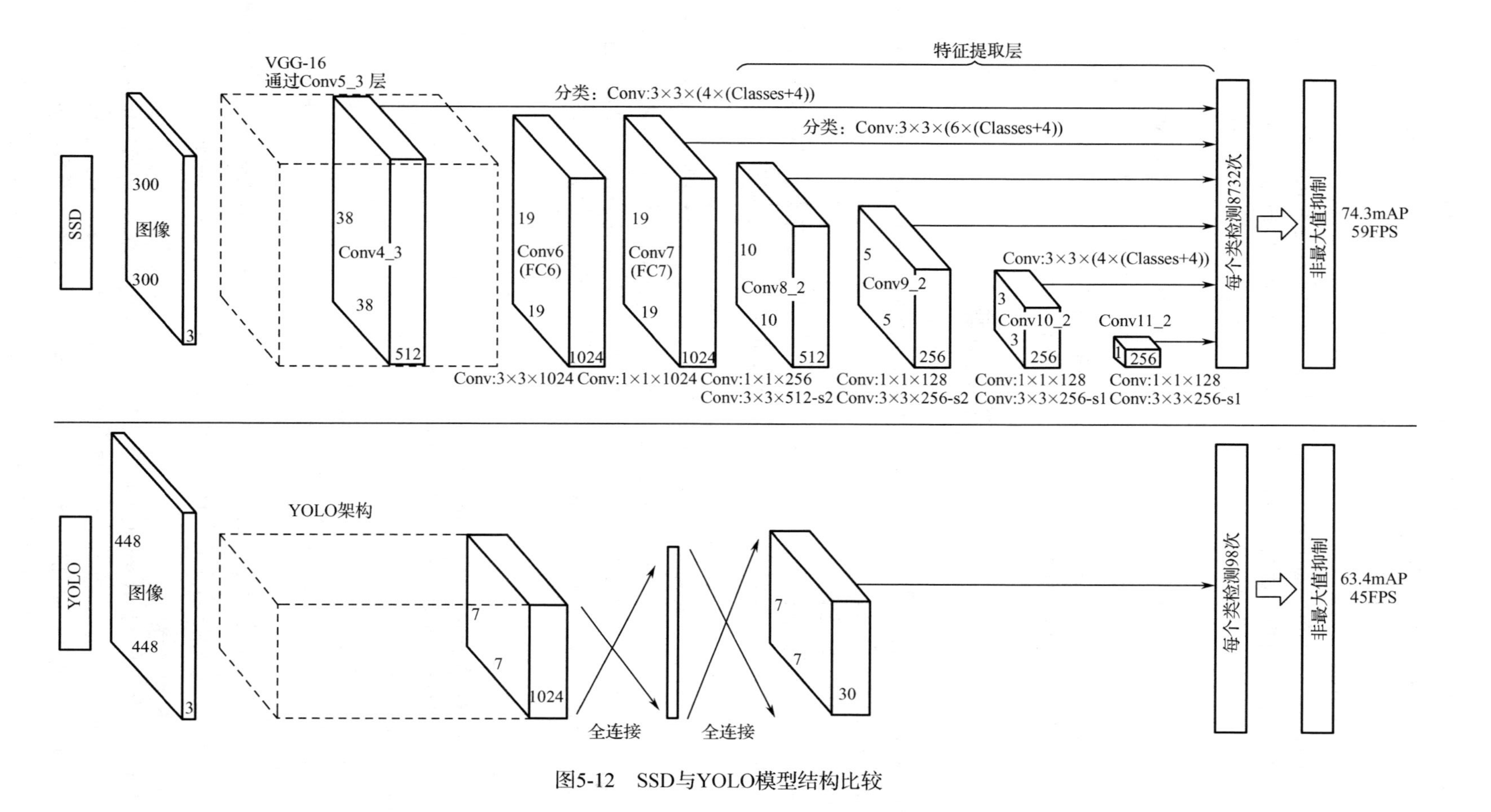

图5-12　SSD与YOLO模型结构比较

图 5-12 中，FPS 和 mAP 是目标检测算法中两个重要的评估指标，FPS 用来评估目标检测的速度，即用每秒内可以处理的图片数量或者处理一张图片所需时间来评估检测速度，时间越短，速度越快；而 mAP 实际上是针对测试集来进行评估的，主要是计算测试集和测试集的预测结果的准确率。

SSD 算法对特征进行卷积后加入了若干卷积层，以减小特征空间的大小，即便是对不同大小的目标进行检测，它也能在综合分析多层卷积层的检测结果后做出精确判断。SSD 算法使用 3×3 卷积取代了 YOLO 算法中的全连接层，以对不同大小和长宽比的锚盒来进行分类与回归。

SSD 算法基于单阶段检测的思想，进行了进一步的优化：在不同大小的特征图上检测对应的目标，取得了比 YOLO 算法更快、接近 Faster R-CNN 算法的检测性能。后来又有研究发现，相比于其他方法，SSD 算法受基础模型性能的影响相对较小，具有检测速度快且检测精度高的特点，是当前目标检测领域较新且效果较好的检测算法之一。

5.3 常用数据集

目前，目标视觉检测研究常用的公共数据集有 ImageNet、PASCAL VOC 和 MS COCO 等，其中，ImageNet 在第 4 章已经介绍过。

1. PASCAL VOC 数据集

2005—2012 年，PASCAL VOC 数据集每年都发布关于图像分类、目标检测和图像分割等任务的数据集，并举行算法竞赛，极大地推动了计算机视觉领域的研究进展。该数据集最初只提供了 4 个类型的图像，到 2007 年稳定在 20 个类型；测试图像的数量从最初的 1578 幅，到 2011 年稳定在 11 530 幅。虽然该数据集类型数目比较少，但是由于图像中物体变化极大，每幅图像可能包含多个不同类型的目标对象，并且目标大小变化很大，因而检测难度非常大。

PASCAL VOC 2012 数据集主要有 4 个大类别，分别是人（person）、动物（animal）、交通车辆（vehicle）和室内家具用品（household），总共 20 个小类，如下所示。

person
bird, cat, cow, dog, horse, sheep
aeroplane, bicycle, boat, bus, car, motorbike, train
bottle, chair, dining table, potted plant, sofa, tv/monitor

该数据集的特点如下：

（1）所有的标注图像都有目标检测需要的标签。

（2）数据集包含 9963 张标注过的图片，由训练集、验证集、测试集三部分组成，共检测出 24 640 个物体。

（3）对于目标检测任务，PASCAL VOC 2012 的训练集、验证集和测试集包含 2008—2011 年的所有对应图片。训练集与验证集有 11 540 张图片，共 27 450 个物体。

2. MS COCO 数据集

MS COCO 的全称是 Microsoft Common Objects in Context，最初来自微软图像测试的一个大型数据库，其规模巨大、内容丰富，包含 30 多万幅图像、200 多万个标注物体、80 种物体类型和 100 000 个人体关键部位标注，图像从复杂的日常场景中获取，图像中的物体具有精确的位置标注。图 5-13 是 MS COCO 数据集图像示例。虽然该数据集包含的类型比 ImageNet

和 SUN（场景理解数据集）的少，但其中的每一类物体的图像较多，且图像中包含精确的分割信息，是目前每幅图像平均包含目标数最多的数据集。MS COCO 数据集不但能够用于目标视觉检测研究，还能用于研究图像中目标之间的上下文关系。

图 5-13　MS COCO 数据集图像示例

此外，人脸数据集也是常用的目标检测数据集，分别是 CASIA-WebFace 和 LFW。

（1）CASIA-WebFace 数据集是从 IMDb 网站上搜集来的，含 10 000 个人的 500 000 张图片，同时通过相似度聚类去掉了一部分噪声。CASIA-WebFace 的数据集源和 IMDb-Face 是一样的，但因为数据清洗的原因，比 IMDb-Face 少一些图片。其噪声不算特别大，适合作为训练数据。

（2）LFW 的全称是 Labeled Faces in the Wild，这个数据集是由美国马萨诸塞州立大学阿默斯特分校计算机视觉实验室整理完成的，主要用来研究非受限情况下的人脸识别问题，包含了来自 5749 个人的 13 000 张人脸图。每幅图像都被标识出对应的人的名字，其中有 1680 人对应不止一幅图像，即大约 1680 个人包含两个以上的人脸。

5.4　实验——机器人捕捉人脸并识别

人脸检测（Face Detection）是深度学习的重要应用之一。本实验为让机器人捕捉人物正脸并识别。

1．实验目的

- 了解 MTCNN（Multi-Task Convolutional Neural Network，多任务卷积神经网络）的作用和工作原理。
- 使用 MTCNN 模型进行人脸对齐。
- 使用 CASIA-WebFace 数据集训练模型进行人脸识别。
- 使用 LFW 数据集测试模型，得出准确率。

2．实验背景

MTCNN 是一种高精度的实时人脸检测和对齐技术，它可以同时完成人脸检测和人脸对齐两项任务。

MTCNN 是 2016 年由中国科学院深圳研究院提出的用于人脸检测任务的多任务神经网络模型，该模型主要采用三个级联的网络，应用候选框加分类器的思想，进行快速而又高效的人脸检测。这三个级联的网络分别是快速生成候选窗口的 P-Net、进行高精度候选窗口过滤选择的 R-Net 和生成最终边界框与人脸关键点的 O-Net。和很多处理图像问题的卷积神经网络模型一样，该模型也使用了图像金字塔、边框回归、非最大值抑制等技术。

3．实验原理

搭建人脸识别系统的第一步是人脸检测，也就是在图片中找到人脸的位置。在这个过程中，系统的输入是一张可能含有人脸的图片，输出是人脸位置的矩形框。一般来说，人脸检测应该可以正确检测出图片中存在的所有人脸，不能有遗漏，也不能有错误。

获得包含人脸的矩形框后，第二步要做的是人脸对齐。原始图片中人脸的姿态、位置可能有较大的区别，为了之后统一处理，要把人脸“摆正”。为此，需要检测人脸中的关键点，如眼睛的位置、鼻子的位置、嘴巴的位置、脸的轮廓点等。根据这些关键点可以使用仿射变换将人脸统一校准，以尽量消除姿势不同带来的误差。本实验采用的是一种基于深度卷积神经网络的人脸检测与人脸对齐的方法——MTCNN。

在使用之前，首先要将原始图片缩放到不同大小，形成一个“图像金字塔”，这样可以选用统一的大小进行人脸检测。下面首先简单介绍本实验用到的三个神经网络，其次整体介绍MTCNN的工作流程。

1）P-Net神经网络

P-Net的全称为Proposal Network，其基本的构造是一个全连接网络，对上一步构建完成的图像金字塔，通过一个全卷积网络进行初步特征提取与边框标定，并采用边界回归，对候选窗口进行校准；使用非极大值抑制（NMS）来合并高度重叠的候选框。

P-Net是一个人脸区域的区域建议网络，该神经网络的结构如图5-14所示。该网络将特征输入经过三个卷积层之后，输出图片是否为人脸的概率；另外，对人脸区域进行初步提议，该部分将输出很多张可能存在人脸的人脸区域，并将这些区域输入R-Net进行进一步处理。这一部分的基本思想是使用较为浅层、较为简单的CNN快速生成人脸候选窗口。

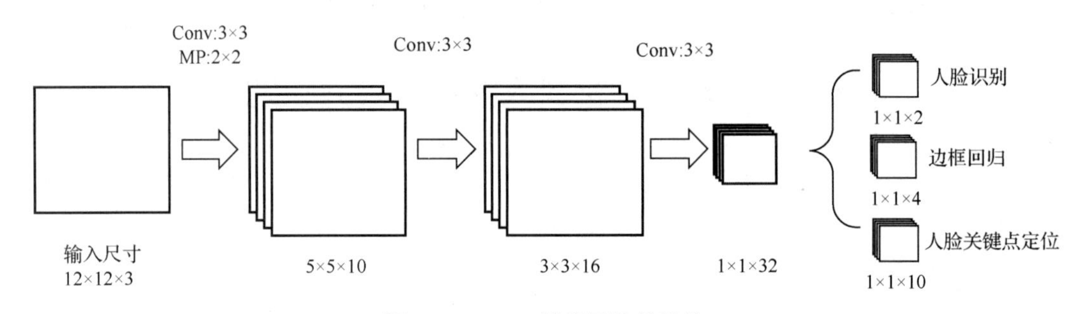

图5-14　P-Net神经网络的结构

2）R-Net神经网络

R-Net的全称为Refine Network，其神经网络结构如图5-15所示。它的基本构造是一个卷积神经网络，相对于第一层的P-Net来说，增加了一个全连接层，因此对于输入数据的筛选会更加严格。图片经过P-Net输出许多预测窗口后进入R-Net，并通过候选框回归和NMS进一步优化预测结果。

该网络对输入进行进一步的细化选择，舍去非人脸的区域，并再次使用边框回归和人脸关键点定位进行人脸区域的边框回归和定位，最后将输出较为可信的人脸区域，供O-Net使用。相比于P-Net使用全卷积输出的1×1×32的特征，R-Net则在最后一个卷积层之后使用了一个128的全连接层，从而保留了更多的图像特征，准确度也优于P-Net的。R-Net的思想是使用一个相对于P-Net更复杂的网络结构来对P-Net生成的可能是人脸区域的区域窗口进行进一步选择和调整，从而达到高精度过滤和人脸区域优化的效果。

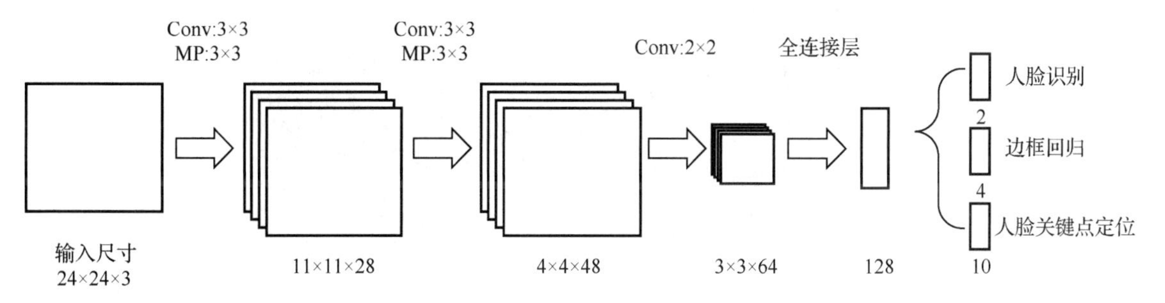

图 5-15　R-Net 神经网络结构

3）O-Net 神经网络

O-Net 的全称为 Output Network，其神经网络结构是一个较为复杂的卷积神经网络，相对于 R-Net 来说多了一个卷积层，如图 5-16 所示。相比于 R-Net，O-Net 结构会通过更多的监督来识别面部区域，而且会对人的面部特征点进行回归，最终输出 5 个人脸的面部特征点。

O-Net 是一个更复杂的卷积网络，其输入特征更多，在网络结构的最后是一个更大的全连接层（大小为 256），保留了更多的图像特征，同时进行人脸判别、人脸区域边框回归和人脸关键点定位，最终输出人脸区域坐标与人脸区域的 5 个特征点。O-Net 拥有特征更多的输入和更复杂的网络结构，也具有更好的性能，这一层的输出作为最终的网络模型输出。

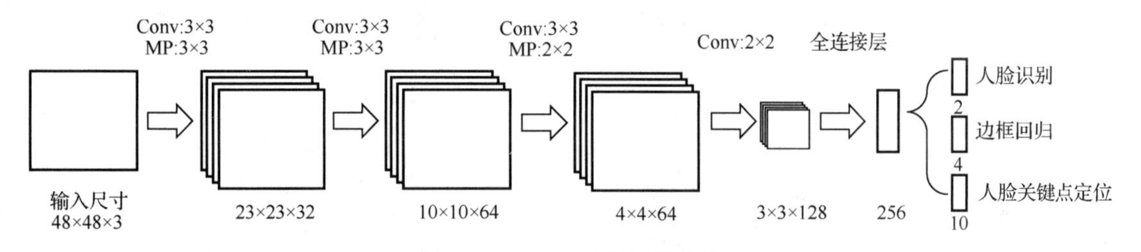

图 5-16　O-Net 神经网络结构

MTCNN 算法的效果图如图 5-17 所示，首先构建图像金字塔，其次进行 3 个步骤的处理，最终识别出人脸和 5 个人脸关键点。

为了兼顾性能和准确率，避免滑动窗口加分类器等传统思路带来的巨大性能消耗，MTCNN 先使用小模型生成有一定可能性的目标区域候选框，然后再使用更复杂的模型进行细分和更高精度的区域框回归，并且让这一步递归执行，以此思想构成三层网络，分别为 P-Net、R-Net、O-Net，以实现快速高效的人脸检测。也就是说，在输入层使用图像金字塔进行初始图像的大小变换，并使用 P-Net 生成大量的目标区域候选框；之后使用 R-Net 对这些目标区域候选框进行第一次精选和边框回归，排除大部分的负例；再用更复杂的、精度更高的网络 O-Net 对剩余的目标区域候选框进行判别和区域边框回归。

本实验使用的训练模型为 Inception ResNet v1，其总体网络结构如图 5-18 所示。图 5-18（a）是 Inception ResNet v1 的网络架构，其中的模块子结构如图 5-18（b）、（c）、（d）、（e）、（f）、（g）所示。图 5-18（b）代表 Stem 模块，图 5-18（c）代表 Inception-ResNet-A 模块，图 5-18（d）代表从 35×35 缩减至 17×17 的 Reduction-A 模块，图 5-18（e）代表从 17×17 缩减至 8×8

的 Reduction-B 模块，图 5-18（f）代表 8×8 网格的 Inception-ResNet-C 模块，图 5-18（g）代表 17×17 的 Inception-ResNet-B 模块。

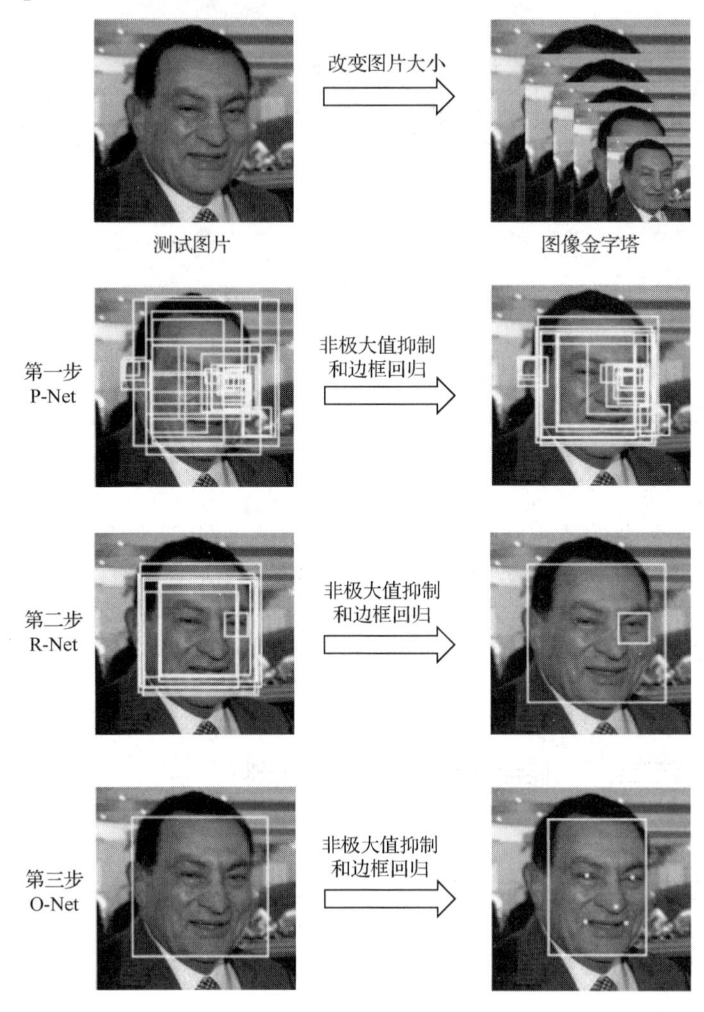

图 5-17　MTCNN 算法的效果图

4．实验环境

本实验使用的系统和软件包的版本为 Ubuntu16.04、Python3.6、TensorFlow1.5、OpenCV-Python 4.1.0.25、Scipy1.2.1。

5．实验步骤

1）数据准备

CASIA-WebFace 数据集可从官方地址获取，下载完成后得到一个约 4.1GB 大小的 CASIA-WebFace.zip 文件（其中包含 10 575 个人的 494 414 张人脸图片），解压到项目的 data 文件夹下，文件夹结构如图 5-19 所示。

我们需要对原始图像进行人脸检测和对齐，以便后续提取有效特征值。这里可以使用 MTCNN 来实现，因为 MTCNN 可以将检测到的人脸进行一系列变换，最终得到对齐后的人脸图片。

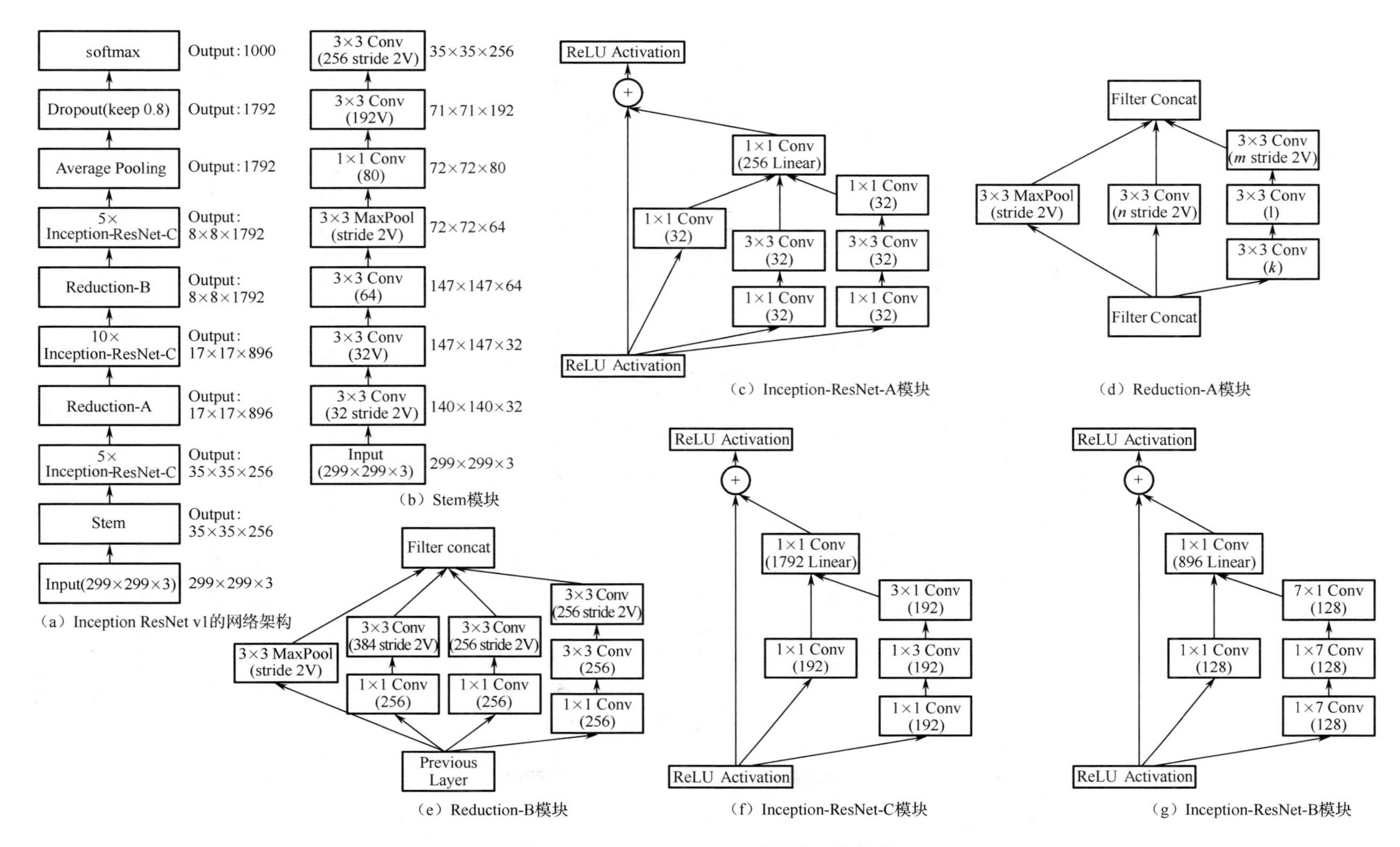

图5-18 Inception ResNet v1的总体网络结构

0000045	2020/3/22 1:15	文件夹
0000099	2020/3/22 1:15	文件夹
0000100	2020/3/22 1:15	文件夹
0000102	2020/3/22 1:16	文件夹
0000103	2020/3/22 1:16	文件夹
0000105	2020/3/22 1:16	文件夹
0000107	2020/3/22 1:16	文件夹
0000108	2020/3/22 1:16	文件夹
0000114	2020/3/22 1:16	文件夹
0000117	2020/3/22 1:17	文件夹
0000119	2020/3/22 1:17	文件夹
0000121	2020/3/22 1:17	文件夹
0000133	2020/3/22 1:18	文件夹
0000137	2020/3/22 1:18	文件夹

图 5-19　CASIA-WebFace 数据集的文件夹结构

MTCNN 使用已有项目，包含已经训练好的预训练的模型，模型数据分别对应文件 det1.npy、det2.npy、det3.npy。align_dataset_mtcnn.py 是使用 MTCNN 的模型进行人脸检测和对齐的入口代码。

使用脚本 align_dataset_mtcnn.py 进行人脸检测和对齐可运行如下命令：

```
python src/align/align_datasct_mtcnn.py \
/home/ubuntu/facenet-master/datasets/casia/CASIA-maxpy-clean/ \            #原图像文件夹
/home/ubuntu/facenet-master/datasets/casia/casia_maxpy_mtcnnpy_182 \       #对齐后的图像文件夹
--image_size 182 \          #缩放到 182 像素×182 像素大小
--margin 44 \               #缩小 44 像素
```

执行一段时间后，可以得到 data 文件夹下的 CASIA_Web_Face_mtcnnpy_182 文件夹，下面按相同格式保存对齐的人脸图像。所有图像都是 182 像素×182 像素，后面会在训练时随机裁剪成 160 像素×160 像素，以起到数据增强的作用。

同样，将 LFW 数据库进行对齐，在 datasets/lfw 文件夹下生成 160 像素×160 像素的人脸库 lfw_mtcnnpy_160。因为后续训练中要使用 LFW 进行评估，所以必须放在指定文件夹下，与后面的输入参数相对应，这里我们把它放在./data/lfw/lfw_mtcnnpy_160/文件夹下面，执行代码如下：

```
python src/align/align_dataset_mtcnn.py \
datasets/lfw/raw \                      #原图像文件夹
datasets/lfw/lfw_mtcnnpy_160 \          #对齐后的图像文件夹
--image_size 160 \                      #缩放到 160 像素×160 像素大小
--margin 32 \                           #缩小 32 像素
--random_order\                         #随机裁剪
```

经过 MTCNN 处理的图片会统一放在指定的文件夹中，并作为后续模型训练及测试的数据源。

然后使用如下语句获取训练集，准备训练：

```
train_set = facenet.get_dataset(args.data_dir)(train_set = facenet.get_dataset(./data/CASIA_Web_Face_
mtcnnpy_182))
```

get_datasat()函数定义如下：

```
def get_dataset(paths):
    dataset = []
    path_exp = paths
```

```
    classes = os.listdir(path_exp)
    classes.sort()
    nrof_classes = len(classes)
    for i in range(nrof_classes):
        class_name = classes[i]
        facedir = os.path.join(path_exp, class_name)
        if os.path.isdir(facedir):
            images = os.listdir(facedir)
            image_paths = [os.path.join(facedir,img) for img in images]
            dataset.append(ImageClass(class_name, image_paths))
    return dataset
```

CASIA_Web_Face_mtcnnpy_182 文件夹下的每一个文件夹都对应一个人。这里会依次统计每个人对应的文件夹名字（class_name）和其下面所有带绝对路径的人脸图片文件名（image_paths），然后存储到 ImageClass 中。ImageCalss 是一个两个成员的简单类，名字对应 class_name，即对应一个人的文件夹名字；image_paths 为对应文件夹下所有带绝对路径的人脸图片文件名组成的列表，故返回值 train_set 是一个由 ImageClass 组成的列表，列表的每个元素是一个 ImageClass 实例，其包含了训练集某个人的人脸文件信息。

2）网络设计

本实验提供的预训练的模型使用的卷积网络结构是 Inception ResNet v1，第一行代码如下所示：

```
network = importlib.import_module(args.model_def)
```

这里实际执行的是 network=importlib.import_module(models.inception_resnet_v1)，即导入 models/文件夹下的 inception_resnet_v1.py，并命名为 network。Inception ResNet v1 网络结构有 6 层，分别是 Stem、Inception-ResNet-A、Reduction-A、Inception-ResNet-B、Reduction-B 和 Inception-ResNet-C。

Stem 模块输入为 299×299×3，输出为 35×35×256，对应的代码如下：

```
with slim.arg_scope([slim.conv2d, slim.max_pool2d, slim.avg_pool2d],stride=1, padding='SAME'):
    #149×149×32
    net = slim.conv2d(inputs, 32, 3, stride=2, padding='VALID', scope='Conv2d_1a_3x3')
    end_points['Conv2d_1a_3x3'] = net
    #147×147×32
    net = slim.conv2d(net, 32, 3, padding='VALID',
scope='Conv2d_2a_3x3')
    end_points['Conv2d_2a_3x3'] = net
    #147×147×64
    net = slim.conv2d(net, 64, 3, scope='Conv2d_2b_3x3')
end_points['Conv2d_2b_3x3'] = net
    #73×73×64
    net = slim.max_pool2d(net, 3, stride=2, padding='VALID', scope='MaxPool_3a_3x3')
    end_points['MaxPool_3a_3x3'] = net
    #73×73×80
    net = slim.conv2d(net, 80, 1, padding='VALID',
scope='Conv2d_3b_1x1')
```

```
        end_points['Conv2d_3b_1x1'] = net
        #71×71×192
        net = slim.conv2d(net, 192, 3, padding='VALID',
scope='Conv2d_4a_3x3')
        end_points['Conv2d_4a_3x3'] = net
        #35×35×256
        net = slim.conv2d(net, 256, 3, stride=2, padding='VALID',
scope='Conv2d_4b_3x3')
      end_points['Conv2d_4b_3x3'] = net
```

Inception-ResNet-A 需要重复 5 次。对应的代码如下：

```
#Inception-ResNet-A
def block35(net, scale=1.0, activation_fn=tf.nn.relu, scope=None, reuse=None):
    """构建 35×35 的 ResNet 块"""
    with tf.variable_scope(scope, 'Block35', [net], reuse=reuse):
        with tf.variable_scope('Branch_0'):
            #35×35×32
            tower_conv = slim.conv2d(net, 32, 1, scope='Conv2d_1x1')
        with tf.variable_scope('Branch_1'):
            #35×35×32
            tower_conv1_0 = slim.conv2d(net, 32, 1, scope='Conv2d_0a_1x1')
            #35×35×32
            tower_conv1_1 = slim.conv2d(tower_conv1_0, 32, 3, scope='Conv2d_0b_3x3')
        with tf.variable_scope('Branch_2'):
            #35×35×32
            tower_conv2_0 = slim.conv2d(net, 32, 1, scope='Conv2d_0a_1x1')
            #35×35×32
            tower_conv2_1 = slim.conv2d(tower_conv2_0, 32, 3, scope='Conv2d_0b_3x3')
            #35×35×32
            tower_conv2_2 = slim.conv2d(tower_conv2_1, 32, 3, scope='Conv2d_0c_3x3')
        #35×35×96
        mixed = tf.concat([tower_conv, tower_conv1_1, tower_conv2_2], 3)
        #35×35×256
        up = slim.conv2d(mixed, net.get_shape()[3], 1, normalizer_fn=None,activation_fn=None,
            scope='Conv2d_1x1')
        #使用残差网络，scale=0.17
        net += scale * up
        if activation_fn:
            net = activation_fn(net)
    return net
#5×Inception-ResNet-A
net = slim.repeat(net, 5, block35, scale=0.17)
end_points['Mixed_5a'] = net
```

Reduction-A 中含有 4 个参数 k、l、m、n，它们对应的值分别为 192、192、256、384。在该层网络结构中，输入为 35×35×256，输出为 17×17×896，对应的代码如下：

```
def reduction_a(net, k, l, m, n):
```

```
        #192, 192, 256, 384
        with tf.variable_scope('Branch_0'):
            #17×17×384
            tower_conv = slim.conv2d(net, n, 3, stride=2, padding='VALID',
                                     scope='Conv2d_1a_3x3')
        with tf.variable_scope('Branch_1'):
            #35×35×192
            tower_conv1_0 = slim.conv2d(net, k, 1, scope='Conv2d_0a_1x1')
            #35×35×192
            tower_conv1_1 = slim.conv2d(tower_conv1_0, l, 3,
                                        scope='Conv2d_0b_3x3')
            #17×17×256
            tower_conv1_2 = slim.conv2d(tower_conv1_1, m, 3,
                                        stride=2, padding='VALID',
                                        scope='Conv2d_1a_3x3')
        with tf.variable_scope('Branch_2'):
            #17×17×256
            tower_pool = slim.max_pool2d(net, 3, stride=2, padding='VALID',
                                         scope='MaxPool_1a_3x3')
        #17×17×896
        net = tf.concat([tower_conv, tower_conv1_2, tower_pool], 3)
        return net
    #Reduction-A
    with tf.variable_scope('Mixed_6a'):
        net = reduction_a(net, 192, 192, 256, 384)
        end_points['Mixed_6a'] = net
```

Inception-ResNet-B 模块需要重复 10 次，输入为 17×17×896，输出为 17×17×896，对应的代码如下：

```
#Inception-ResNet-B
def block17(net, scale=1.0, activation_fn=tf.nn.relu, scope=None, reuse=None):
    """构建 17×17ResNet 块"""
    with tf.variable_scope(scope, 'Block17', [net], reuse=reuse):
        with tf.variable_scope('Branch_0'):
            #17×17×128
            tower_conv = slim.conv2d(net, 128, 1, scope='Conv2d_1x1')
        with tf.variable_scope('Branch_1'):
            #17×17×128
            tower_conv1_0 = slim.conv2d(net, 128, 1, scope='Conv2d_0a_1x1')
            #17×17×128
            tower_conv1_1 = slim.conv2d(tower_conv1_0, 128, [1, 7],
                                        scope='Conv2d_0b_1x7')
            #17×17×128
            tower_conv1_2 = slim.conv2d(tower_conv1_1, 128, [7, 1],
                                        scope='Conv2d_0c_7x1')
        #17×17×256
        mixed = tf.concat([tower_conv, tower_conv1_2], 3)
```

```
            #17×17×896
            up = slim.conv2d(mixed, net.get_shape()[3], 1, normalizer_fn=None,activation_fn=None,
                scope='Conv2d_1x1')
            net += scale * up
            if activation_fn:
                net = activation_fn(net)
        return net
#10×Inception-ResNet-B
net = slim.repeat(net, 10, block17, scale=0.10)
end_points['Mixed_6b'] = net
```

Reduction-B 模块的输入为 17×17×896，输出为 8×8×1792，对应的代码如下：

```
def reduction_b(net):
    with tf.variable_scope('Branch_0'):
        #17×17×256
        tower_conv = slim.conv2d(net, 256, 1, scope='Conv2d_0a_1x1')
        #8×8×384
        tower_conv_1 = slim.conv2d(tower_conv, 384, 3, stride=2,
                                   padding='VALID', scope='Conv2d_1a_3x3')
    with tf.variable_scope('Branch_1'):
        #17×17×256
        tower_conv1 = slim.conv2d(net, 256, 1, scope='Conv2d_0a_1x1')
        #8×8×256
        tower_conv1_1 = slim.conv2d(tower_conv1, 256, 3, stride=2,
                                    padding='VALID', scope='Conv2d_1a_3x3')
    with tf.variable_scope('Branch_2'):
        #17×17×256
        tower_conv2 = slim.conv2d(net, 256, 1, scope='Conv2d_0a_1x1')
        #17×17×256
        tower_conv2_1 = slim.conv2d(tower_conv2, 256, 3,
                                    scope='Conv2d_0b_3x3')
        #8×8×256
        tower_conv2_2 = slim.conv2d(tower_conv2_1, 256, 3, stride=2,
                                    padding='VALID', scope='Conv2d_1a_3x3')
    with tf.variable_scope('Branch_3'):
        #8×8×896
        tower_pool = slim.max_pool2d(net, 3, stride=2, padding='VALID',
                                     scope='MaxPool_1a_3x3')
    #8×8×1792
    net = tf.concat([tower_conv_1, tower_conv1_1,
                     tower_conv2_2, tower_pool], 3)
    return net
#Reduction-B
with tf.variable_scope('Mixed_7a'):
      net = reduction_b(net)
end_points['Mixed_7a'] = net
```

Inception-ResNet-C 结构重复 5 次。其输入为 8×8×1792，输出为 8×8×1792，对应的代码如下：

```
#Inception-ResNet-C
def block8(net, scale=1.0, activation_fn=tf.nn.relu, scope=None, reuse=None):
    """构建 8×8 ResNet 块"""
    with tf.variable_scope(scope, 'Block8', [net], reuse=reuse):
        with tf.variable_scope('Branch_0'):
            #8×8×192
            tower_conv = slim.conv2d(net, 192, 1, scope='Conv2d_1x1')
        with tf.variable_scope('Branch_1'):
            #8×8×192
            tower_conv1_0 = slim.conv2d(net, 192, 1, scope='Conv2d_0a_1x1')
            #8×8×192
            tower_conv1_1 = slim.conv2d(tower_conv1_0, 192, [1, 3],
                                        scope='Conv2d_0b_1x3')
            #8×8×192
            tower_conv1_2 = slim.conv2d(tower_conv1_1, 192, [3, 1],
                                        scope='Conv2d_0c_3x1')
        #8×8×384
        mixed = tf.concat([tower_conv, tower_conv1_2], 3)
        #8×8×1792
        up = slim.conv2d(mixed, net.get_shape()[3], 1, normalizer_fn=None,activation_fn=None, scope=
            'Conv2d_1x1')
        #scale=0.20
        net += scale * up
        if activation_fn:
            net = activation_fn(net)
    return net
#5×Inception-ResNet-C
net = slim.repeat(net, 5, block8, scale=0.20)
end_points['Mixed_8a'] = net
```

3）模型训练

模型的训练是通过损失函数来不断调整模型参数的，以使模型的预测精度不断提高。本实验采用 softmax 结合中心损失的方法进行参数的优化，可以让训练出的特征具有内聚性。

计算中心损失的代码如下：

```
#添加中心损失
if args.center_loss_factor > 0.0:
    prelogits_center_loss, _ = facenet.center_loss(prelogits, label_batch, args.center_loss_alfa, nrof_ classes)
    tf.add_to_collection(tf.GraphKeys.REGULARIZATION_LOSSES, prelogits_center_loss * args.center_
      loss_factor)
```

使用 train_softmax 训练人脸识别模型，其本质是使用中心损失来训练模型，但单独使用中心损失的效果不好，必须和 softmax 损失配合使用。配合使用的代码如下：

```
cross_entropy = tf.nn.sparse_softmax_cross_entropy_with_logits(labels=label_batch, logits=logits, name=
```

```
'cross_entropy_per_example'
    cross_entropy_mean = tf.reduce_mean(cross_entropy, name='cross_entropy')
    tf.add_to_collection('losses', cross_entropy_mean)
    #计算全部损失
    regularization_losses = tf.get_collection(tf.GraphKeys.REGULARIZATION_LOSSES)
    total_loss = tf.add_n([cross_entropy_mean] + regularization_losses, name='total_loss')
```

计算完损失后，就可以进行模型训练，这里调用 facenet 下的 train()方法，代码如下：

```
    train_op = facenet.train(total_loss, global_step, args.optimizer,learning_rate, args.moving_average_decay,
              tf.global_variables(), args.log_histograms
```

train()方法的具体定义如下：

```
def train(total_loss, global_step, optimizer, learning_rate, moving_average_decay, update_gradient_vars,
        log_histograms=True):
        #生成所有损失的移动平均值和相关汇总
        loss_averages_op = _add_loss_summaries(total_loss)
        #计算坡度
        with tf.control_dependencies([loss_averages_op]):
            if optimizer == 'ADAGRAD':
                opt = tf.train.AdagradOptimizer(learning_rate)
            elif optimizer == 'ADADELTA':
                opt = tf.train.AdadeltaOptimizer(learning_rate, rho=0.9, epsilon=1e-6)
            elif optimizer == 'ADAM':
                opt = tf.train.AdamOptimizer(learning_rate, beta1=0.9, beta2=0.999, epsilon=0.1)
            elif optimizer == 'RMSPROP':
                opt = tf.train.RMSPropOptimizer(learning_rate, decay=0.9, momentum=0.9, epsilon=1.0)
            elif optimizer == 'MOM':
                opt = tf.train.MomentumOptimizer(learning_rate, 0.9, use_nesterov=True)
            else:
                raise ValueError('Invalid optimization algorithm')
            grads = opt.compute_gradients(total_loss, update_gradient_vars)
        #应用坡度
        apply_gradient_op = opt.apply_gradients(grads, global_step=global_step)
        #为可训练变量添加直方图
        if log_histograms:
            for var in tf.trainable_variables():
                tf.summary.histogram(var.op.name, var)
        #为渐变添加直方图
        if log_histograms:
            for grad, var in grads:
                if grad is not None:
                    tf.summary.histogram(var.op.name + '/gradients', grad)
        #跟踪所有可训练变量的移动平均值
        variable_averages = tf.train.ExponentialMovingAverage(
            moving_average_decay, global_step)
        variables_averages_op = variable_averages.apply(tf.trainable_variables())
        with tf.control_dependencies([apply_gradient_op, variables_averages_op]):
```

```
            train_op = tf.no_op(name='train')
        return train_op
```

人脸识别需要使用 GPU 进行运算，GPU 的配置和变量初始化的代码如下：

```
gpu_options = tf.GPUOptions(per_process_gpu_memory_fraction=args.gpu_memory_fraction)
sess = tf.Session(config=tf.ConfigProto(gpu_options=gpu_options,log_device_placement=False))
sess.run(tf.global_variables_initializer())
sess.run(tf.local_variables_initializer())
summary_writer = tf.summary.FileWriter(log_dir, sess.graph)
coord = tf.train.Coordinator()
tf.train.start_queue_runners(coord=coord, sess=sess)
```

准备工作准备完毕后，就可以定义模型训练的 train()函数：

```
def train(args, sess, epoch, image_list, label_list, index_dequeue_op, enqueue_op, image_paths_ placeholder,
        labels_placeholder, learning_rate_placeholder, phase_train_placeholder, batch_size_placeholder,
        control_placeholder, step, loss, train_op, summary_op, summary_writer, reg_losses, learning_
        rate_schedule_file, stat, cross_entropy_mean, accuracy, learning_rate, prelogits, prelogits_center_
        loss, random_rotate, random_crop, random_flip, prelogits_norm, prelogits_hist_max, use_fixed_
        image_standardization):
    batch_number = 0
    #学习率大于零
    if args.learning_rate > 0.0:
        #获取入参的学习率
        lr = args.learning_rate
    else:
        #获取配置文件的学习率
        lr = facenet.get_learning_rate_from_file(learning_rate_schedule_file, epoch)

if lr <= 0:
    return False
#读取队列生成的索引，根据索引选取出 image_epoch 和 label_epoch
index_epoch = sess.run(index_dequeue_op)
label_epoch = np.array(label_list)[index_epoch]
image_epoch = np.array(image_list)[index_epoch]
#将变量的维度由(N,)变为(N,1)，最后将训练数据送入 image_paths_placeholder 和 labels_placeholder 中
labels_array = np.expand_dims(np.array(label_epoch),1)
image_paths_array = np.expand_dims(np.array(image_epoch),1)
control_value = facenet.RANDOM_ROTATE * random_rotate + facenet.RANDOM_CROP * random_
crop + facenet.RANDOM_FLIP * random_flip + facenet.FIXED_STANDARDIZATION * use_fixed_image_
standardization
control_array = np.ones_like(labels_array) * control_value
#每次执行 enqueue_op 都会读取该批次的图像和标签的相关数据
sess.run(enqueue_op, {image_paths_placeholder: image_paths_array, labels_placeholder: labels_array,
control_placeholder: control_array})
#循环训练
train_time = 0
while batch_number < args.epoch_size:
```

```
        #获取当前时间
        start_time = time.time()
        feed_dict = {learning_rate_placeholder: lr, phase_train_placeholder:True, batch_size_placeholder:
                     args.batch_size}
        tensor_list = [loss, train_op, step, reg_losses, prelogits, cross_entropy_mean, learning_rate, prelogits_
                       norm, accuracy, prelogits_center_loss]
        #如果 batch_number 为 100 的整数倍
        if batch_number % 100 == 0:
            loss_, _, step_, reg_losses_, prelogits_, cross_entropy_mean_, lr_, prelogits_norm_, accuracy_,
            center_loss_, summary_str = sess.run(tensor_list + [summary_op], feed_dict=feed_dict)
            #将训练过程数据保存在指定的文件中
            summary_writer.add_summary(summary_str, global_step=step_)
        else:
            loss_, _, step_, reg_losses_, prelogits_, cross_entropy_mean_, lr_, prelogits_norm_, accuracy_,
            center_loss_ = sess.run(tensor_list, feed_dict=feed_dict)
        #获取持续时间
        duration = time.time() - start_time
        #损失度、学习效率、准确率
        stat['loss'][step_-1] = loss_
        stat['center_loss'][step_-1] = center_loss_
        stat['reg_loss'][step_-1] = np.sum(reg_losses_)
        stat['xent_loss'][step_-1] = cross_entropy_mean_
        stat['prelogits_norm'][step_-1] = prelogits_norm_
        stat['learning_rate'][epoch-1] = lr_
        stat['accuracy'][step_-1] = accuracy_
        stat['prelogits_hist'][epoch-1,:] += np.histogram(np.minimum(np.abs(prelogits_), prelogits_hist_max),
                                             bins=1000, range=(0.0, prelogits_hist_max))[0]
        #获取持续时间
        duration = time.time() - start_time
        print('Epoch: [%d][%d/%d]\tTime %.3f\tLoss %2.3f\tXent %2.3f\tRegLoss %2.3f\tAccuracy %2.3f\
            tLr %2.5f\tCl %2.3f' % (epoch, batch_number+1, args.epoch_size, duration, loss_, cross_entropy_
            mean_, np.sum(reg_ losses_), accuracy_, lr_, center_loss_))
        batch_number += 1
        train_time += duration
    #形成损失评估报告
    summary = tf.Summary()
    summary.value.add(tag='time/total', simple_value=train_time)
    #将训练过程数据保存在指定的文件中
    summary_writer.add_summary(summary, global_step=step_)
    return True
```

模型训练执行的脚本代码如下：

```
python train_softmax.py \
    --logs_base_dir ./logs/facenet/ \ #把训练日志保存到./logs/facenet/下，运行时会在./logs/facenet/文
                                      #件夹下新建一个以当前时间命名的目录
    --models_base_dir ./models/facenet/ \ #运行时同样新建一个以当前时间命名的目录，保存训练好
                                          #的模型
```

```
--data_dir ./data/CASIA_Web_Face_mtcnnpy_182 \ #训练数据的位置
--image_size 160 \#输入网络图片的大小是 160 像素×160 像素
--model_def models.inception_resnet_v1 \ #比较关键的参数，指定训练的 CNN 结构为 inception_
                                         #resnet_v1，项目支持的所有 CNN 结构在 src/models 目录下
--lfw_dir ./data/lfw_mtcnnpy_160 \ #指定 LFW 数据集的位置
--optimizer ADAM \#指定使用的优化方法
--learning_rate -1 \#学习率，这里指定为负数，则此项设置在代码运行时将被忽略，程序会按照
                #后面的 learning_rate_schedule_ classifier_casia.txt 参数规划学习率
--max_nrof_epochs 80 \ #最多跑 180 个 epoch
--keep_probability 0.8 \ #Dropout 被保持的概率
--random_crop \ #数据增强时会进行随机裁剪
--random_flip \  #数据增强时会进行随机翻转
--learning_rate_schedule_file data/learning_rate_schedule_classifier_casia.txt \
#该文件内容如下：
#学习率表
#将 epcoh 数映射到学习率
#0:0.1
#65:0.01
#77:0.001
#1000:0.0001
#也就是说在开始时一直使用 0.1 作为学习率，而运行到第 65 个 epoch 时使用 0.01 作为学习率
#运行第 77 个 epoch 时使用 0.001 作为学习率。由于共运行了 80 个 epoch，因此最后的 1000:
#0.0001 实际不会生效
--weight_decay 5e-5 \      #所有变量的正则化系数
--center_loss_factor 1e-2 \ #中心损失和 softmax 损失的平衡参数
--center_loss_alfa 0.9 \      #中心损失的内部参数
```

训练中使用 GPU 资源，型号为 GRID P100C-6Q，CPU 型号为 E5-2620。在代码中进行动态显存的配置，训练过程中资源消耗率约为 5%，时长约为 7min，具体配置代码如下：

```
config = tf.ConfigProto(allow_soft_placement=False, log_device_placement=False)
config.gpu_options.allow_growth = True
```

训练结束后，在 facenet-master/models/facenet 文件夹下会生成一个以时间戳命名的文件夹，里面有 4 个文件，文件名为：20180402-114759.pb、model-20180402-114759.ckpt-275.data-00000-of-00001model-20180402-114759.ckpt-275.index、model-20180402-114759.meta、model-20180402-114759.ckpt-275.index。

4）模型测试

模型测试使用 LFW 数据集，该数据集有 13 233 张人脸图片，每张图片的大小为 250 像素×250 像素，共计 5749 人。

模型测试使用 facenet/data/pairs.txt 文件作为基准，对训练出的模型进行性能评估，pairs.txt 中的数据有两种情况。

第一种情况是如每行只有 3 个字符串（如 Abel_Pacheco 1 4），则第一个字符串就是文件夹名，也就是人名，第二个和第三个数字与第一个字符串分别组成该文件夹下的两张图片名。这两张图片是同一个人脸，所以用 issame=True 标记。

第二种情况是每行 4 个字符串（如 Robert_Downey_Jr 1 Tommy_Shane_Steiner 1），第一

个和第三个字符串是两个不同的人名，第二个和第四个数字则分别对应这两个人名对应文件夹下的图片，通过对比两张图片的路径是否相同，来判断是否为同一个人，进而得出模型准确度。

在进行模型测试时，首先读取 pairs.txt 文件，代码如下：

```
def read_pairs(pairs_filename):
    pairs = []
    #打开文件
    with open(pairs_filename, 'r') as f:
        #一行一行地读，忽略第一行
        for line in f.readlines()[1:]:
            #以空格为分隔符，将每行的字符串分开
            pair = line.strip().split()
            #append 到 pairs 列表里
            pairs.append(pair)
    #转成 Numpy 数组
    return np.array(pairs)
```

然后创建 evaluate()函数，代码如下：

```
def evaluate(sess, enqueue_op, image_paths_placeholder, labels_placeholder, phase_train_placeholder,
        batch_size_placeholder, control_placeholder, embeddings, labels, image_paths, actual_issame,
        batch_size, nrof_folds, distance_metric, subtract_mean, use_flipped_images, use_fixed_
        image_standardization):
    print('Runnning forward pass on LFW images')

#pairs.txt 的每一行都有两张图片，而每张图片都要计算 embedding，所以这里要乘以 2
nrof_embeddings = len(actual_issame)*2   #nrof_pairs×nrof_images_per_pair
#如果翻转图片，则图片数量会增加一倍；否则，图片数量不增加
nrof_flips = 2 if use_flipped_images else 1
nrof_images = nrof_embeddings * nrof_flips
#保存标签
labels_array = np.expand_dims(np.arange(0,nrof_images),1)
#保存图片路径
image_paths_array = np.expand_dims(np.repeat(np.array(image_paths),nrof_flips),1)
#保存数据到 control_array 中
control_array = np.zeros_like(labels_array, np.int32)
if use_fixed_image_standardization:
    control_array += np.ones_like(labels_array)*facenet.FIXED_STANDARDIZATION
#是否翻转图片
if use_flipped_images:
    control_array += (labels_array % 2)*facenet.FLIP
#将数据塞进队列中
sess.run(enqueue_op, {image_paths_placeholder: image_paths_array, labels_placeholder: labels_array,
      control_placeholder: control_array})
embedding_size = int(embeddings.get_shape()[1])
```

```
#LFW 图片的数量必须是 LFW batch_size 的整数倍
assert nrof_images % batch_size == 0,
nrof_batches = nrof_images # batch_size
emb_array = np.zeros((nrof_images, embedding_size))
lab_array = np.zeros((nrof_images,))
#批量计算 embeddings 和 labels
for i in range(nrof_batches):
    feed_dict = {phase_train_placeholder:False, batch_size_placeholder:batch_size}
    emb, lab = sess.run([embeddings, labels], feed_dict=feed_dict)
    lab_array[lab] = lab
    emb_array[lab, :] = emb
    if i % 10 == 9:
        print('.', end='')
        sys.stdout.flush()
print('')
embeddings = np.zeros((nrof_embeddings, embedding_size*nrof_flips))
if use_flipped_images:
    #嵌入翻转和非翻转图像
     embeddings[:,:embedding_size] = emb_array[0::2,:]
     embeddings[:,embedding_size:] = emb_array[1::2,:]
else:
     embeddings = emb_array
assert np.array_equal(lab_array, np.arange(nrof_images))==True, 'Wrong labels used for evaluation,
     possibly caused by training examples left in the input pipeline'
#计算准确率， distance_metric 为距离的计算方法，0 为欧几里德法，1 为余弦相似度法
tpr, fpr, accuracy, val, val_std, far = lfw.evaluate(embeddings, actual_issame, nrof_folds=nrof_folds,
    distance_metric=distance_metric, subtract_mean=subtract_mean)
print('Accuracy: %2.5f+-%2.5f' % (np.mean(accuracy), np.std(accuracy)))
print('Validation rate: %2.5f+-%2.5f @ FAR=%2.5f' % (val, val_std, far))
#计算曲线下的面积
auc = metrics.auc(fpr, tpr)
print('Area Under Curve (AUC): %1.3f' % auc)
eer = brentq(lambda x: 1. - x - interpolate.interp1d(fpr, tpr)(x), 0., 1.)
print('Equal Error Rate (EER): %1.3f' % eer)
```

执行如下代码进行模型的准确率评估：

```
python src/validate_on_lfw.py \
datasets/lfw/lfw_mtcnnpy_160 \       #已经预处理的数据集路径
models/facenet/20180402-114759 \    #下载的模型的路径
--distance_metric 1                  #距离度量
--use_flipped_images                 #查看翻转效果
--subtract_mean                      #减去均值
--use_fixed_image_standardization    #采用固定值归一化
```

模型最终的准确率达到了 99%以上，其测试结果如图 5-20 所示。

```
totalMemory: 6.00GiB freeMemory: 5.30GiB
2020-07-30 16:17:47.394467: I tensorflow/core/common_runtime/gpu/gpu_device.cc:1512] Adding visible gpu devices: 0
2020-07-30 16:17:47.395226: I tensorflow/core/common_runtime/gpu/gpu_device.cc:984] Device interconnect StreamExecutor with strength 1 edge matrix:
2020-07-30 16:17:47.395289: I tensorflow/core/common_runtime/gpu/gpu_device.cc:990]      0
2020-07-30 16:17:47.395340: I tensorflow/core/common_runtime/gpu/gpu_device.cc:1003] 0:   N
2020-07-30 16:17:47.395462: I tensorflow/core/common_runtime/gpu/gpu_device.cc:1115] Created TensorFlow device (/job:localhost/replica:0/task:0/device:GPU:0 with 5126 MB memory) -> physical GPU (device: 0
, name: GRID P100C-6Q, pci bus id: 0000:02:01.0, compute capability: 6.0)
WARNING:tensorflow:From /home/ubuntu/anaconda3/lib/python3.6/site-packages/tensorflow/python/ops/control_flow_ops.py:423: colocate_with (from tensorflow.python.framework.ops) is deprecated and will be rem
oved in a future version.
Instructions for updating:
Colocations handled automatically by placer.
WARNING:tensorflow:From /home/ubuntu/facenet-master/src/facenet.py:113: py_func (from tensorflow.python.ops.script_ops) is deprecated and will be removed in a future version.
Instructions for updating:
tf.py_func is deprecated in TF V2. Instead, use
    tf.py_function, which takes a python function which manipulates tf eager
    tensors instead of numpy arrays. It's easy to convert a tf eager tensor to
    an ndarray (just call tensor.numpy()) but having access to eager tensors
    means `tf.py_function`s can use accelerators such as GPUs as well as
    being differentiable using a gradient tape.

WARNING:tensorflow:From /home/ubuntu/anaconda3/lib/python3.6/site-packages/tensorflow/python/ops/image_ops_impl.py:1241: div (from tensorflow.python.ops.math_ops) is deprecated and will be removed in a fu
ture version.
Instructions for updating:
Deprecated in favor of operator or tf.math.divide.
WARNING:tensorflow:From /home/ubuntu/facenet-master/src/facenet.py:136: batch_join (from tensorflow.python.training.input) is deprecated and will be removed in a future version.
Instructions for updating:
Queue-based input pipelines have been replaced by `tf.data`. Use `tf.data.Dataset.interleave(...).batch(batch_size)` (or `padded_batch(...)` if `dynamic_pad=True`).
WARNING:tensorflow:From /home/ubuntu/anaconda3/lib/python3.6/site-packages/tensorflow/python/training/input.py:736: QueueRunner.__init__ (from tensorflow.python.training.queue_runner_impl) is deprecated a
nd will be removed in a future version.
Instructions for updating:
To construct input pipelines, use the `tf.data` module.
WARNING:tensorflow:From /home/ubuntu/anaconda3/lib/python3.6/site-packages/tensorflow/python/training/input.py:736: add_queue_runner (from tensorflow.python.training.queue_runner_impl) is deprecated and w
ill be removed in a future version.
Instructions for updating:
To construct input pipelines, use the `tf.data` module.
WARNING:tensorflow:From /home/ubuntu/anaconda3/lib/python3.6/site-packages/tensorflow/python/training/input.py:823: to_float (from tensorflow.python.ops.math_ops) is deprecated and will be removed in a fu
ture version.
Instructions for updating:
Use tf.cast instead.
Model directory: models/facenet/20180402-114759
Metagraph file: model-20180402-114759.meta
Checkpoint file: model-20180402-114759.ckpt-275
2020-07-30 16:17:50.354636: W tensorflow/core/graph/graph_constructor.cc:1272] Importing a graph with a lower producer version 24 into an existing graph with producer version 27. Shape inference will have
 run different parts of the graph with different producer versions.
WARNING:tensorflow:From /home/ubuntu/anaconda3/lib/python3.6/site-packages/tensorflow/python/training/saver.py:1266: checkpoint_exists (from tensorflow.python.training.checkpoint_management) is deprecated
 and will be removed in a future version.
Instructions for updating:
Use standard file APIs to check for files with this prefix.
WARNING:tensorflow:From src/validate_on_lfw.py:79: start_queue_runners (from tensorflow.python.training.queue_runner_impl) is deprecated and will be removed in a future version.
Instructions for updating:
To construct input pipelines, use the `tf.data` module.
Runnning forward pass on LFW images
2020-07-30 16:18:08.862822: I tensorflow/stream_executor/dso_loader.cc:152] successfully opened CUDA library libcublas.so.10.0 locally
............................................................................................................................................................................................................
....................................
Accuracy: 0.99550+-0.00342
Validation rate: 0.98600+-0.00975 @ FAR=0.00100
Area Under Curve (AUC): 1.000
Equal Error Rate (EER): 0.004
2020-07-30 16:20:40.380223: W tensorflow/core/kernels/queue_base.cc:277] _2_input_producer: Skipping cancelled enqueue attempt with queue not closed
2020-07-30 16:20:40.381619: W tensorflow/core/kernels/queue_base.cc:285] _1_FIFOQueueV2: Skipping cancelled dequeue attempt with queue not closed
2020-07-30 16:20:40.381639: W tensorflow/core/kernels/queue_base.cc:285] _1_FIFOQueueV2: Skipping cancelled dequeue attempt with queue not closed
2020-07-30 16:20:40.383240: W tensorflow/core/kernels/queue_base.cc:285] _1_FIFOQueueV2: Skipping cancelled dequeue attempt with queue not closed
2020-07-30 16:20:40.383260: W tensorflow/core/kernels/queue_base.cc:285] _1_FIFOQueueV2: Skipping cancelled dequeue attempt with queue not closed
2020-07-30 16:20:40.383268: W tensorflow/core/kernels/queue_base.cc:285] _1_FIFOQueueV2: Skipping cancelled dequeue attempt with queue not closed
2020-07-30 16:20:40.383276: W tensorflow/core/kernels/queue_base.cc:285] _1_FIFOQueueV2: Skipping cancelled dequeue attempt with queue not closed
2020-07-30 16:20:40.383641: W tensorflow/core/kernels/queue_base.cc:285] _1_FIFOQueueV2: Skipping cancelled dequeue attempt with queue not closed
2020-07-30 16:20:40.383659: W tensorflow/core/kernels/queue_base.cc:285] _1_FIFOQueueV2: Skipping cancelled dequeue attempt with queue not closed
ubuntu@gpu4:~/facenet-master$
```

图 5-20　模型的测试结果

5.5　实验——无人驾驶中的目标检测

1. 实验目的

（1）了解目标检测算法在无人驾驶中的应用。

（2）了解 Mask R-CNN 模型的结构和原理。

（3）使用 Mask R-CNN 模型对无人驾驶中的车辆、行人进行目标检测。

2. 实验背景

目标检测是指利用图像处理与模式识别等领域的理论和方法，检测出图像中存在的目标对象，确定这些目标对象的语义类别，并标定出目标对象在图像中的位置。通常，我们对图像中的目标对象（如人和物）标示矩形框，如图 5-21 所示。

图 5-21　目标检测

这几年无人驾驶汽车技术正在如火如荼地发展，如百度的阿波罗无人驾驶技术、Google 的 Waymo 无人驾驶技术、Uber 的无人驾驶技术等，这些技术不可或缺地需要应用目标检测技术。

3. 实验原理

Mask R-CNN 模型是一种基于候选区域的目标检测算法，训练后可以检测无人驾驶场景中的车辆、行人等目标。

4. 实验环境

本实验使用的系统软件包的版本为 Ubuntu16.04、Python3.6.5、TensorFlow-GPU2.3.1、Protocol Buffer3.6.0、Numpy1.15.0、Matplotlib3.2.2、Pillow1.0。

5. 实验步骤

本实验基于 TensorFlow Object Detection API 完成，它从 2017 年 7 月 15 日在 GitHub 上发布后，到现在经历了多次发布创新，详细的实验步骤如下。

1）数据准备

首先从 GitHub 上下载 API，并解压到当前目录的 modles 目录下。本实验运行需要使用 Google Protocol Buffer，需要在系统中安装 protoc3.0.0 及其以上版本。

下载完成后使用 protoc 命令编译：

```
protoc object_detection/protos/*.proto --python_out=.
```

2）导入目标检测的 utils 模块

具体代码如下：

```
!pip install tf_slim
sys.path.append("..")
import tf_slim as slim
from object_detection.utils import ops as utils_ops
from object_detection.utils import label_map_util
from object_detection.utils import visualization_utils as vis_util
```

3）下载 Mask R-CNN Inception2018 预训练模型

首先指定要下载预训练模型的名称和地址，代码如下：

```
#拼接模型的名称和下载地址
MODEL_NAME = 'ssd_mobilenet_v1_coco_2018_01_28'
MODEL_FILE = MODEL_NAME + '.tar.gz'
DOWNLOAD_BASE = 'http://download.tensorflow.org/models/object_detection/'
#在模型下载解压后的目录里，有个模型文件 frozen_inference_graph.pb，此文件保存了预训练网络的
#架构
PATH_TO_FROZEN_GRAPH = MODEL_NAME + '/frozen_inference_graph.pb'
#mscoco_label_map.pbtxt 保存了类别和索引的映射关系
PATH_TO_LABELS = os.path.join('data', 'mscoco_label_map.pbtxt')
NUM_CLASSES = 90
```

下载模型：

```
opener = urllib.request.URLopener()
opener.retrieve(DOWNLOAD_BASE + MODEL_FILE, MODEL_FILE)
```

下载后，解压模型到 mask_rcnn_inception_v2_coco_2018_01_28 目录下。代码如下：

```
tar_file = tarfile.open(MODEL_FILE)
for file in tar_file.getmembers():
    file_name = os.path.basename(file.name)
    if 'frozen_inference_graph.pb' in file_name:
        tar_file.extract(file, os.getcwd())
```

4）加载预训练模型到内存中

具体代码如下：

```
detection_graph = tf.Graph()
with detection_graph.as_default():
    od_graph_def = tf.compat.v1.GraphDef()
    with tf.compat.v1.gfile.GFile(PATH_TO_FROZEN_GRAPH, 'rb') as fid:
        serialized_graph = fid.read()
        od_graph_def.ParseFromString(serialized_graph)
        tf.import_graph_def(od_graph_def, name='')
```

其中，tf.Graph()表示获取 TensorFlow 的默认计算图；tf.compat.v1.GraphDef()表示图的序列化版本，它可以由任何 TensorFlow 前端编写的代码来打印、存储和恢复计算图，且其存储

的文件扩展名一般为.pb。

5）加载类别映射

加载类别和索引的映射关系后，可通过对应的索引找到标签类别。例如，索引 1 表示人。加载类别映射代码如下：

```
#加载类别与索引的映射关系
#标签映射将索引映射到类别名称中，因此当卷积网络预测 5 时，我们知道这对应飞机
#这里使用内部 label_map_util 函数来完成映射和对应关系，但任何返回字典的映射索引到适当的字
#符串标签都是可以的
label_map = label_map_util.load_labelmap(PATH_TO_LABELS)
categories = label_map_util.convert_label_map_to_categories(label_map, max_num_classes=NUM_
            CLASSES, use_display_name=True)
category_index = label_map_util.create_category_index(categories)
```

使用如下代码可以输出 category_index 的部分类别，明确检测的目标。

```
i = 0
for k, v in category_index.items():
    print("索引：{} 对应的类别：{}".format(k, v))
    i += 1
    if i == 10:
        break
```

输出如下：

```
索引：1 对应的类别：{'id': 1, 'name': 'person'}
索引：2 对应的类别：{'id': 2, 'name': 'bicycle'}
索引：3 对应的类别：{'id': 3, 'name': 'car'}
索引：4 对应的类别：{'id': 4, 'name': 'motorcycle'}
索引：5 对应的类别：{'id': 5, 'name': 'airplane'}
索引：6 对应的类别：{'id': 6, 'name': 'bus'}
索引：7 对应的类别：{'id': 7, 'name': 'train'}
索引：8 对应的类别：{'id': 8, 'name': 'truck'}
索引：9 对应的类别：{'id': 9, 'name': 'boat'}
索引：10 对应的类别：{'id': 10, 'name': 'traffic light'}
```

6）检测单张图片

首先定义一个函数，将输入的图片转换成 Numpy 三维数组。

```
#定义函数，将输入的图片转换成 Numpy 三维数组
def load_image_into_numpy_array(image):
    (im_width, im_height) = image.size
    return np.array(image.getdata()).reshape(
      (im_height, im_width, 3)).astype(np.uint8)
```

接着定义单张图片检测函数：

```
#定义单张图片检测函数
def run_inference_for_single_image(image, graph):
    #获取计算图
    with graph.as_default():
        #开启一个 TensorFlow 会话
```

```
    with tf.compat.v1.Session() as sess:
        #获取输入和输出张量的句柄
        ops = tf.compat.v1.get_default_graph().get_operations()
        #获取所有张量的名称
        all_tensor_names = {output.name for op in ops for output in op.outputs}
        tensor_dict = {}
        for key in [ 'num_detections', 'detection_boxes', 'detection_scores',
                     'detection_classes', 'detection_masks' ]:
            tensor_name = key + ':0'
            if tensor_name in all_tensor_names:
                    tensor_dict[key] = tf.compat.v1.get_default_graph().get_tensor_by_name
                                    (tensor_name)

        if 'detection_masks' in tensor_dict:
            #下面的过程仅针对单张图片进行处理
            detection_boxes = tf.squeeze(tensor_dict['detection_boxes'], [0])
            detection_masks = tf.squeeze(tensor_dict['detection_masks'], [0])
            #需要使用 reframe 将蒙版从框坐标转换为图像坐标，并使其适合图像的大小
            real_num_detection = tf.cast(tensor_dict['num_detections'][0], tf.int32)
            detection_boxes = tf.slice(detection_boxes, [0, 0], [real_num_detection, -1])
            detection_masks = tf.slice(detection_masks, [0, 0, 0], [real_num_detection, -1, -1])
            detection_masks_reframed = utils_ops.reframe_box_masks_to_image_masks(
                detection_masks, detection_boxes, image.shape[0], image.shape[1])
            detection_masks_reframed = tf.cast(
                tf.greater(detection_masks_reframed, 0.5), tf.uint8)
            #通过添加批量维度来遵循惯例
            tensor_dict['detection_masks'] = tf.expand_dims(detection_masks_reframed, 0)

        image_tensor = tf.compat.v1.get_default_graph().get_tensor_by_name('image_tensor:0')
        #运行目标推理检测，这里是真正的检测
        output_dict = sess.run(tensor_dict, feed_dict={image_tensor: np.expand_dims(image, 0)})
        #所有输出都是 float32 Numpy 数组，因此需要适当地转换类型
        #num_detections 表示检测框的个数
        output_dict['num_detections'] = int(output_dict['num_detections'][0])
        #detection_classes 表示每个框对应的检测类别
        output_dict['detection_classes'] = output_dict['detection_classes'][0].astype(np.uint8)
        #detection_boxes 表示检测到的检测框
        output_dict['detection_boxes'] = output_dict['detection_boxes'][0]
        #detection_scores 表示检测到的检测结果评分
        output_dict['detection_scores'] = output_dict['detection_scores'][0]
        if 'detection_masks' in output_dict:
            output_dict['detection_masks'] = output_dict['detection_masks'][0]
        return output_dict
```

之后准备检测图片：

```
#为了简单性，我们暂且使用两张图，分别是
#image1.jpg
#image2.jpg
#如果要测试自己的图片，可把图片复制到 test_images 目录下
```

```
PATH_TO_TEST_IMAGES_DIR = 'test_images'
TEST_IMAGE_PATHS = [ os.path.join(PATH_TO_TEST_IMAGES_DIR, 'image{}.jpg'.format(i)) for i in
                     range(1, 4) ]
#可视化显示结果时的输出大小，单位：英寸
IMAGE_SIZE = (22, 18)
```

最后遍历图片，检测每张图片上的目标和边缘框。代码如下：

```
%matplotlib auto
for image_path in TEST_IMAGE_PATHS:
    image = Image.open(image_path)
    #将读取到的图像转换成 Numpy 多维数组
    image_np = load_image_into_numpy_array(image)
    #由于模型需要的维度形状是 [1, None, None, 3]，所以需要扩展维度
    image_np_expanded = np.expand_dims(image_np, axis=0)
    #运行目标检测
    output_dict = run_inference_for_single_image(image_np, detection_graph)
    #可视化检测的结果
    vis_util.visualize_boxes_and_labels_on_image_array(
      image_np,
      output_dict['detection_boxes'],
      output_dict['detection_classes'],
      output_dict['detection_scores'],
      category_index,
      instance_masks=output_dict.get('detection_masks'),
      use_normalized_coordinates=True,
      line_thickness=8)
    plt.figure(figsize=IMAGE_SIZE)
    plt.imshow(image_np)
    plt.show()
```

检测结果如图 5-22 所示。

图 5-22　检测结果

至此，我们完成了使用 Mask R-CNN 神经网络模型对目标进行检测。

第6章　图像分割

图像分割是目标检测的进阶任务，目标检测只需要描绘出每个目标的包围盒，而图像分割则需要为图像中的像素分类。

图像分割的应用非常广泛，几乎出现在有关图像处理的所有领域，并涉及各种类型的图像。例如，在卫星遥感图像识别中，合成孔径雷达图像中目标的分割；在医学图像诊断应用中，脑部MR图像分割脑组织和其他组织区域；在交通车牌信息识别中，把车辆目标从背景中分割出来。

本章重点介绍图像分割的定义与应用场景、实现方法和常用数据集，并通过一个实例进行实践。

6.1　定义与应用场景

图像分割技术是计算机视觉领域的重要研究方向之一，通常用于定位图像中所包含的由像素组成的目标和背景，其为图像中每一个像素打标签，划分为同一物体的像素拥有相同的标签，为进一步对图像进行分类、检测和内容理解打下良好的基础。图像分割效果示例如图6-1所示。

图6-1　图像分割效果示例

按照具体分割效果的不同，图像分割可分为语义分割、实例分割和全景分割三种。

（1）语义分割：对图像中每个像素都划分出对应的类别，即实现图像在像素级别上的分类。在开始图像分割处理之前，必须明确语义分割的任务要求，理解语义分割的输入与输出。语义分割近年来大多应用在无人车驾驶技术、医疗影像等分析中进行辅助判断。

（2）实例分割：语义分割只分割目标的类型，而实例分割不仅要分割目标的类型，同时还要为不同实例分割同类型的不同目标。

（3）全景分割：在实例分割的基础之上，还需对图中的所有物体（包括背景）进行检测和分割，并使用不同颜色区分不同实例。全景分割任务要求识别图像中的每个像素点，并且必须给出语义标签和实例编号。其中的语义标签是物体的类别，而实例编号对应的是同类但不同实例的标识。图 6-2 分别展示了多种分割效果示例。

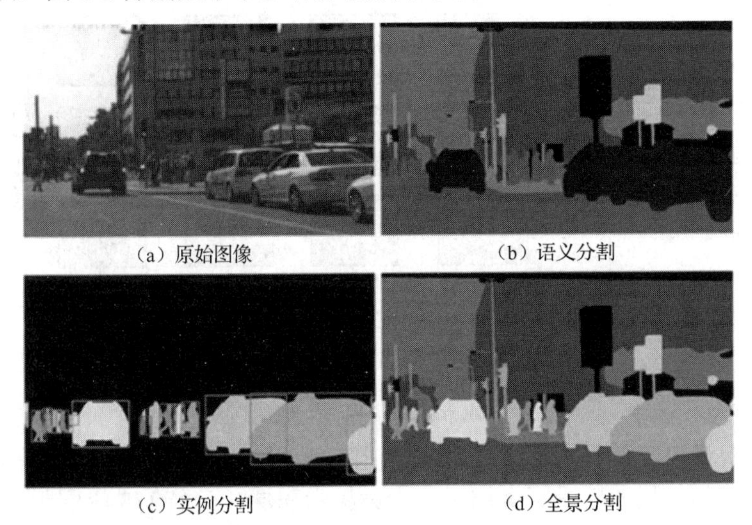
（a）原始图像　（b）语义分割　（c）实例分割　（d）全景分割

图 6-2　多种分割效果示例

图像分割可以提供图片中物体的精确位置信息，常常应用于自动驾驶、场景理解、医学图像检测等相关任务，以提供重要的分析依据和决策支持。例如，在无人驾驶方面，对于摄像机传来的照片进行实时的图像语义分割处理，对于画面中出现的物体和道路情况进行判断，对于画面中的车辆、行人、红绿灯、车道线、斑马线、绿化带、建筑物等进行定位，辅助无人驾驶技术进行决策；在场景理解应用中，对摄像机拍下的图片中出现的物体位置和类别进行分析，从而辅助判断该场景情况；在医学图像中，根据仪器拍出的 X 光片，判断患者的病灶位置及严重程度等，从而减轻医生的诊断工作。

图像语义分割在当前阶段虽然取得了显著的进步，但依然面临很多待解决的问题，如小目标分割不够清楚、多尺度物体分割存在问题、物体边缘信息得不到很好的保留、在分割结果中存在一些噪声点等。

6.2　实现方法

根据实现上技术的不同，图像分割的实现方式可分为基于特征编码的模型、基于区域选择的模型、基于 RNN 的模型、基于上采样/反卷积的模型、基于提高特征分辨率的模型等方法。

6.2.1　基于特征编码的模型

基于特征编码的模型（Feature Encoder Based）使用得比较多的是 VGGNet 和 ResNet 这两种方法。

1．VGGNet

VGGNet 是基于深度卷积神经网络实现的方法，它探索的是卷积神经网络的深度和其性能之间的关系，其中所构建的 16～19 层的卷积神经网络，是通过反复地堆叠 3×3 的小型卷积核和 2×2 的最大池化层形成的。到目前为止，VGGNet 的使用依然广泛，例如，用来提取图像的特征信息等。VGGNet 的结构如图 6-3 所示。

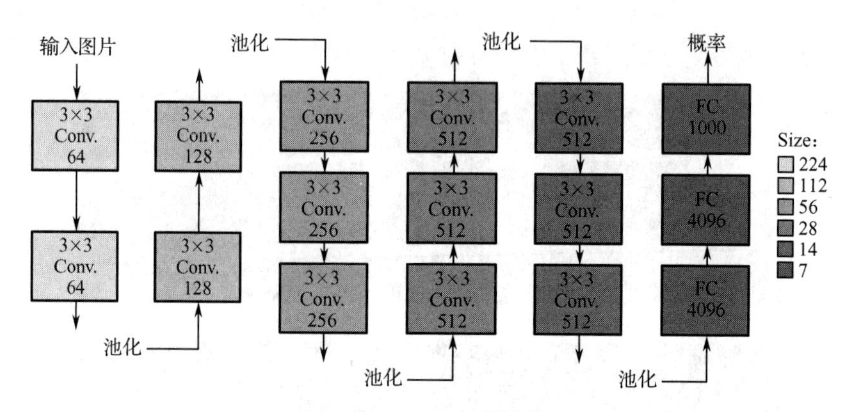

图 6-3　VGGNet 的结构

VGGNet 的优缺点如下：

（1）由于参数量主要集中在最后三个 FC 当中，所以网络加深并不会带来参数爆炸的问题。

（2）多个小核卷积层的感受野等同于一个大核卷积层（三个 3×3 等同于一个 7×7），但是参数量远少于大核卷积层，而且非线性操作也多于后者，使得其学习能力较强。

（3）由于层数多而且最后三个全连接层参数众多，导致其占用了更多的内存（140MB）。

2．ResNet

随着深度学习的应用，出现了一个重要问题，即当学习网络在堆叠到指定深度时，会出现梯度消失的现象，导致误差升高、效果变差，反向传播无法将梯度反馈到前面的网络层，前面网络层的参数难以更新、训练效果变差等。

ResNet 的提出解决了这个问题。ResNet 是图像分割领域中应用最广泛的神经网络方法，它的核心是在网络中引入恒等映射，让原始输入信息直接传到后面层级中，在学习过程中可以只学习上一个网络输出的残差函数 $F(x)$，因此其又被称为残差网络。

ResNet 的优缺点如下：

（1）引入了全新的网络结构（残差学习模块），形成了新的网络结构，可以使网络尽可能加深。

（2）使前馈/反馈传播算法能够顺利进行，网络结构更加简单。

（3）恒等映射的增加基本上不会降低网络的性能。

（4）建设性地解决了网络训练得越深，误差升高、梯度消失越明显的问题。

（5）由于 ResNet 搭建的层数众多，所以需要的训练时间比平常网络的要长。

6.2.2　基于区域选择的模型

在计算机视觉领域，基于区域选择的 R-CNN 系列算法是很常用的算法，它有多个发展阶段：R-CNN、SPP-Net、Fast R-CNN、Faster R-CNN、R-FCN、Mask R-CNN、MS R-CNN。该网络模型的主要流程为：首先使用 Selective Search 算法提取一定数量的候选框，其次通过卷积网络对候选框进行串行的特征提取，再根据提取的特征使用 SVM 对候选框进行分类预测，最后使用回归方法对区域框进行修正。

1）Mask R-CNN

Mask R-CNN 是基于 Faster R-CNN 模型的新型分割模型。在 Mask R-CNN 的工作中，它主要完成了三件事情：目标检测、目标分类、像素级分割，其在 Faster R-CNN 的结构基础上增加了 Mask 预测分支，并且改良了 RoI 池化，提出了 RoI Align。Mask R-CNN 进行图像分割的流程图如图 6-4 所示。

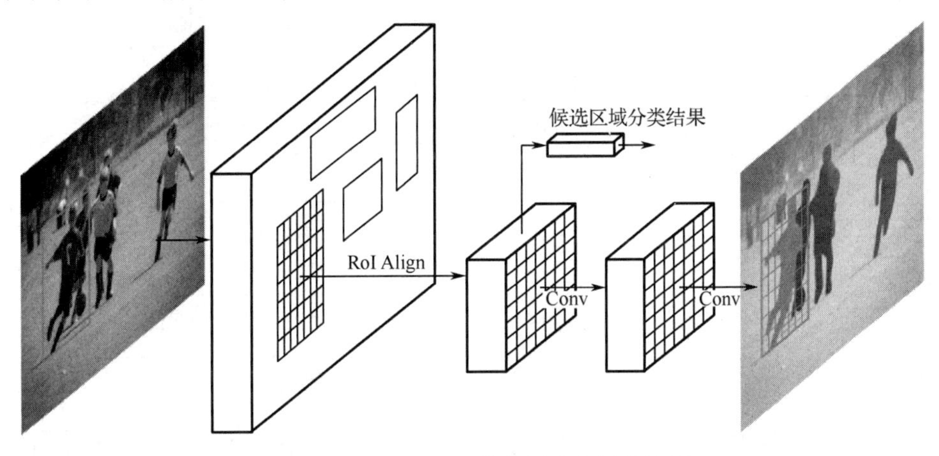

图 6-4　Mask R-CNN 进行图像分割的流程

Mask R-CNN 的优缺点如下：

（1）引入了预测用的 Mask Head，以像素到像素的方式来预测分割掩膜，并且效果很好。

（2）用 RoI Align 替代 RoI 池化，去除了 RoI 池化的粗量化，使得提取的特征与输入对齐良好。

（3）分类框与预测掩膜共享评价函数，虽然大多数时间影响不大，但是有时会对分割结果有所干扰。

2）MS R-CNN

在实例分割任务中，大多数的实例分割框架（包含 Mask R-CNN）都采用实例分类的置信度作为 Mask 质量分数。然而，被量化为 Mask 的实例与其外框之间的 IoU，通常与其分类分数相关性不强。

MS R-CNN（Mask Scoring R-CNN）是在 Mask R-CNN 网络的基础上提出的，它包含一个网络块来学习预测 Mask 的质量，通过在评估过程中优先选择更准确的 Mask 预测，从而校正 Mask 质量。

MaskIoU 是一种直接学习 IoU 的网络，其工作原理是利用预测 Mask 与目标实际 Mask 之间的像素级 IoU 来描述实例分割的质量。一旦在测试阶段得到了预测的 Mask 分数，则可通过将预测的 Mask 分数与分类分数相乘来重新评估 Mask 分数。因此，Mask 分数同时考虑了语义类别和实例 Mask 的完整性。

MS R-CNN 的网络结构如图 6-5 所示，输入图像（Input Image）首先进入 Backbone 网络（Backbone Network），并通过 RPN 输出 RoI，以及通过 RoI Align 输出 RoI 特征。R-CNN Head 和 Mask Head 是 MS R-CNN 的标准组件。为了预测 MaskIoU，我们使用预测的 Mask 和 RoI 特征作为输入。MaskIoU 有 4 个卷积层（kernel-size 均为 3，最后一层使用 stride=2 进行下采样）和 3 个全连接层（最后一层输出 C 类 MaskIoU）。

MS R-CNN 的优点如下：

（1）解决了实例分割评分问题。

（2）MaskIoU Head 非常简单有效。

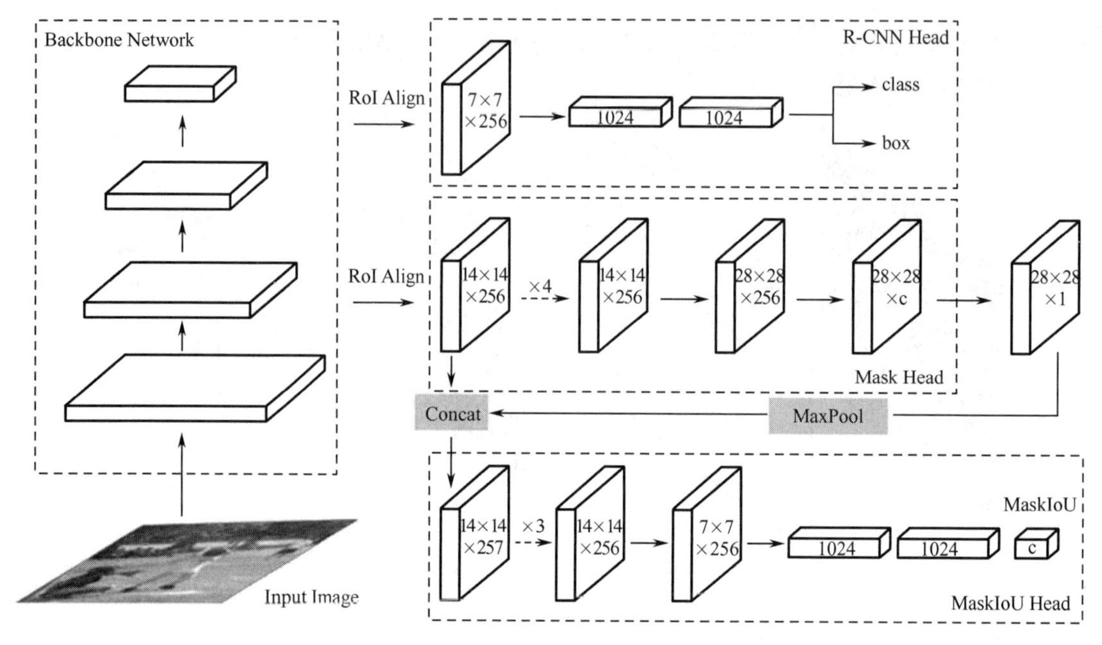

图 6-5 MS R-CNN 的网络结构

6.2.3 基于上采样/反卷积的模型

为了得到更具有价值的特征，卷积神经网络在进行采样时会丢弃部分信息。这个过程是不可逆的，有时候会导致后面进行操作时图像的分辨率太低，出现细节丢失等问题。

通过上采样可以在一定程度上补全一些丢失的信息，从而得到更加准确的分割边界。接下来介绍几个基于上采样（Upsampling）/反卷积（Deconvolution）的分割模型。

1）FCN

FCN 是一个经典的图像分割算法，它对图像进行了像素级的分类，从而解决了语义级别的图像分割问题。很多优秀的分割方法都会利用 FCN 或者其中的一部分作为基础，如 Mask R-CNN。在 FCN 的上采样/反卷积结构中，图片会先进行上采样（扩大像素），其次进行卷积，然后通过学习获得权值。FCN 的预测流程如图 6-6 所示。可见，FCN 将图片卷积后先输出每个像素的预测，然后进行区域预测。

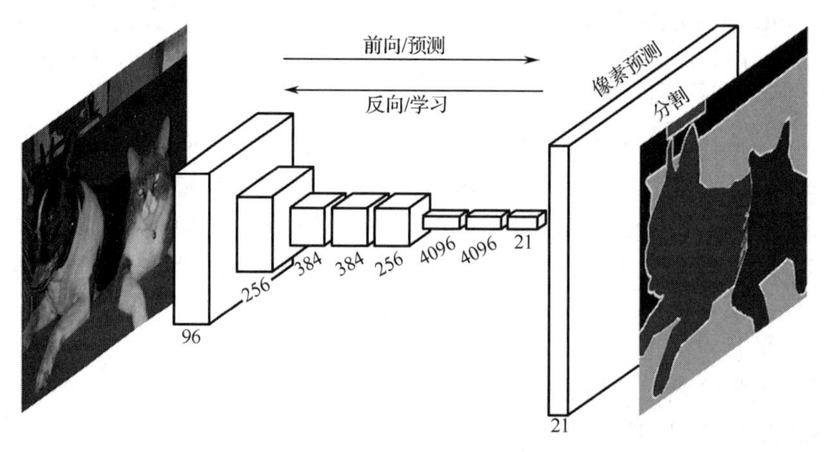

图 6-6 FCN 的预测流程

FCN 将模型中的全连接层全部替换为卷积层，使模型的输出从分类变为分割。它可以接受任意大小的输入图像，可以保留原始输入图像中的空间信息，但是由于上采样的原因得到的结果会比较模糊和平滑，所以其对图像中的细节不敏感。另外，FCN 对各个像素分别进行分类，没有充分考虑像素与像素的关系，缺乏空间一致性。

2）SegNet

SegNet 与 FCN 的设计逻辑十分相似，只是在编码/解码器的实现上稍有不同。SegNet 的解码器使用去池化对特征图进行上采样，并保持高频细节的完整性，而且该编码器不使用全连接层，为轻量级。

3）Unet

Unet 属于 FCN 的一种变体，其设计初衷是解决生物医学图像方面的问题，后来也被广泛地应用在语义分割的各个方向，如卫星图像分割、工业瑕疵检测等。

Unet 网络结构如图 6-7 所示，它是由蓝/白色框与各种颜色的箭头组成的，其外形与英文字母 U 极其相似。U 结构的左侧是由卷积层构成的特征提取部分，与 VGG 类似，一个池化层一个尺度，图中共有 5 个尺度。右侧为上采样部分，每上采样一次，就和对应通道的特征提取部分融合（Concat）。

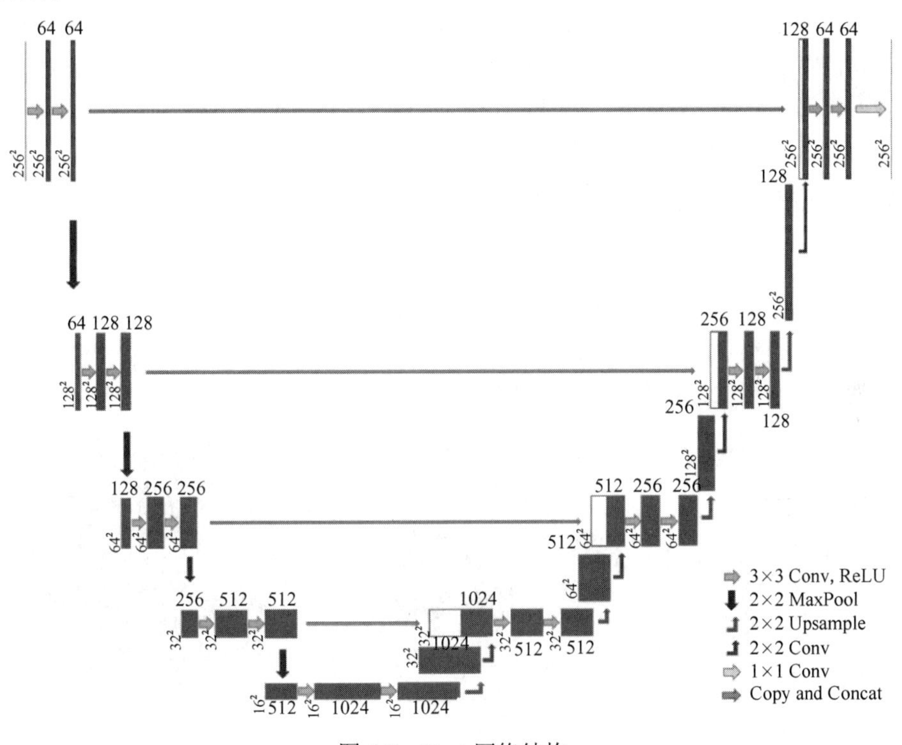

图 6-7　Unet 网络结构

6.2.4　基于 RNN 的模型

循环神经网络（Recurrent Neural Network，RNN）除了在手写和语音识别上表现出色外，在解决计算机视觉的任务上也表现不俗。RNN 是由 LSTM 块组成的网络，它凭借对自序列数据的长期学习和记忆的能力，在许多计算机视觉的任务中表现突出，其中也包括语义分割以及数据标注的任务。接下来介绍几个使用 RNN 结构进行图像分割的模型。

1）ReSeg 模型

ReSeg 模型弥补了 FCN 没有考虑局部或者全局上下文依赖关系的不足，此模型使用 RNN 去检索上下文信息，并以此作为分割的一部分依据。ReSeg 模型结构如图 6-8 所示。

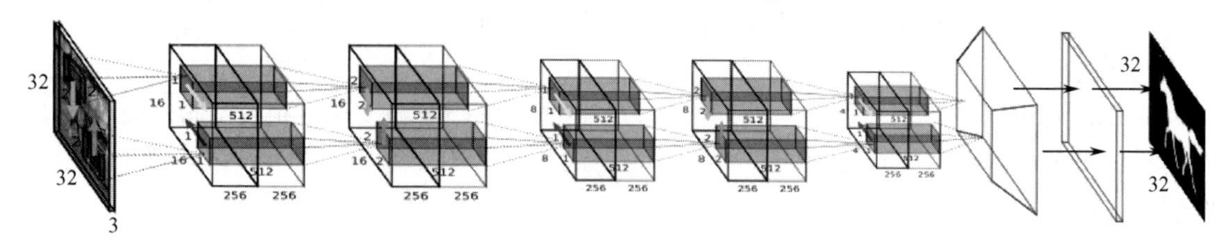

图 6-8　ReSeg 模型结构

ReSeg 整体由两个阶段组成：特征提取阶段使用预训练好的 VGG16 结构得到特征图；解码器阶段使用 ResNet 结构，通过 ResNet 的 BRNN（双向 RNN）联系上下文信息。

ReSeg 的优点是结构高效、灵活，并适用于多种语义分割任务；缺点是只有一个维度，只接受该维度上一个位置的输出。

2）MDRNNs 模型

MDRNNs（Multi-Dimensional Recurrent Neural Networks）模型在一定程度上将 RNN 拓展到多维空间领域，使之在图像处理、视频处理等领域中也能有所表现。它的核心理念是将单个递归连接替换为多个递归连接，在一定程度上解决了时间随数据样本的增加呈指数增长的问题。

相比于卷积网络，MDRNNs 的优点是其像素分类错误率较低，局限是训练时间较长。

6.2.5　基于提高特征分辨率的模型

基于提高特征分辨率的分割方法提升了在深度卷积神经网络中下降的分辨率，目的是获得更有效的上下文信息。该方法的代表为 Google 提出的 DeepLab，如图 6-9 所示。该模型结合了深度卷积神经网络和概率图模型，使用带有空洞的采样方式，在空洞卷积的情况下，加大了感受野，使每个卷积输出都包含较大范围的信息，主要应用在语义分割的任务上。

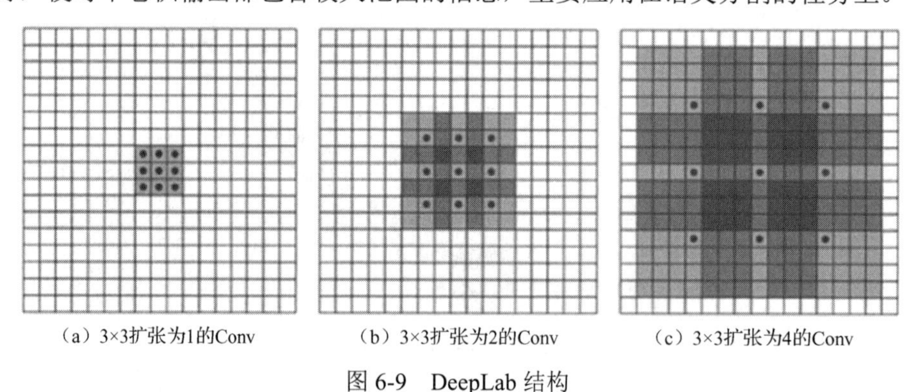

图 6-9　DeepLab 结构

6.3　常用数据集

在深度图像分割领域的实践中，收集并创建一个足够大且具有代表性的应用场景数据集，对于任何基于深度学习的语义分割架构都是极为重要的。深度图像分割常用数据集如表 6-1 所示，该表从数据集的应用场景、类别数目、训练样本集、验证样本集、测试样本集等方面进行了划分。

表 6-1　深度图像分割常用数据集

数　据　集	应　用　场　景	类别数目	训练样本集	验证样本集	测试样本集	年　份
CamVid	驾驶场景	32	361	100	233	2009
SBD	通用场景	21	8498	2857	—	2011
PASCAL VOC 2012	通用场景	21	1464	1449	1452	2012
NYUDv2	室内场景	40	795	654	—	2012
PASCAL VOC 2012+	通用场景	21	10 582	1449	1452	2014
PASCAL Context	通用场景	540	10 103	10 103	9637	2014
PASCAL Part	人体解析	21	10 103	10 103	9637	2014
MS COCO	通用场景	81	82 783	40 504	81 434	2014
Cityscapes(coarse)	城市场景	30	22 973	500	1525	2015
Cityscapes(fine)	城市场景	30	2975	500	1525	2015
SUN-RGBD	室内场景	37	2666	2619	5050	2015
ADE20K_MIT	通用场景	151	20 210	2000	3352	2017

其中，比较常见的语义分割数据集有 PASCAL VOC 2012、MS COCO、Cityscapes。在数据集的选择方面，不同语义分割架构根据应用场景和分割特点的不同，选用的数据集也不同。

Cityscapes 是一个城市景观数据集，主要提供无人驾驶环境下的图像分割数据，用于评估算法在城区场景语义理解方面的性能。该数据集包括 8 大类别 30 种类的标注，其中包含 5000 幅精准标注的图像、20 000 幅标注图像等。Cityscapes 数据集收集来自 50 多个城市，涵盖不同环境、不同背景、不同季节的街道场景。虽然它包含的图像样本数量和类型较少，但图像的分辨率较大，对无人驾驶相关技术具有重大的意义。

6.4　实验——无人驾驶场景感知

1．实验目的

（1）了解 Mask R-CNN 的结构与原理。

（2）使用 Mask R-CNN 对无人驾驶场景进行场景感知的训练和识别。

2．实验背景

在无人驾驶技术中，感知是最基础的部分，没有对车辆周围三维环境的定量感知，就犹如人没有了眼睛，无人驾驶的决策系统就无法正常工作。为了安全与准确的感知，无人驾驶系统使用了多种传感器，其中可视为广义“视觉”的有：超声波雷达、毫米波雷达、激光雷达（LiDAR）和摄像头等。超声波雷达由于反应速度和分辨率的问题主要用于倒车雷达，毫米波雷达和激光雷达承担了主要的中长距测距和环境感知，而摄像头主要用于交通信号灯和其他物体的识别。无人驾驶的感知部分作为计算机视觉的领域范围，也不可避免地成为 CNN 发挥作用的舞台。这里深入介绍 Mask R-CNN 在无人驾驶场景感知的应用。

COCO 数据集是一个大型的、丰富的物体检测、分割和字幕数据集。该数据集以场景理解（Scene Understanding）为目标（主要从复杂的日常场景中截取），图像中的目标都通过精确的分割（Segmentation）进行了位置的标定，图像包括 91 类目标、328 000 幅影像和 2 500 000 个标签（Label）。到目前为止，COCO 模型文件中有语义分割的最大数据集提供的类别有 80

类，有超过 33 万张图片，其中 20 万张有标注，整个数据集中个体的数目超过 150 万个。

3．实验原理

遵循自下而上的原则，我们分别从 Backbone、FPN、RPN、Anchor、RoI Align、classifier、Mask R-CNN 这几个方面来介绍实验原理。

1）Backbone

Backbone 是一系列的卷积层，用于提取图像数据集的特征图，该图像数据集可以是 VGG16、VGG19、GoogleNet、ResNet50、ResNet101 等。

2）FPN

FPN 的提出是为了实现更好的特征图融合，一般的网络都是直接使用最后一层的特征图，虽然最后一层的特征图语义更强，但是其位置和分辨率都比较低，容易检测不到比较小的物体。而 FPN 使用从底层到高层的多个特征图，充分地利用了提取到的各个阶段的特征。

3）RPN

RPN 为区域推荐的网络，用于帮助网络推荐感兴趣的区域，也是 Faster R-CNN 中的重要部分。

4）Anchor

Anchor 英文翻译为锚点、锚框，是用于在特征图的像素点上产生一系列的框，各个框的大小由 scale 和 ratio 这两个参数来确定。如 scale=[128]，ratio=[0.5,1,1.5]，则每个像素点可以产生三个不同大小的框，这三个框是通过 ratio 的值来改变其长宽比而保持框的面积不变，从而产生不同大小的框的。

5）RoI Align

Mask R-CNN 中提出的一个新的思想就是 RoI Align。RoI Align 是在 RoI 池化的基础上优化而来的，RoI 池化结构是为了将原图像的 RoI 映射到固定大小的特征图上，但其会带来边缘像素的缺失。

举例来说，如果我们现在得到了一个特征图，特征图尺寸是 5×7，要求将此区域缩小为 2×2。因为 5/2=2.5 是个非整数，所以此时 RoI 池化结构会对其进行取整的分割，即将“5”分割成“3+2”，将“7”分割成“3+4”，然后取每个区域的最大值作为本区域的值，整个过程如图 6-10 所示。

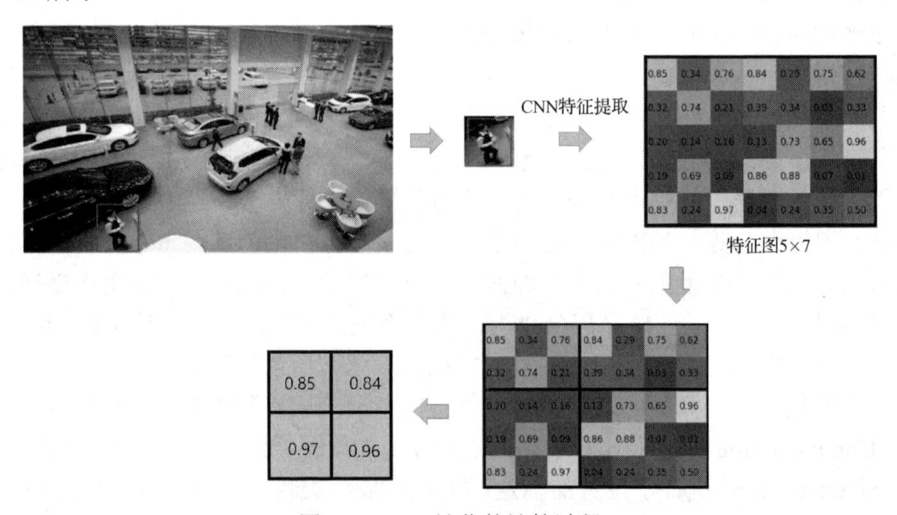

图 6-10　RoI 池化的计算过程

而 RoI Align 的计算过程如图 6-11 所示。其将 5×7 的特征图首先转换成 2×2 个相同规模的范围，在这 4 个模块内部同样进行这样的处理，再细分成 4 个规模相同的区域（图中虚线表示）。然后对于每一个最小的区域（包含不止一个像素点）确定其中心点（第四张图片的“十”字），再使用双线性插值法得到“+”号所在位置的值作为最小格子区域的值。对于每一个小区域（①，②，③，④）都会有 4 个这样的值，取这 4 个值的最大值作为每个小区域（①，②，③，④）的值。这样就可以得到 4 个小区域的 4 个值，作为最终的特征图输出结果。

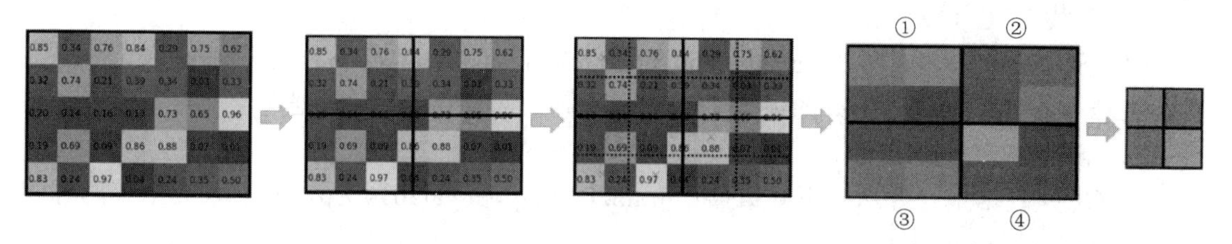

图 6-11　RoI Align 的计算过程

可以看出，RoI Align 的计算结果更能代表原区域。RoI Align 取消了分区时的取整操作，通过双线性插值来得到固定 4 个点坐标的像素值，从而使得不连续的操作变得连续起来，返回到原图时误差也就更小了。

6）classifier

classifier 中包括了物体检测最终的类别（class）和图像框（box）。该部分利用之前检测到的 RoI 进行分类和回归（分别对每一个 RoI 进行）。classifier 的结构如图 6-12 所示。

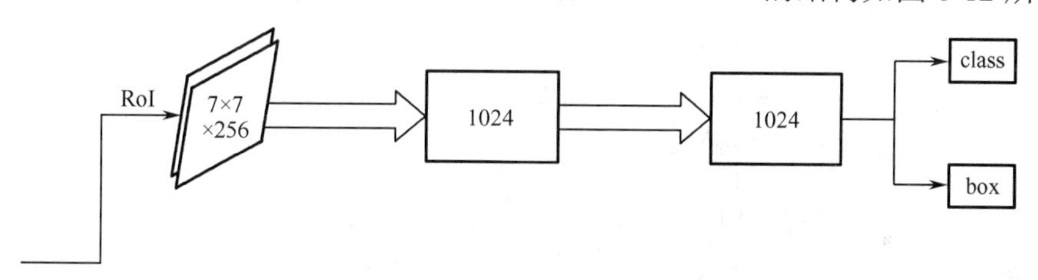

图 6-12　classifier 的结构

7）Mask R-CNN

Mask R-CNN 的预测是在 RoI 之后，通过 FCN 来进行的。注意：这是实现语义分割而不是实例分割。因为每个 RoI 只对应一个物体，对其进行语义分割，相当于实例分割，这也是 Mask R-CNN 与其他分割框架的不同，它是先分类再分割。Mask R-CNN 的结构如图 6-13 所示。

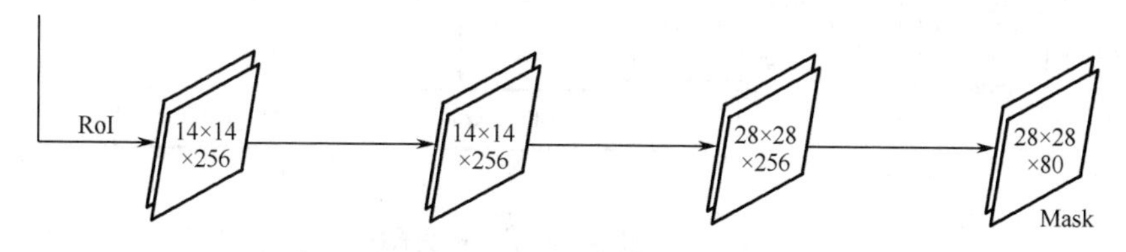

图 6-13　Mask R-CNN 的结构

每一个 RoI 的 Mask R-CNN 都有 80 个类，而 COCO 上的数据集也是 80 个类，这样做可以减弱类别间的竞争，从而得到更好的结果。

该实验使用的 Mask R-CNN 模型的训练和预测是分开的，不是同一个流程。训练时，classifier 和 Mask R-CNN 同时进行；预测时，先得到 classifier 的结果，再把此结果传入 Mask

R-CNN 预测中，有一定的先后顺序。

4. 实验环境

本实验使用的系统和软件包的版本为 Ubuntu16.04、Python3.6.5、TensorFlow1.5、OpenCV3.4.2。

5. 实验步骤

1）数据准备

（1）下载 COCO 模型文件。

首先下载 COCO 模型文件 mask_rcnn_coco.h5。mask_rcnn_coco.h5 是 Mask R-CNN 在 MS COCO 数据集上预先训练好的模型文件，可以基于该模型文件对数据进行学习和预测。

（2）下载 COCO 数据集。

从 COCO 数据集官方网站下载数据集 train2014.zip 和 val2014.zip，并下载数据集的标注文件 annotations_trainval2014.zip。

2）网络设计

网络框架图如图 6-14 所示。

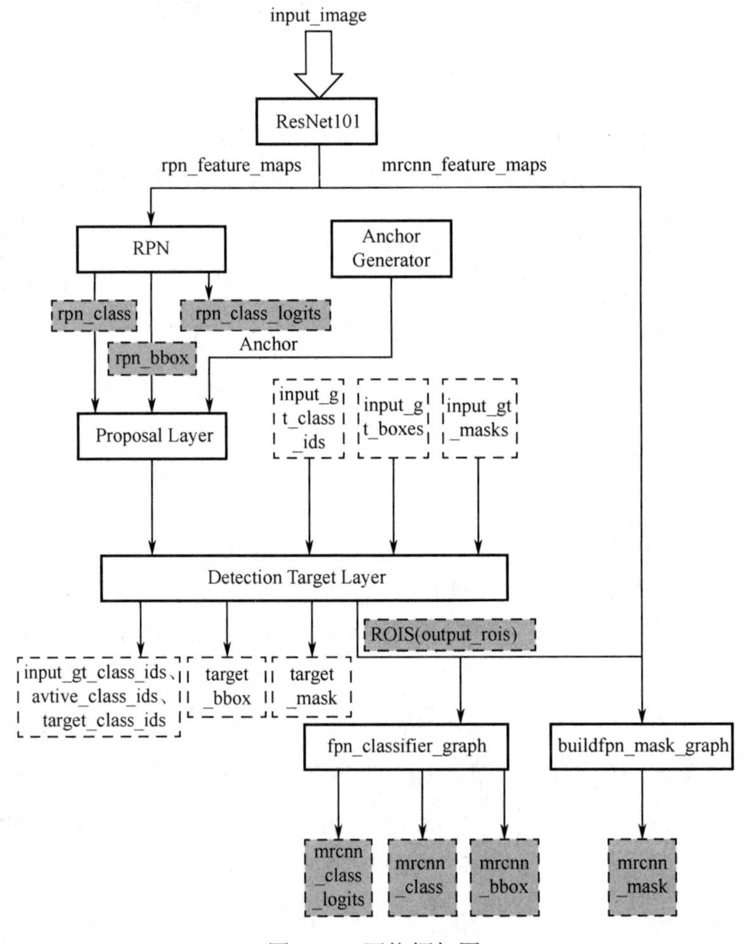

图 6-14 网络框架图

Mask R-CNN 模型的构建代码如下：

```
def build(self, mode, config):
    """ 创建 Mask R-CNN 模型框架
        IMAGE_SHAPE：输入图像的大小，
        mode：模式不同，模型的输入和输出相应地有所不同，分为“training”和“inference”。
    """
    assert mode in ['training', 'inference']

    #图像大小必须是 2 的整数倍
    h, w = config.IMAGE_SHAPE[:2]
    if h / 2**6 != int(h / 2**6) or w / 2**6 != int(w / 2**6):
        raise Exception("Image size must be dividable by 2 at least 6 times "
                        "to avoid fractions when downscaling and upscaling."
                        "For example, use 256, 320, 384, 448, 512, ... etc. ")
    #构建所有需要的输入，并且都为神经网络的输入，可用 KL.Input 来转化
    input_image = KL.Input(
        shape=config.IMAGE_SHAPE.tolist(), name="input_image")
    input_image_meta = KL.Input(shape=[None], name="input_image_meta")
    if mode == "training":
        #RPN GT 层
        input_rpn_match = KL.Input(
            shape=[None, 1], name="input_rpn_match", dtype=tf.int32)
        input_rpn_bbox = KL.Input(
            shape=[None, 4], name="input_rpn_bbox", dtype=tf.float32)

        #探测 GT (Class IDs, Boxes, Masks)
        #1. GT Class ID 列表
        input_gt_class_ids = KL.Input(
            shape=[None], name="input_gt_class_ids", dtype=tf.int32)
        #2. GT Boxes 列表
        input_gt_boxes = KL.Input(
            shape=[None, 4], name="input_gt_boxes", dtype=tf.float32)

        #标准化坐标系
        h, w = K.shape(input_image)[1], K.shape(input_image)[2]
        image_scale = K.cast(K.stack([h, w, h, w], axis=0), tf.float32)
        gt_boxes = KL.Lambda(lambda x: x / image_scale)(input_gt_boxes)

        #3. GT Masks 列表
        if config.USE_MINI_MASK:
            input_gt_masks = KL.Input(
                shape=[config.MINI_MASK_SHAPE[0],
                       config.MINI_MASK_SHAPE[1], None],
                name="input_gt_masks", dtype=bool)
        else:
            input_gt_masks = KL.Input(
                shape=[config.IMAGE_SHAPE[0], config.IMAGE_SHAPE[1], None],
                name="input_gt_masks", dtype=bool)
```

```
#实现 FPN 的多层特征融合，返回每一步最后一层的列表
_, C2, C3, C4, C5 = resnet_graph(input_image, "resnet101", stage5=True)

#添加断言来改变配置中特征映射的大小
P5 = KL.Conv2D(256, (1, 1), name='fpn_c5p5')(C5)
P4 = KL.Add(name="fpn_p4add")([
    KL.UpSampling2D(size=(2, 2), name="fpn_p5upsampled")(P5),
    KL.Conv2D(256, (1, 1), name='fpn_c4p4')(C4)])
P3 = KL.Add(name="fpn_p3add")([
    KL.UpSampling2D(size=(2, 2), name="fpn_p4upsampled")(P4),
    KL.Conv2D(256, (1, 1), name='fpn_c3p3')(C3)])
P2 = KL.Add(name="fpn_p2add")([
    KL.UpSampling2D(size=(2, 2), name="fpn_p3upsampled")(P3),
    KL.Conv2D(256, (1, 1), name='fpn_c2p2')(C2)])
#将 3×3 Conv 附加到所有的 P 层上，得到最终的特征图
P2 = KL.Conv2D(256, (3, 3), padding="SAME", name="fpn_p2")(P2)
P3 = KL.Conv2D(256, (3, 3), padding="SAME", name="fpn_p3")(P3)
P4 = KL.Conv2D(256, (3, 3), padding="SAME", name="fpn_p4")(P4)
P5 = KL.Conv2D(256, (3, 3), padding="SAME", name="fpn_p5")(P5)
#RPN 中第 5 锚定标度为 P6。由步长为 2 的 P5 进行子采样生成
P6 = KL.MaxPooling2D(pool_size=(1, 1), strides=2, name="fpn_p6")(P5)
#注意，P6 在 RPN 中使用，但不在分类器头中使用
rpn_feature_maps = [P2, P3, P4, P5, P6]
mrcnn_feature_maps = [P2, P3, P4, P5]
#生成锚点
self.anchors = utils.generate_pyramid_anchors(config.RPN_ANCHOR_SCALES,
                                              config.RPN_ANCHOR_RATIOS,
                                              config.BACKBONE_SHAPES,
                                              config.BACKBONE_STRIDES,
                                              config.RPN_ANCHOR_STRIDE)
#构建 RPN，用来接收上一级的特征图
#RPN Model：RPN_ANCHOR_STRIDE 为产生锚点的像素；len(config.RPN_ANCHOR_ RATIOS)
#为每个像素产生锚点的数量
#256 为接收特征图的通道
rpn = build_rpn_model(config.RPN_ANCHOR_STRIDE,
                      len(config.RPN_ANCHOR_RATIOS), 256)
#遍历金字塔的每一层
layer_outputs = []
for p in rpn_feature_maps:
    layer_outputs.append(rpn([p]))
#连接层的输出
#将层输出列表转换为跨层输出列表
output_names = ["rpn_class_logits", "rpn_class", "rpn_bbox"]
outputs = list(zip(*layer_outputs))
outputs = [KL.Concatenate(axis=1, name=n)(list(0))
           for 0, n in zip(outputs, output_names)]
```

```
rpn_class_logits, rpn_class, rpn_bbox = outputs
#利用 proposal_layer 文件中的方法来产生一系列的 RoI，输入为 RPN 网络中得到的输出：
#rpn_class、rpn_bbox
proposal_count = config.POST_NMS_ROIS_TRAINING if mode == "training"\
    else config.POST_NMS_ROIS_INFERENCE
rpn_rois = ProposalLayer(proposal_count=proposal_count,
                         nms_threshold=config.RPN_NMS_THRESHOLD,
                         name="ROI",
                         anchors=self.anchors,
                         config=config)([rpn_class, rpn_bbox])

if mode == "training":
    #active_class_ids 表示当前数据集下含有的 class 类别
    _, _, _, active_class_ids = KL.Lambda(lambda x: parse_image_meta_graph(x),
                                          mask=[None, None, None, None])(input_ image_ meta)

    if not config.USE_RPN_ROIS:
        #忽略预测的 RoI，使用提供的 RoI 作为输入
        input_rois = KL.Input(shape=[config.POST_NMS_ROIS_TRAINING, 4],
                              name="input_roi", dtype=np.int32)
        #将坐标标准化到 0～1 范围内
        target_rois = KL.Lambda(lambda x: K.cast(
            x, tf.float32) / image_scale[:4])(input_rois)
    else:
        target_rois = rpn_rois
    #生成探测目标，注意，建议类 input_gt_class_ids、gt_boxes 和 input_gt_masks 都是零填充
    #的。同样，返回的 RoI 和目标都被填充为零
    rois, target_class_ids, target_bbox, target_mask =\
        DetectionTargetLayer(config, name="proposal_targets")([
            target_rois, input_gt_class_ids, gt_boxes, input_gt_masks])

    #网络头，验证它是否处理零填充 RoI
    mrcnn_class_logits, mrcnn_class, mrcnn_bbox =\
        fpn_classifier_graph(rois, mrcnn_feature_maps, config.IMAGE_SHAPE,
                             config.POOL_SIZE, config.NUM_CLASSES)
     mrcnn_mask = build_fpn_mask_graph(rois, mrcnn_feature_maps,
                                       config.IMAGE_SHAPE,
                                       config.MASK_POOL_SIZE,
                                       config.NUM_CLASSES)
    #清理(如果必要，使用 tf.identify)
    output_rois = KL.Lambda(lambda x: x * 1, name="output_rois")(rois)

    #计算损失
    rpn_class_loss = KL.Lambda(lambda x: rpn_class_loss_graph(*x), name="rpn_class_loss")(
        [input_rpn_match, rpn_class_logits])
    rpn_bbox_loss = KL.Lambda(lambda x: rpn_bbox_loss_graph(config, *x), name="rpn_ bbox_
        loss")( [input_rpn_bbox, input_rpn_match, rpn_bbox])
```

```
        class_loss = KL.Lambda(lambda x: mrcnn_class_loss_graph(*x), name="mrcnn_class_ loss")(
            [target_class_ids, mrcnn_class_logits, active_class_ids])
        bbox_loss = KL.Lambda(lambda x: mrcnn_bbox_loss_graph(*x), name="mrcnn_bbox_ loss")(
            [target_bbox, target_class_ids, mrcnn_bbox])
        mask_loss = KL.Lambda(lambda x: mrcnn_mask_loss_graph(*x), name="mrcnn_mask_ loss")(
            [target_mask, target_class_ids, mrcnn_mask])
        #模型
        inputs = [input_image, input_image_meta,
                  input_rpn_match, input_rpn_bbox, input_gt_class_ids, input_gt_boxes,
                  input_ gt_masks]
        if not config.USE_RPN_ROIS:
            inputs.append(input_rois)
        outputs = [rpn_class_logits, rpn_class, rpn_bbox,
                   mrcnn_class_logits, mrcnn_class, mrcnn_bbox, mrcnn_mask,
                   rpn_rois, output_rois,
                   rpn_class_loss, rpn_bbox_loss, class_loss, bbox_loss, mask_loss]
        model = KM.Model(inputs, outputs, name='mask_rcnn')
    else:
        #网络头，用于分类和回归目标框偏移
        mrcnn_class_logits, mrcnn_class, mrcnn_bbox =\
            fpn_classifier_graph(rpn_rois, mrcnn_feature_maps, config.IMAGE_SHAPE,
                                 config.POOL_SIZE, config.NUM_CLASSES)
        #探测
        detections = DetectionLayer(config, name="mrcnn_detection")(
            [rpn_rois, mrcnn_class, mrcnn_bbox, input_image_meta])
        #转化 detections_boxes 到标准坐标系中
        h, w = config.IMAGE_SHAPE[:2]
        detection_boxes = KL.Lambda(
            lambda x: x[..., :4] / np.array([h, w, h, w]))(detections)
        #为探测创建 Mask
        mrcnn_mask = build_fpn_mask_graph(detection_boxes, mrcnn_feature_maps,
                                          config.IMAGE_SHAPE,
                                          config.MASK_POOL_SIZE,
                                          config.NUM_CLASSES)
        model = KM.Model([input_image, input_image_meta],
                         [detections, mrcnn_class, mrcnn_bbox,
                             mrcnn_mask, rpn_rois, rpn_class, rpn_bbox],
                         name='mask_rcnn')

    #添加多 GPU 支持
    if config.GPU_COUNT > 1:
        from parallel_model import ParallelModel
        model = ParallelModel(model, config.GPU_COUNT)
```

3）模型训练

把下载的 COCO 模型文件 mask_rcnn_coco.h5 放到项目的根目录下，把下载的 train2014.zip 和 val2014.zip 分别解压到项目的 MS_COCO_data/train2014 和 MS_COCO_data/ val2014 目

录下，把下载数据集的标注文件 annotations_trainval2014.zip 解压到 MS_COCO_data/annotations 目录下。

运行以下命令对模型进行训练，dataset 指定的路径就是下载的 COCO 数据集解压后的目录：

```
python coco.py train --dataset=/home/ubuntu/Mask_RCNN/MS_COCO_data --model=coco
```

训练后的模型文件在项目的 logs 目录下，如图 6-15 所示。

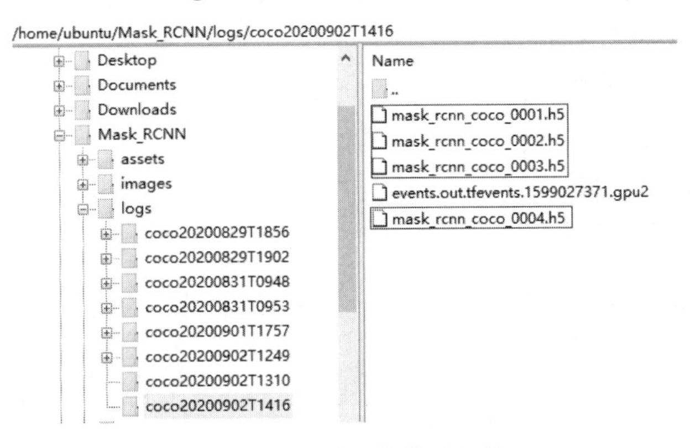

图 6-15　训练后的模型文件

模型训练的具体实现代码如下：

```
if __name__ == '__main__':
    #导入 argparse 包
    import argparse
    #解析命令行参数
    parser = argparse.ArgumentParser(
        description='Train Mask R-CNN on MS COCO.')
    parser.add_argument("command",
                        metavar="<command>",
                        help="'train' or 'evaluate' on MS COCO")
    parser.add_argument('--dataset', required=True,
                        metavar="/path/to/coco/",
                        help='Directory of the MS COCO dataset')
    parser.add_argument('--year', required=False,
                        default=DEFAULT_DATASET_YEAR,
                        metavar="<year>",
                        help='Year of the MS COCO dataset (2014 or 2017) (default=2014)')
    parser.add_argument('--model', required=True,
                        metavar="/path/to/weights.h5",
                        help="Path to weights .h5 file or 'coco'")
    parser.add_argument('--logs', required=False,
                        default=DEFAULT_LOGS_DIR,
                        metavar="/path/to/logs/",
                        help='Logs and checkpoints directory (default=logs/)')
    parser.add_argument('--limit', required=False,
                        default=500,
                        metavar="<image count>",
```

```
                                help='Images to use for evaluation (default=500)')
    parser.add_argument('--download', required=False,
                                default=False,
                                metavar="<True|False>",
                                help='Automatically download and unzip MS COCO files (default=False)',
                                type=bool)
    args = parser.parse_args()
    print("Command: ", args.command)
    print("Model: ", args.model)
    print("Dataset: ", args.dataset)
    print("Year: ", args.year)
    print("Logs: ", args.logs)
    print("Auto Download: ", args.download)
    #初始化 COCO 配置
    if args.command == "train":
        config = CocoConfig()
    else:
        class InferenceConfig(CocoConfig):
            #将批处理大小设置为 1，因为将一次性地对一个图像运行推断，批处理大小为 GPU_
COUNT×IMAGES_PER_GPU
            GPU_COUNT = 1
            IMAGES_PER_GPU = 1
            DETECTION_MIN_CONFIDENCE = 0
        config = InferenceConfig()
    config.display()
    #创建 Mask R-CNN 模型
    if args.command == "train":
        model = modellib.MaskRCNN(mode="training", config=config,
                                        model_dir=args.logs)
    else:
        model = modellib.MaskRCNN(mode="inference", config=config,
                                        model_dir=args.logs)
    #选择要加载的预训练模型文件
    if args.model.lower() == "coco":
        model_path = COCO_MODEL_PATH
    elif args.model.lower() == "last":
        #找出最后训练的模型文件
        model_path = model.find_last()
    elif args.model.lower() == "imagenet":
        #获取 ImageNet 训练好的模型
        model_path = model.get_imagenet_weights()
    else:
        model_path = args.model
    #加载模型文件
    print("Loading weights ", model_path)
    model.load_weights(model_path, by_name=True)
    #训练和评估
```

```
if args.command == "train":
    #初始化训练数据集
    dataset_train = CocoDataset()
    #加载训练数据集
    dataset_train.load_coco(args.dataset, "train", year=args.year, auto_download=args.download)
    if args.year in '2014':
        dataset_train.load_coco(args.dataset, "valminusminival", year=args.year,
                                auto_download= args.download)
    dataset_train.prepare()
    #初始化验证数据集
    dataset_val = CocoDataset()
    val_type = "val" if args.year in '2017' else "minival"
    #加载验证数据集
    dataset_val.load_coco(args.dataset, val_type, year=args.year, auto_download=args.download)
    dataset_val.prepare()
    #图像增强，右/左翻转的概率是 50%
    augmentation = imgaug.augmenters.Fliplr(0.5)
    #*** 训练计划实例，可根据需求进行调整 ***
    #训练——第一阶段
    print("Training network heads")
    model.train(dataset_train, dataset_val,
                learning_rate=config.LEARNING_RATE,
                epochs=40,
                layers='heads',
                augmentation=augmentation)
    #训练——第二阶段
    #调整图层从 ResNet 阶段四及以上
    print("Fine tune ResNet stage 4 and up")
    model.train(dataset_train, dataset_val,
                learning_rate=config.LEARNING_RATE,
                epochs=120,
                layers='4+',
                augmentation=augmentation)
    #训练——第三阶段
    #微调所有图层
    print("Fine tune all layers")
    model.train(dataset_train, dataset_val,
                learning_rate=config.LEARNING_RATE / 10,
                epochs=160,
                layers='all',
                augmentation=augmentation)
```

4）模型测试

模型训练完后，运行以下命令，对训练后的模型进行评估：

```
python coco.py evaluate --dataset=/home/ubuntu/Mask_RCNN/MS_COCO_data --model=last
```

预测结果如图 6-16 所示。

```
 Average Precision  (AP) @[ IoU=0.50:0.95 | area=   all | maxDets=100 ] = 0.000
 Average Precision  (AP) @[ IoU=0.50      | area=   all | maxDets=100 ] = 0.000
 Average Precision  (AP) @[ IoU=0.75      | area=   all | maxDets=100 ] = 0.000
 Average Precision  (AP) @[ IoU=0.50:0.95 | area= small | maxDets=100 ] = 0.000
 Average Precision  (AP) @[ IoU=0.50:0.95 | area=medium | maxDets=100 ] = 0.000
 Average Precision  (AP) @[ IoU=0.50:0.95 | area= large | maxDets=100 ] = 0.000
 Average Recall     (AR) @[ IoU=0.50:0.95 | area=   all | maxDets=  1 ] = 0.000
 Average Recall     (AR) @[ IoU=0.50:0.95 | area=   all | maxDets= 10 ] = 0.000
 Average Recall     (AR) @[ IoU=0.50:0.95 | area=   all | maxDets=100 ] = 0.000
 Average Recall     (AR) @[ IoU=0.50:0.95 | area= small | maxDets=100 ] = 0.000
 Average Recall     (AR) @[ IoU=0.50:0.95 | area=medium | maxDets=100 ] = 0.000
 Average Recall     (AR) @[ IoU=0.50:0.95 | area= large | maxDets=100 ] = 0.000
Prediction time: 44.12770056724548. Average 0.2239984800367791/image
Total time:  47.2591917514801
```

图 6-16　预测结果

使用训练好的模型对图片进行检测，效果如图 6-17 所示。从效果中可以清楚地看到，图片中无人驾驶的各种场景已经被准确地识别出来了。

图 6-17　无人驾驶场景感知效果

第7章　场景文字识别

文字与一般的视觉元素不同，它包含了直接确定的语义信息，获取图像中的文字内容可以帮助我们更好地认识图像，因此识别图像中的场景文字十分重要。我们把对图像的理解分为底层、中层以及高层三个层级，其中对图像中文字的理解属于高层理解，可以直接用来进行逻辑分析。人们自20世纪初便开始研究如何从图像中识别文字，并将这种技术称为OCR，虽然当时已经取得了一些结果，但由于受到技术和硬件条件的限制，这种方法对于场景文字的识别效果有限。

场景文字识别是传统OCR技术的升级与延续。它的应用非常广泛，如识别商品包装，在无人超市中追踪商品；识别路牌，辅助无人驾驶车的导航（尤其是在GPS信号弱的建筑物密集区域）；识别场景中的文字并转化为音频，让盲人不依赖盲文就可以阅读文字；识别门牌号，实现快递机器人送货上门；识别单据，实现自动化记账；识别外语并加以翻译，方便出国旅行的游客。由于场景文字无处不在，因此场景文字检测识别的应用也无处不在。尤其是近年来移动设备的普及使得自然图像的数量呈指数增长趋势，导致工业界对场景文字检测识别技术的需求日益急迫。近年来，各大科技公司如Google、微软等都推出了各自的计算机视觉云服务，这些云服务都将场景文字检测识别作为基本功能之一。

本章首先介绍场景文字识别的定义与应用场景，其次介绍场景文字识别的4种主要实现方法（Faster R-CNN、CTPN、SegLink、EAST）和训练数据时常用的数据集，最后介绍1个应用实例。

7.1　定义与应用场景

场景文字识别是在图像背景复杂、分辨率低下、字体多样、分布随意等情况下，将图像信息转化为文字序列的过程，可认为是一种特别的翻译过程，即将图像输入翻译为自然语言输出。

场景文字识别是目标识别的一个分支，是人工智能研究的热门领域。百度文字研究团队、阿里研究院和微软亚洲研究院等都是自然场景文字识别领域的顶尖团队。自然场景中的文字识别技术涉及传统的数字图像处理技术、机器视觉、计算机视觉和模式识别，以及目前比较热门的机器学习技术。其广泛的应用前景主要在以下几个方面。

1. 智能交通技术

随着摄像设备成本的降低，城市各个角落基本都布置了摄像头，用于实时监控街道的道路情况及治安情况。通过摄像设备可以获取街道名字和门店位置；通过交通流量实时调控可保障交通系统正常运行，减少交通堵塞，降低交通事故发生率。当发生交通事故时，可根据车牌号、路牌和门店准确定位事故地点，并将事故地点上报至云端，然后传达给附近线路的各个车辆，可有效地减少危险的再发生，同时也可以对逃逸车辆实时追踪。一起街道交通事故如图7-1所示，通过智慧城市管理系统可以确定事发的详细地理位置，也能够通过车牌号监控车辆信息。

图 7-1　识别门店与车辆信息，确定事发的地理位置

2．无人驾驶系统

传感器技术已不断取得新突破，伴随着人工智能在目标检测和识别方面的不断发展，无人驾驶技术已经有了明显的跨越式发展。2018 年，中国山地马拉松系列赛福州站，由百度无人驾驶巴士“阿波龙”号领跑，让国人瞩目。无人驾驶系统是人工智能技术的综合展现，文字识别技术是其中的一个重要环节，通过文字识别技术可以获取自然场景中街道的路牌信息、车速限制和路口预告等，然后将信息传输至驾驶系统控制中心，及时做出反应。自然场景中街道的路牌信息如图 7-2 所示，识别这些信息可以辅助车辆无人驾驶。

图 7-2　自然场景中街道的路牌信息

3．盲人辅助系统

这是一种专门针对视觉障碍的人而设计的智能系统。由于视觉障碍的影响，他们在日常生活中获取自然场景中的信息较慢，缺乏对周围环境的感知，有时危险在身边却不能及时获取警告信息。自然场景文字识别技术通过摄像头实时调取周围的环境进行识别，并将识别信息实时转化为语音，这样可以通过听力感知环境。如盲人去超市购物，智能辅助系统可以通过他们的手指指向进行实时内容翻译，帮助他们选择商品。一款能够识别文字并转化为音频的盲人辅助眼镜如图 7-3 所示。

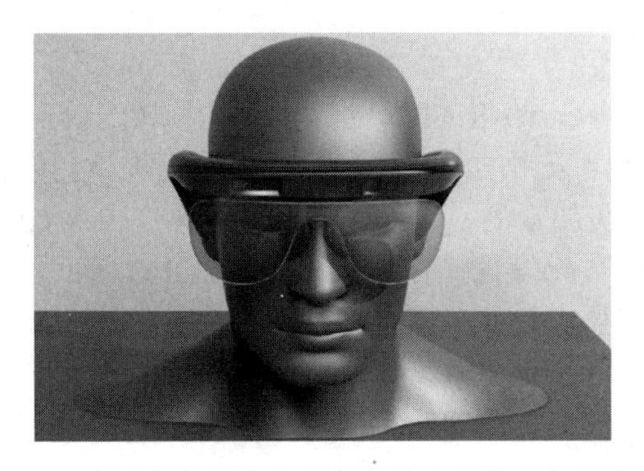

图 7-3　一款能够识别文字并转化为音频的盲人辅助眼镜

4．图像内容搜索系统

搜索引擎是日常生活中最重要的一种工具，目前大多数搜索都是基于文本的搜索，随着网络通信技术的发展以及大数据时代的到来，图像成为最主要的存在形式，因此基于图像的内容搜索是未来很重要的发展方向。通过文字识别技术可以获知图像中的文本信息，为图像检索提供更快更精准的服务；当一些犯罪分子将内含大量暴力、色情、恐怖等信息的图像公布在网络上时，可以利用文字识别技术有效地筛选不合法信息，从而节省了大量的人力和物力，并能有效维护良好的网络环境。

7.2　实现方法

场景文字识别的发展经历了传统方法时期和深度学习方法时期。本节重点介绍深度学习方法时期的研究成果。

7.2.1　传统方法时期

在传统方法时期，场景文字识别主要使用人工设计特征与传统分类器实现，多数算法包含文字候选区获取与验证两个阶段。在文字候选区获取阶段，根据获取候选区的不同方式可以分为滑动窗口方法（Sliding-window Approach）、连通域方法（CC Approach）以及二者混合的方法（Hybrid Appoach）。在文字候选区验证阶段，研究者使用的是传统机器学习方法，但其存在的问题是人工设计特征区分能力不足，浅层分类器无法适用于复杂场景。

7.2.2　深度学习方法时期

在深度学习方法时期有传统区域建议方法、区域建议网络方法、基于分割的方法以及区域建议网络与分割的混合方法。

1．传统区域建议方法

该类方法源于似物性建议（Object Proposal），通过滑动窗口或连通域分析产生建议区域，然后再对其进行过滤且合并文本行，最终找到文字区域外接框。该方法延续了传统方法分阶段的思想，但使用深度神经网络作为分类器。

传统区域建议方法相较于传统方法阶段有很大的提升，但依然存在问题，在此类方法中，只有很少的方法可以检测多方向的场景文字。

2. 区域建议网络方法

2015年，用于目标识别的Faster R-CNN的提出给本领域的研究带来了突破。Faster R-CNN基于区域建议网络进行工作，采用的是整体化思想，将目标检测的各阶段整合进入了深度神经网络。该方法可以避免阶段错误的积累，也可将区域建议转入GPU计算，提高了算法运行的速度。在Faster R-CNN后，又相继出现了SSD与YOLO等网络结构。这些网络模型在获取检测外接框时采用了不同的方式，分别是间接回归与直接回归。Faster R-CNN属于间接回归，需要对初步回归结果进行二次调整；SSD与YOLO属于直接回归，回归结果无须二次调整。因此，源于以上模型的区域建议网络方法也分两种类别。

1）间接回归

Faster R-CNN的思路进入场景文字检测领域，便形成了文字区域建议网络方法。该类方法大致可分为以下三个部分。

（1）特征提取：通过卷积方式获取整幅图像的特征图。

（2）初步检测：划分图像的网格（Grid Cell），在网格中心计算锚点框（Anchor Box）的置信度，得到初步检测结果。

（3）精细调整：在初步检测结果的基础上，使用回归（Regression）方法或其他方式精细调整检测外接框（Bounding Box），最终得到检测结果。

按照以上所述结构，Tian提出了CTPN（Connectionist Text Proposal Network），使用长短期双向记忆模型处理文字建议序列，进而得到文字区域外接框与置信度。Ma提出了RRPN（Rotation Region Proposal Networks），该网络为锚点增加了6个方向的建议，可检测任意方向的直线排列的场景文字。

针对弧形排列场景文字，2017年，Liu构建了针对弧形排布的场景文字的数据集SCUT-CTW1500，设计了训练样本的14点等分标注法。在此基础上，可使用ResNet-50与长短期双向记忆模型完成弧形排布的场景文字检测。2018年，Liu提出了共享检测和识别信息的快速端对端的场景文字检测识别方法。

2）直接回归

Faster R-CNN是基于区域建议的方法，而SSD与YOLO是基于网格与锚点实现的，所以不需要二次回归。基于此原理，Gupta等人使用人工合成场景文字设计并训练了基于YOLO的深度神经网络。Liao基于SSD提出了“TextBoxes++”网络模型，“TextBoxes++”可检测任意方向的直线排列的场景文字。Shi参考SSD提出了“SegLink”网络模型，该模型先产生文字“片段”（Segment）、再建立“连接”（Link），最终根据连接和片段输出任意方向直线排列的场景文字。Liao将任务分为分类和回归，分类采用旋转不敏感特征，回归采用旋转敏感特征，按照类似SSD的网络结构，可检测任意方向的直线排列的场景文字。

综上，区域建议网络方法是整体性方案，输入图像后可直接给出场景文字外接框的相关几何属性。该类方法在一定程度上摒弃了传统方法的既有思路，更充分地利用了深度学习技术，相应的优缺点如表7-1所示。

表7-1　区域建议网络方法的优缺点

名　称	优　点	缺　点
区域建议网络方法	采用整体性思想，避免各阶段错误的积累，计算速度较快	该类方法的输出是外接框与外接框的置信度，因此在一些情况下检测出的外接框不够精确，且无法调整。 受外接框表示方法的影响，会损失一部分文字的几何信息

3．基于分割的方法

2015 年，Long 提出了全卷积神经网络，并将其用于图像的语义分割。语义分割不仅把图像分割为多个区域，而且对分割区域进行了分类。基于以上原理，本类方法将场景文字的检测定位问题，转化为场景文字与背景的语义分割问题。该类方法首先完成场景文字与背景的语义分割，得到场景文字块区域，其次精细分割获取文字行，最终输出文字行的位置和几何属性。

该类方法相比于区域建议网络，有其优势，但也存在固有缺陷，当相邻文字行距离过近时，分割结果会发生黏连。为了改善分割效果，研究者纷纷提出自己的改进方法，按照改进方式的不同，大致分为两类：多信息融合与多阶段级联。

1）多信息融合

多信息融合方法融合多种不同信息，以达到精确分割场景文字与背景的目标。Yao 提出了基于多通道信息的场景文字检测方法，该方法以文本置信图、字符置信图和字符连接方向图等通道信息训练全卷积神经网络。Long 提出了以圆心在文字中心线上的圆盘序列形状描述文本形状的场景文字检测方法（TextSnake）。该方法基于全卷积网络，借助圆盘中心连线的切线角度与圆盘半径等信息，可以检测任意方向与任意形状排列的场景文字。

2）多阶段级联

多阶段级联方法通过多个全卷积网络的级联，达到精确分割场景文字与背景的目的。Zhang 先利用全卷积网络得到文字块，然后在文字块中计算文本行的方向和获取文本行候选，再估算字符中心，最终检测多方向排布的场景文字。He 提出了基于多尺度全卷积与级联实例感知分割的场景文字检测方法。Deng 提出了基于实例分割的场景文字检测方法（PixelLink），该方法首先进行语义分割，其次对文字候选像素进行文字类别和连通预测，最终得到场景文字的检测结果。

综上，基于分割的方法的检测结果较为精准。但是，该方法本身也有优缺点，具体如表 7-2 所示。

表 7-2　基于分割的方法的优缺点

名　称	优　点	缺　点
基于分割的方法	分割结果天然包含类别信息、位置信息与几何信息。方便对各种排列与方向的场景文字的检测。经过多阶段级联或多信息融合，分割较为精细。输出文字外接框与分割结果，便于精细调整	初始分割结果较为粗糙，不够精确。多阶段级联的分割方法容易累积错误，后处理通常比较耗时。多信息融合的分割方法计算信息种类多，计算耗时

4．区域建议网络与分割的混合方法

区域建议网络方法速度较快，采用整体性思路，可避免多阶段错误累积，但检测结果有时不够精确，且外接框表示方法会损失文字的几何信息；基于分割的方法的结果具有类别信息、几何信息与位置信息，但通常需要多信息融合或多阶段分割，计算量大、速度慢。

因此，有研究者尝试将两种方法融合。Zhou 基于 PVANet 设计了 EAST（Efficient and Accuracy Scene Text detection）网络模型，其输出的结果包括文字置信图、旋转外接框和外接四边形。He 提出了“direct regression”的概念，并基于此设计出包含卷积特征提取、多级特征融合、多任务学习和非极大值抑制的后处理 4 个阶段的网络模型。Qin 提出了一种全卷积语义分割网络与区域建议网络级联的场景文字检测定位方法。Lyu 提出了基于角点定位与区

域分割的场景文字检测定位方法，该方法只做了场景文字检测工作，因此他基于 Mask R-CNN 模型，又提出了一种针对场景文字的 Text Spotting 方法。

7.3 常用数据集

一个算法的性能优越与否，在某些方面还取决于数据集的选择，文字数据集中文字的方向、颜色、大小还有国内外文字不同等这些特征，都是需要考虑的因素。表 7-3 是常用的场景文字检测数据集。

表 7-3 常用的场景文字检测数据集

数 据 集	发布时间	语 种	训练集图像个数	测试集图像个数	F-Measure 最大值
ICDAR 2013	2013	英文	229	233	0.92
ICDAR 2015	2015	英文	1000	500	0.90
MSRA-TD500	2012	中英文	300	200	0.79
COCO-Text	2016	英文	43 686 幅训练图像、10 000 幅验证图像	10 000	0.59
ICDAR 2017-MLT	2017	9 种语言	每种语言 2000 幅图像，共 18 000 幅图像	9000	0.72
RCTW	2017	中英文	8034	4229	0.67
CTW	2018	中文	共 32 285 幅图像，75%用于训练，10%用于分类测试，10%用于检测测试，5%用于验证	—	—
MTWI	2018	中英文	10 000	10 000	0.80
SynthText	2016	英文	800 000	—	—
CCPD	2019—2020	中文	近 30 万张图片，每张图片的大小均为 720×1160×3	—	—

下面介绍几种研究人员使用较多的文字数据集。

1. CTW

中文自然文本数据集（CTW，Chinese Text in the Wild）是由清华大学与腾讯联合发布的，它是一个超大的街景图片中文文本数据集，提供了一个新创建的中文文本数据集的细节，其中约有 100 万个汉字，由专家在 3 万多幅街景图像中注释。这是一个具有挑战性的数据集，具有良好的多样性。它包含平面文本、凸起文本、城市文本、农村文本、照明不足的文本、远距离文本、部分遮挡文本等。对于数据集中的每个字符，注释都包括其底层字符、边界框和字符的 6 个属性。这些属性指示它是否具有复杂的背景、是否被提升、是手写的还是打印的等，为训练先进的深度学习模型奠定了基础。目前，该数据集包含 32 285 幅图像和 1 018 402 个中文字符，图片大小为 2048×2048[①]，规模远超此前的同类数据集。研究人员表示，未来还将在此数据集之上推出基于业内最先进模型的评测基准。

2. CCPD

传统车牌检测和识别都是在小规模数据集上进行实验和测试的，所获得的算法模型无法

① 图像大小的单位为像素，常省略不写。

胜任环境多变、角度多样的车牌图像检测和识别任务。为此，中科大团队建立了 CCPD(Chinese City Parking Dataset)，这是一个用于车牌识别的大型国内停车场车牌数据集，同时该团队还在 ECCV2018 国际会议上发表了论文 *Towards End-to-End License Plate Detection and Recognition: A Large Dataset and Baseline*。

CCPD 是在合肥市的停车场采集得来的，采集时间为早上 7:30 到晚上 10:00。停车场采集人员手持 Android POS 机对停车场的车辆拍照并手工标注车牌位置，拍摄的车牌照片涉及多种复杂环境，包括模糊、倾斜、阴雨天、雪天等。CCPD 包含近 30 万张图片，每张图片的大小均为 720×1160×3；共包含 8 项，具体如表 7-4 所示。

表 7-4　CCPD 每个类别的图片数量及说明

类　型	图片数（张）	说　明
ccpd_base	199 998	正常车牌
ccpd_challenge	10 006	比较有挑战性的车牌
ccpd_db	20 001	光线较暗或较亮
ccpd_fn	19 999	距离摄像头较远或较近
ccpd_np	3036	没上牌的新车
ccpd_rotate	9998	水平倾斜 20°～50°，垂直倾斜-10°～10°
ccpd_tilt	10 000	水平倾斜 15°～45°，垂直倾斜 15°～45°
ccpt_weather	9999	雨天、雪天或者雾天的车牌

3．COCO-Text

COCO-Text 是由微软发布的一个大型图像数据集，它是专门为对象检测、分割、人体关键点检测、语义分割和字幕生成而设计的。该数据集包含 330 000 张图片，共 91 个类别，平均每张图片包含 3.5 个类别和 7.7 个实例目标，有不到 20%的图片只包含一个类别、10%的图片只包含一个实例目标。COCO-Text 数据集针对三种不同大小（small，medium，large）的图片提出了测量标准。

4．SynthText

SynthText（Synthetic Data for Text Localisation in Natural Images）是 VGG 实验室于 2016 年在 CVPR（IEEE 国际计算机视觉与模式识别会议）上的一篇论文中的合成数据集。标签数据的获取昂贵，但是对于深度学习模型，大量的标签数据又是必须的。这个时候，人工合成符合自然条件的合理的数据是十分有价值的。该论文提出了将文本人工嵌入自然图片中，人工生成带有文本的图片（SynthText)。具体来说，是人工将没有任何文本行的图像与随机的文本行“粘”起来，得到想要的训练数据。由于文本行是人工“粘”上去的，因而可以以文本行的标签信息进行精准的定位，从而有利于识别结果精度的提高。

7.4　实验——无人值守车牌识别机器人

1．实验目的

（1）理解深度学习算法模型在车牌检测与识别领域的应用场景与原理。

（2）掌握模型训练的操作流程，包括数据集准备、网络模型设计、模型训练、车牌的检测与识别等。

（3）掌握 finetune 模型的使用方法。

2．实验背景

随着科技的发展、进步，车牌识别系统的功能会日趋完善，应用领域也会越来越广泛。如图 7-4 所示为车辆出入管理系统。该系统通过安装于出入口的车牌识别设备，记录车辆的车牌号码、出入时间，并与自动门、栏杆机的控制设备相结合，实现车辆的自动管理。它应用于小区，可自动判别驶入车辆是否属于本小区，对非本小区车辆实现自动计时收费。车辆出入管理系统采用了车牌识别技术，使车主不用停车、取卡即可快速、便捷地进出小区。

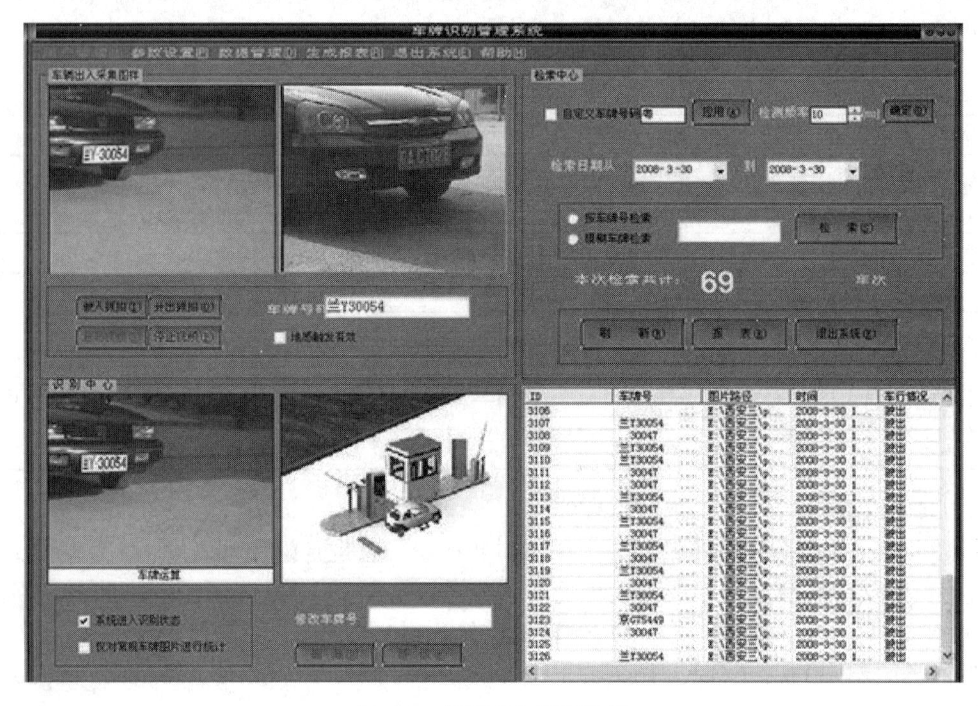

图 7-4　车辆出入管理系统

车辆出入管理系统应用于停车场时，可实现自动计时收费、自动计算可用车位数量并给出提示（如图 7-5 所示），既节省了人力，又提高了效率。

图 7-5　停车场剩余车位提示

在高速公路上，车牌识别技术结合测速设备还可以用于监测车辆超速违章行为，如图 7-6 所示。与传统的超速监测方式相比，这种方式使执法人员可以更安全、高效地执法，在降低工作强度的同时，也节省了大量的警力。而司机则需时刻提醒自己不能超速，从而极大地减少了因超速引发的事故。

图 7-6　高速公路超速监测

3．实验原理

本实验进行车牌检测与识别所使用的模型框架称为 RPnet（the Roadside Parking Net），它是由 Zhenbo 在 *Towards End-to-End License Plate Detection and Recognition: A Layge Dataset and Baseline* 一文中提出的。RPnet 是一种基于分割的场景识别方法。它的网络结构如图 7-7 所示，其由两部分组成：检测模块和识别模块。

1）检测模块

检测模块可理解为车牌检测模块，它引导识别模块在哪个区域识别目标车牌。RPnet 通过检测模块中的所有卷积层从输入图像中提取特征，随着卷积层数量的增加，通道数量增加，特征图逐渐减小，最后得出的特征图具有更高层次的特征提取，有利于识别车牌以及车牌的边框。这里假设：边框中心坐标（x，y）以及宽度和高度为 b_x，b_y，b_w，b_h，对于输入为 W,H 的图像来说，边框的位置可以表示为 c_x，c_y，w，h：

$$c_x=\frac{b_x}{W},c_y=\frac{b_y}{H},w=\frac{b_w}{W},h=\frac{b_h}{H},0<c_x,c_y,w,h<1$$

最后一个卷积层后面连接三个全连接层，称为“边框预测器”。检测模块充当网络的“注意力层”，它告诉识别模块到哪里去识别。

2）识别模块

网络中不同网络层的特征图具有不同的感受野。研究表明，使用来自较低层的特征图可以提高语义分割质量，因为较低层能够捕获输入对象更精细的细节。与此类似，来自相对较低层的特征图对于识别车牌字符也很重要，就像语义分割中的对象边界一样，车牌的区域相对于整个图像是非常小的。在检测模块完成所有卷积层的计算后，盒预测器会输出包围盒位置 (c_x,c_y,w,h) 。对于具有 p 通道（$m\times n$）的特征层来说，识别模块提取具有 p 通道 $(m\times h)\times(n\times w)$ 包围盒区域中的特征映射。

通常，RPnet 在（第二层、第四层、第六层）的末端提取特征图，提取的特征图的尺寸为 $(122\times h)\times(122\times w)\times 64$，$(63\times h)\times(63\times w)\times 160$，$(33\times h)\times(33\times w)\times 192$ 。

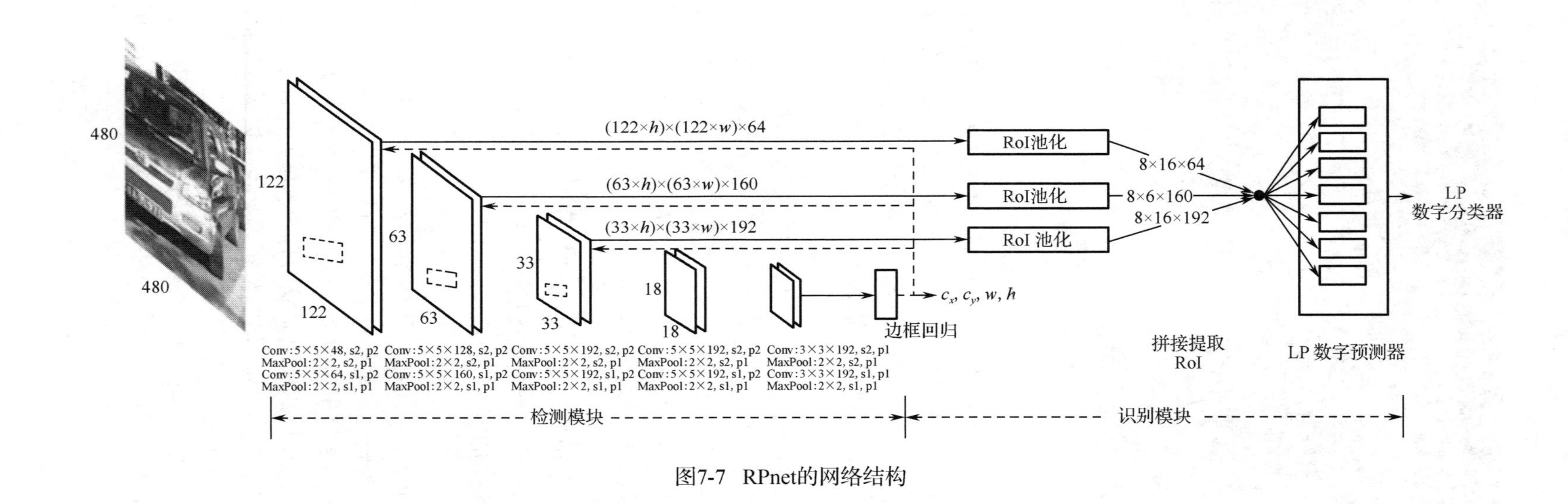

图7-7　RPnet的网络结构

在实际应用中，从较高的卷积层中提取特征图像会使识别过程变得很慢，这对提高识别精度几乎没有帮助。在提取这些特征图像之后，RPnet 利用 RoI 池将提取的每个特征转换为都具有（$P_H \times P_W$）固定空间大小的特征图像。最后，这三幅已被调整为$8\times16\times64$，$8\times16\times160$和$8\times16\times192$大小的特征图像被连接到一幅$8\times16\times416$大小的特征图像，用于车牌的分类。

4．实验环境

本实验使用的系统和软件包的版本为 Ubuntu16.04、Python3.6、Numpy1.18.3、Imutils0.5.3、Pillow6.1.0、Torch0.3.1、opencv_python-3.4.2.17。

5．实验步骤

1）数据准备

本实验使用中科大团队建立的 CCPD 数据集。

CCPD 数据集没有专门的标注文件，每幅图像的文件名就是对应的数据标注（Label），数据标注由5个部分组成。例如，025-95_113-154&383_386&473-386&473_177&454_154&383_363&402-0_0_22_27_ 27_33_16.jpg，由“-”作为各个部分的分隔符：

（1）025 为区域。

（2）95_113 对应两个角度，水平 95°，竖直 113°。

（3）154&383_386&473 对应边界框的两个坐标：左上（154,383）和右下（386,473）。

（4）386&473_177&454_154&383_363&402 对应边界框 4 个顶点坐标。

（5）0_0_22_27_27_33_16 为车牌号码，映射关系如下：第一个 0 对应省份字典“皖”，第二个为字母，后面的为字母和文字，查看 ads 字典可知，0 为 A，22 为 Y 等。具体对应关系如下：

```
provinces = ["皖", "沪", "津", "渝", "冀", "晋", "蒙", "辽", "吉", "黑", "苏", "浙", "京", "闽", "赣", "鲁",
"豫", "鄂", "湘", "粤", "桂", "琼", "川", "贵", "云", "藏", "陕", "甘", "青", "宁", "新", "警", "学", "O"]
alphabets = ['A', 'B', 'C', 'D', 'E', 'F', 'G', 'H', 'J', 'K', 'L', 'M', 'N', 'P', 'Q', 'R', 'S', 'T', 'U', 'V', 'W','X', 'Y', 'Z',
'O']
ads = ['A', 'B', 'C', 'D', 'E', 'F', 'G', 'H', 'J', 'K', 'L', 'M', 'N', 'P', 'Q', 'R', 'S', 'T', 'U', 'V', 'W', 'X','Y', 'Z', '0', '1', '2',
'3', '4', '5', '6', '7', '8', '9', 'O']
```

根据我国的机动车号牌标准规定，机动车登记车牌号中不能使用字母“I”和字母“O”，以上三个对照表的最后一个字母“O”代表没有字符。

2）网络设计

如图 7-7 所示，RPnet 网络的检测模块是由 10 个具有 ReLU 和批量归一化的卷积层、几个具有 Dropout 性质的最大池化层和几个由完全连接层组成的组件组成的。当给定一幅 RGB 图像时，在单个正向计算中，RPnet 同时预测 LP 包围盒和相应的 LP 数。RPnet 首先利用 Box 回归层预测包围盒，其次根据每个特征图像中包围框的相对位置，从几个已经生成的特征图像中提取出 RoI，将它们池化为相同的宽度和高度（16×8）后合并，并将组合后的特征图像提供给后续分类器。检测模块在最后一个卷积层将输出的特征图像反馈给三个同级别的全连接层，这个被用于预测的包围框被命名为“边框预测器”。

而识别模块利用 RoI 池化层提取感兴趣的特征图像和几个分类器来预测车牌输入图像中的车牌号码。整个模块是一个单一、统一的车牌检测和识别网络。检测模块为识别模块提供识别区域，而识别模块从共享特征图像中获取 RoI，并预测车牌号码。

3）模型训练

模型的训练是通过损失函数来不断调整模型参数，使模型的预测精度不断提高的过程。整个 RPnet 网络分为区域检测模块和车牌号码识别模块，所以需要定义两个损失函数：L1 型损失函数（localization loss，loc）和面分类损失函数（the classification loss，cls），其中面分类损失函数也称为交叉熵损失函数。这两个函数的具体公式如下：

L1 型损失函数为

$$L_{\text{loc}}(\text{pb},\text{gb})=\sum_{N}\sum_{m\in\{c_x,c_y,w,h\}}\text{smooth}_{\text{L1}}(\text{pb}^m-\text{gb}^m)$$

交叉熵损失函数为

$$L_{\text{cls}}(\text{pn},\text{gn})=\sum_{N}\sum_{i=1}^{7}\left\{-\text{pn}_i[\text{gn}_i]+\log\left(\sum_{j=1}^{\text{nc}_i}\exp(\text{pn}_i[j])\right)\right\}$$

联合损失函数为

$$L(\text{pb},\text{pn},\text{gb},\text{gn})=\frac{(L_{\text{loc}}(\text{pb},\text{gb})+L_{\text{cls}}(\text{pn},\text{gn}))}{N}$$

以上式中：（c_x，c_y，w，h）为车牌边界框位置；pb 为 loc 对 7 个字符的预测；gb 为 loc 中地面实况的 7 个数字；pn 表示 cls 对 7 个字符的预测；gn 为 cls 中地面实况的 7 个数字；nc_i 为属于特定字符类的可能性。

在训练 RPnet 网络之前，首先要训练 RPnet 的检测模块，使它能够检测出车牌的区域 (c_x,c_y,w,h) 且满足条件：$0<c_x,c_y,w,h<1$，使得最后也满足 $\frac{w}{2}\leqslant c_x\leqslant 1-\frac{w}{2},\frac{h}{2}\leqslant c_y\leqslant 1-\frac{h}{2}$，进而可表示有效的 RoI，指导识别模块提取特征图像。在大多数与物体检测有关的论文中，都是在 ImageNet 上预先训练它们的卷积层，使这些卷积层更具代表性，而 RPnet 网络从头开始训练模型，但因为 CCPD 的数据量足够大，为了定位诸如牌照的单个物体，在 ImageNet 上预训练的参数未必比从头开始训练更好。在实践中，检测模块在训练集上训练 300 个周期左右就可以给出一个合理的边框预测区域。

下面是训练过程中的部分关键代码。

标签的计算如下所示：

```
new_labels =
[(leftUp[0] + rightDown[0]) / (2 * ori_w), (leftUp[1] + rightDown[1]) / (2 * ori_h),(rightDown[0]
- leftUp[0]) / ori_w, (rightDown[1] - leftUp[1]) / ori_h]
```

损失函数的计算如下所示：

```
loss += 0.8 * nn.L1Loss().cuda()(y_pred[:][:2], y[:][:2])
loss += 0.2 * nn.L1Loss().cuda()(y_pred[:][2:], y[:][2:])
```

检测与识别模块如下所示：

```
def forward(self, x):
        x0 = self.wR2.module.features[0](x)
        _x1 = self.wR2.module.features[1](x0)
        x2 = self.wR2.module.features[2](_x1)
        _x3 = self.wR2.module.features[3](x2)
        x4 = self.wR2.module.features[4](_x3)
```

```
_x5 = self.wR2.module.features[5](x4)
x6 = self.wR2.module.features[6](_x5)
x7 = self.wR2.module.features[7](x6)
x8 = self.wR2.module.features[8](x7)
x9 = self.wR2.module.features[9](x8)
x9 = x9.view(x9.size(0), -1)
#最终检测出的边框位置（相对于原始图像）
boxLoc = self.wR2.module.classifier(x9)
#求出特征图像尺寸
h1, w1 = _x1.data.size()[2], _x1.data.size()[3]
p1 = Variable(torch.FloatTensor([[w1,0,0,0],[0,h1,0,0],[0,0,w1,0],[0,0,0,h1]]), requires_grad=False)
h2, w2 = _x3.data.size()[2], _x3.data.size()[3]
p2 = Variable(torch.FloatTensor([[w2,0,0,0],[0,h2,0,0],[0,0,w2,0],[0,0,0,h2]]), requires_grad=False)
h3, w3 = _x5.data.size()[2], _x5.data.size()[3]
p3 = Variable(torch.FloatTensor([[w3,0,0,0],[0,h3,0,0],[0,0,w3,0],[0,0,0,h3]]), requires_grad=False)
#x, y, w, h --> x1, y1, x2, y2，将（x,y,w,h）形式转化为（x1, y1, x2, y2）形式
assert boxLoc.data.size()[1] == 4
postfix = Variable(torch.FloatTensor([[1,0,1,0],[0,1,0,1],[-0.5,0,0.5,0],[0,-0.5,0,0.5]]),
          requires_grad= False)
boxNew = boxLoc.mm(postfix).clamp(min=0, max=1)
print(type(p1))
#根据检测模型预测出的位置，取出对应大小的特征图像，经过 roi_pooling 后合并到一起，再分类
roi1 = roi_pooling_ims(_x1, boxNew.mm(p1), size=(16, 8))
roi2 = roi_pooling_ims(_x3, boxNew.mm(p2), size=(16, 8))
roi3 = roi_pooling_ims(_x5, boxNew.mm(p3), size=(16, 8))
rois = torch.cat((roi1, roi2, roi3), 1)
_rois = rois.view(rois.size(0), -1)
y0 = self.classifier1(_rois)
y1 = self.classifier2(_rois)
y2 = self.classifier3(_rois)
y3 = self.classifier4(_rois)
y4 = self.classifier5(_rois)
y5 = self.classifier6(_rois)
y6 = self.classifier7(_rois)
#返回检测模块预测的边框位置，以及识别模块的最终预测结果
return boxLoc, [y0, y1, y2, y3, y4, y5, y6]
```

4）模型测试

数据准备中提到 CCPD 数据集是由大约 20 万幅唯一的图像组成的。将 CCPD-Base 分成两个相等的部分，一个作为训练集，另一个作为评价数据集。此外，可利用 CCPD 中的几个子集（CCPD-DB、CCPD-FN、CCPD-Rotate、CCPD-Tilt、CCPD-Weather、CCPD-Challenge）进行检测和识别性能评估。表 7-5 给出了 RPnet 算法与其他先进算法在 CCPD 各种类型的数据集中检测模块的性能对比，AP 表示整个测试集中的平均精度，FPS 表示每秒帧，[]表示边界值设定。

表 7-5　RPnet 算法与其他先进算法在检测上的性能对比

Model	FPS	AP	Base（10 万）	DB	FN	Rotate	Tilt	Weather	Challenge
Cascade classifier[45]	32	47.2	55.4	49.2	52.7	0.4	0.6	51.5	27.5
SSD300[30]	40	94.4	99.1	89.2	84.7	95.6	94.9	83.4	93.1
YOLO9000[32]	42	93.1	98.8	89.6	77.3	93.3	91.8	84.2	88.6
Faster-RCNN[29]	15	92.9	98.1	92.1	83.7	91.8	89.4	81.8	83.9
TE2E[12]	3	94.2	98.5	91.7	83.8	95.5	94.5	83.6	93.1
BPnet	61	94.5	99.3	89.5	85.3	94.7	93.2	84.1	92.8

在检测精度上，图 7-8 所列出的各种算法都遵循目标检测交叉单元（IoU）中的标准协议，即当且仅当它的 IoU 与真实图像的包围盒超过 70%，则认为这个检测是正确的，并且所有模型都是在相同的 10 万幅图像的训练集上进行微调的。

YOLO 在 CCPD-FN 数据集上关于车牌的检测精度仅为 77.3%，稍弱于其他算法在目标检测上的性能。基于检测和识别的联合优化优势，RPnet 算法和 TE2E 算法的性能都超过了 Faster R-CNN 和 YOLO9000 的。然而，RPnet 的检测速度却是 TE2E 的 20 倍。此外，通过分析 SSD 预测的包围盒，发现这些盒子紧紧地包裹着车牌号码。实际上，当 IoU 阈值设置高于 0.7 时，SSD 达到了最高精度，原因可能是检测损失函数不是 RPNet 算法唯一的训练优化目标。例如，一个有点不完美的包围盒（IoU 略小于 0.7 临界值的包围盒）可能对更多的车牌识别更有利。

在识别模块中，识别的精度为：当且仅当 IoU 大于 0.6 并且车牌中所有的字符都被正确识别时，车牌识别是正确的。表 7-6 给出了各种模型在测试数据集上关于识别模块的预测精度对比，其中 HC 表示 Holistic-CNN，加黑字体表示算法的那一列指标得分最高。

表 7-6 RPnet 算法与其他先进算法在识别模块上的性能对比

Model	FPS	AP	Base（10 万）	DB	FN	Rotate	Tilt	Weather	Challenge
Cascade classifier+HC	29	58.9	69.7	67.2	69.7	0.1	3.1	52.3	30.9
SSD300+HC	35	95.2	98.3	96.6	95.9	88.4	91.5	87.3	83.8
YOLO9000+HC	36	93.7	98.1	96.0	88.2	84.5	88.5	87.0	80.5
Faster-RCNN+HC	13	92.8	97.2	94.4	90.9	82.9	87.3	85.5	76.3
TE2E	3	94.4	97.8	94.8	94.51	87.9	92.1	86.8	81.2
BPnet	**61**	**95.5**	**98.5**	**96.9**	94.3	**90.8**	**92.5**	**87.9**	**85.1**

从图 7-9 可以看出，RPnet 模型无论在精度还是在识别速度上，除了在 CCPD-FN 数据集上的表现，都普遍优于其他几种较为流行的模型。图 7-8 给出了 RPnet 模型对车牌的识别效果。

图 7-8 RPnet 模型对车牌的识别效果

第 8 章　人体关键点检测

人体关键点检测也称人体骨骼关键点检测、人体姿态估计，人体关键点检测一直是计算机视觉领域的一个热点问题，其主要内容是让计算机从图像或视频中定位出人物的关键点（也称关节点，如肘、手腕等）。人体关键点检测作为理解图像或视频中人物动作的基础，一直受到众多学者的关注。随着计算机技术的迅猛发展，人体关键点检测已经在动作识别、人机交互、智能安防、增强现实等领域得到了广泛的应用。

8.1　定义与应用场景

8.1.1　人体关键点检测的定义

人体关键点检测是解决如何从图像或视频中定位单个或多个人身体部分的位置，一般用点标注各个关键点的位置或用直线标注身体部分的位置。

人体关键点，即人体骨架中与运动强相关的主要骨骼连接点，如颈部、肩膀、肘、手腕、髋部、膝盖、脚踝等。一些细节的骨骼连接点，如手指、手腕、脚趾等，由于其运动范围较小，表征人体动作不明显，故不是人体骨骼检测的重点。人体关键点的相对位置反映了人体姿态，刻画了人所处的运动状态，有常规的站立、坐下、行走、跑步、跳跃等动作形态，还有游泳、舞蹈、武术等大范围的体育运动形态。对人体各姿态图进行关键点标注的效果如图 8-1 所示。

图 8-1　对人体各姿态图进行关键点标注的效果

人体关键点检测是对图片和视频中占图像面积较大的清晰人物进行人体关键点的识别和标注。例如，按照每个人有 14 个主要人体关键点，对这些人体关键点进行编号的话，它们的顺序如表 8-1 所示。

表 8-1 人体关键点编号顺序

1 右肩	2 右肘	3 右腕	4 左肩	5 左肘
6 左腕	7 右髋	8 右膝	9 右踝	10 左髋
11 左膝	12 左踝	13 头顶	14 颈部	

此外，在某些应用场景和检测要求中，也会增加一些其他的人体关键点，如头中心点，眼耳鼻口、下巴、胸、手尖、脚尖等，但相比于肢体，这些关键点的运动幅度较小，一般不会对人体姿态产生大的影响。以上的关键点经过增删组合之后，人体关键点检测算法可以达到 16～18 个、25 个关键点等多种检测的要求（可参考本章后面的常见数据集介绍，有具体检测点数目和编号）。

根据图片和视频素材的差异，人体关键点检测存在以下多个难点：

- 从关键点的局部特征上看，人着装的颜色、款式、形态，以及外表光照会引起关键点外观和形态的变化，与关键点颜色相近的复杂背景和物体会对局部特征识别造成干扰。
- 从关键点的可见性上看，因为拍摄角度的原因，自然场景中其他人和物体的遮挡，以及人自身所处的姿态造成自身的遮挡，会导致部分关键点不可见。
- 从关键点的相对关系上看，由于人体的运动和骨骼运动非常灵活，会出现非常多样的姿态和形变。而且，由于人体的运动处在三维空间中，拍摄角度也会产生很大的影响，身体不同部位在相机成像平面上可能有投影收缩的效果，同时人身体的远近以及角度差异都会造成各人和各部位的成像尺度不一。

人体关键点检测需要对可见的关键点进行准确识别，同时对不可见关键点进行一定的预测和空间范围估计，还要考虑在三维空间下人体姿态在二维成像上的变化。因此，人体关键点检测是一个极具挑战性和创新性的课题。

8.1.2 人体关键点检测的应用场景

人体关键点检测可以应用在很多领域，具有丰富的应用场景，常见的如下。

1．动作识别

动作识别可以追踪一段时间内人体姿态的变化，主要应用于人体动作、肢体形态、手脚位置和步态识别上，常见的应用场景有：

- 检测儿童或者老人是否突然摔倒，人体是否由于碰撞或疾病造成摔倒。
- 体育、健身和舞蹈等肢体相关的教学和核对。
- 理解人体明确的肢体信号和指示（如机场跑道信号、交警信号、航海旗语等）。
- 协助进行姿态保持和保证（如学生课堂听讲和学情报告）。
- 增强安保和监控人体行为，如识别校园学生追打行为。图 8-2 所示是异常行为检测数据集的示例，有两种情况，即正常（Normality）和非正常（Anomaly）。

2．运动捕捉和增强现实

人体关键点检测在人体姿态采集中的一个有趣的应用是 CGI（Computer Graphic Image，一种电影制造技术）。通过检测人体关键点，可将人体姿态应用到图形、特效增强、艺术造型等方面；使用计算机合成技术，可将相关数据加载在电影人物上。图 8-3 所示是人体运动捕捉和增强现实的例子。

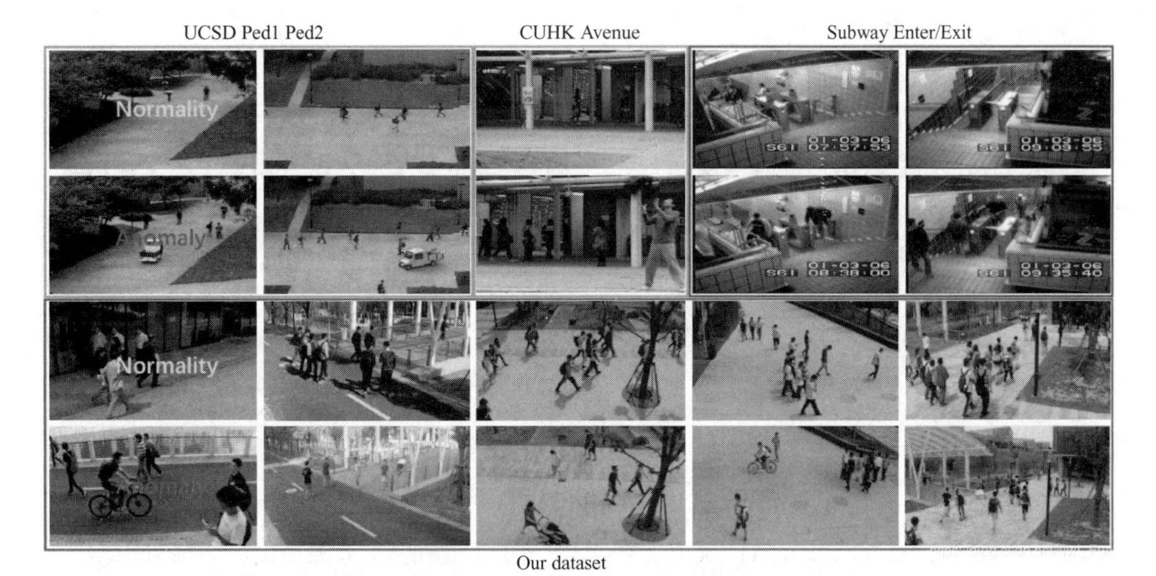

图 8-2　异常行为检测数据集的示例

图 8-3　人体运动捕捉和增强现实的例子

3．训练机器人

在工程机器人场景中，可以手动为机器人编程，使其按照特定的路径进行运动；同时，也可以让机器人跟随人类进行动作学习。人类教练通过演示特定的动作，教机器人学习这一动作，机器人识别人体关键点，计算如何移动自己的活动关节来进行相同的动作。这样的应用特别适合人类远程指挥机器人或者机器人自主行动完成任务，进行危险环境或不适合人类生存环境（洞穴、水下、太空等）的探索和研究，如灾害（火灾、地震等）紧急救援等。图 8-4 所示为训练机器人跟随人类教练学习动作。

图 8-4　训练机器人跟随人类教练学习动作

8.2 实现方法

人体关键点检测，根据处理情况的不同，可以分为单人关键点检测和多人关键点检测，图 8-5 所示为人体关键点检测算法的分类情况。

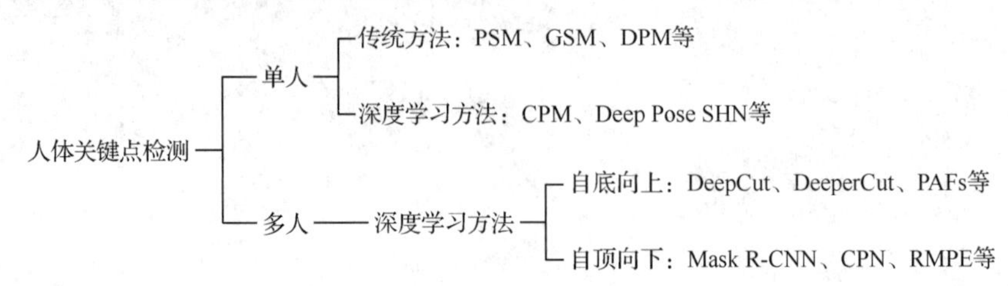

图 8-5　人体关键点检测算法的分类情况

单人关键点检测方法可分为传统方法和深度学习方法，单人关键点检测只能处理单个人的关键点检测问题，一般要求人在图片中心位置。传统方法通过设计和建立人体结构模型来获取人体各部位的特征，并对人体各部位进行检测。传统方法的泛化能力不高，并且精确度较低。深度学习方法在图像识别方面有着非常明显的优势，2013 年以后，深度学习也应用到人体关键点检测中。2014 年，Toshev 等人提出了基于卷积神经网络的 Deep Pose 算法来解决人体关键点检测问题，Deep Pose 是直接对坐标点进行回归，由于人体姿态灵活，形态多样，直接进行坐标回归不是很容易，训练也不易收敛。此后的方法大多将关键点位置建模为热图（Heatmap）上的峰值点，并训练模型预测热图。

在实际中绝大多数应用场景都是多人的情况，每张输入图片中人体的个数不固定，每个人的尺度也不一样，人与人之间的相互影响也很复杂，如互相遮挡或者被其他物体遮挡，还有背景和衣着干扰、人体动作和姿态的复杂多变性等。从开始的单人关键点检测发展到多人关键点检测，神经网络结构逐渐复杂，参数也越来越多，依靠卷积神经网络可提高人体关键点检测的性能和准确性。多人关键点检测发展出自顶向下方法（Top-Down Approache）与自底向上方法（Bottom-Up Approache）两种技术路径，如图 8-6 所示。

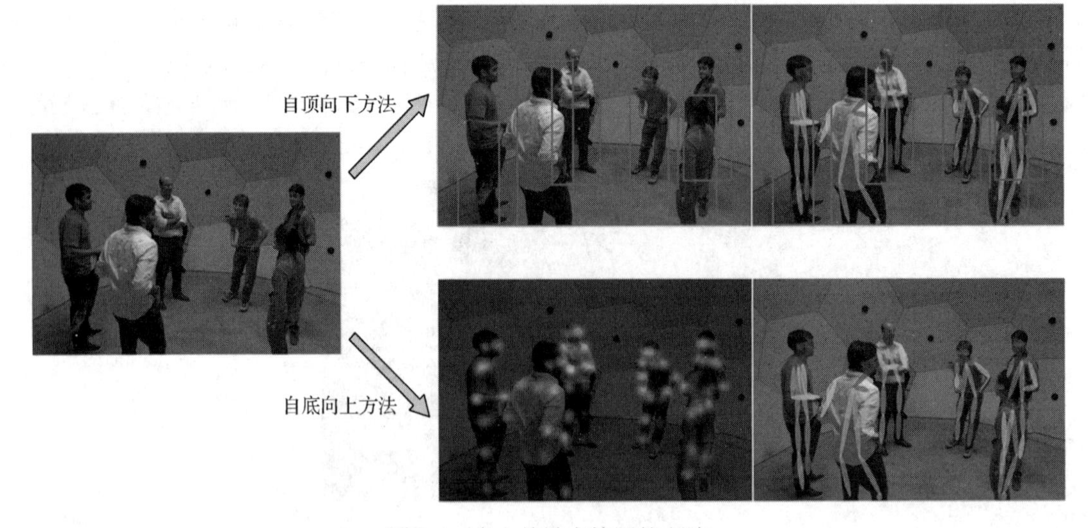

图 8-6　多人关键点检测的方法

8.2.1 自顶向下

自顶向下方法，即两步骤框架（Two-Step Framework），是目标检测和单人的人体关键点检测，就是先进行人物的目标检测，得到人物的建议框，然后应用单人姿态估计算法对每个建议框预测人体的关键点，并将关键点连接成一个人形。在该方法实现的过程中需要解决以下三个方面的问题：

（1）关键点局部信息的区分性很弱，即背景中很容易出现同样的局部区域，会造成混淆，所以需要考虑较大的感受野区域。

（2）人体不同关键点检测的难易程度是不一样的，对于腰部、腿部这类关键点的检测要明显难于头部附近关键点的检测，所以不同的关键点可能需要区别对待。

（3）自顶向下的人体关键点定位依赖于检测算法提出的方案，会出现检测不准和重复检测等现象。

该方法的缺点是受检测算法的影响较大，检测算法对检测框的漏检、误检以及判定为正样本的 IoU 设置都对算法准确性有很大的影响。通常情况下，自顶向下的人体检测方法存在两个主要的问题：

（1）多检测问题（如图 8-7 左图），造成人体关键点识别误差；

（2）单人检测框的定位存在误差（如图 8-7 右图）。

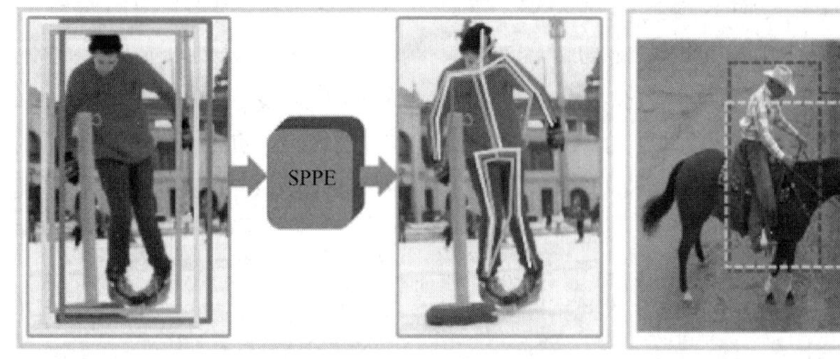

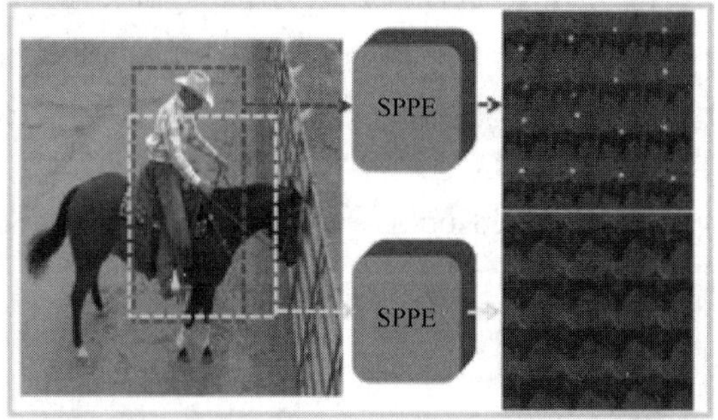

图 8-7　单人检测框定位误差

自顶向下方法的检测速度较慢，且预测时间会随着图片中人数的增加而呈线性增加。因为自顶向下的方法需要先检测行人再对每个检测框执行单人关键点检测，故一般使用的方法包括 RMPE、Mask R-CNN 等。

RMPE（Regional Multi-Person Pose Estimation）即首先执行对行人的检测，确定检测区域，然后再执行单个人的姿态估计，最终将结果融合得到完整的姿态估计。

图 8-8 是 RMPE 算法的流程图，整个过程分为三步。第一步是用 SSD 检测人，获得人体候选（Human Proposal）；第二步将其输入两个并行的分支，上面的分支是 STN+SPPE+ SDTN 的结构，即 Spatial Transformer Networks+Single-Person Pose Estimation+Spatial De-Transformer Networks，STN 接收的是人体候选，SDTN 产生的是姿势候选（Pose Proposal），下面并行的分支充当额外的正则化矫正器；第三步是对姿势候选进行 Pose NMS（非最大值抑制），用来消除冗余的姿势候选。

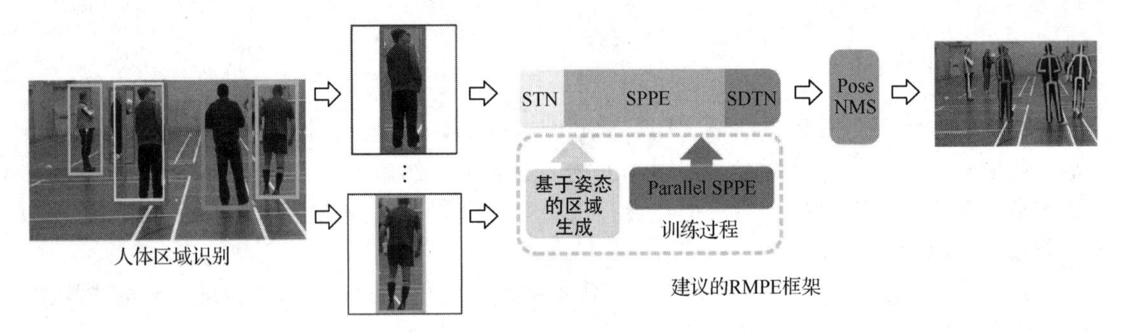

图 8-8　RMPE 算法的流程图

8.2.2　自底向上

自底向上方法，即基于部分框架（Part-Based Framework）的方法，也分为两步：关键点检测和关键点聚类，就是先检测出图片中所有的人体关键点，再用图模型、条件随机场等算法将检测到的关键点进行匹配，从而拼接出人体的姿势。这种方法的缺点是受遮挡的影响太大，算法在拼接人体姿势时可能会将有重叠的不同人体的不同关节按一个人进行拼接。代表的方法有 OpenPose、DeepCut、PAFs。

1．OpenPose

OpenPose 人体关键点检测是美国卡耐基梅隆大学（CMU）基于卷积神经网络和监督学习并以 caffe 为框架开发的开源库，可以实现人体动作、面部表情、手指运动等姿态估计，适用于单人和多人，具有极好的鲁棒性。其可以称为是世界上第一个基于深度学习的实时多人二维姿态估计，这是人机交互的一个里程碑，为机器理解人提供了一个高质量的信息维度。OpenPose 在 GitHub 上开源了算法实现的代码，并配有详细的说明文档。OpenPose 模型的架构如图 8-9 所示。

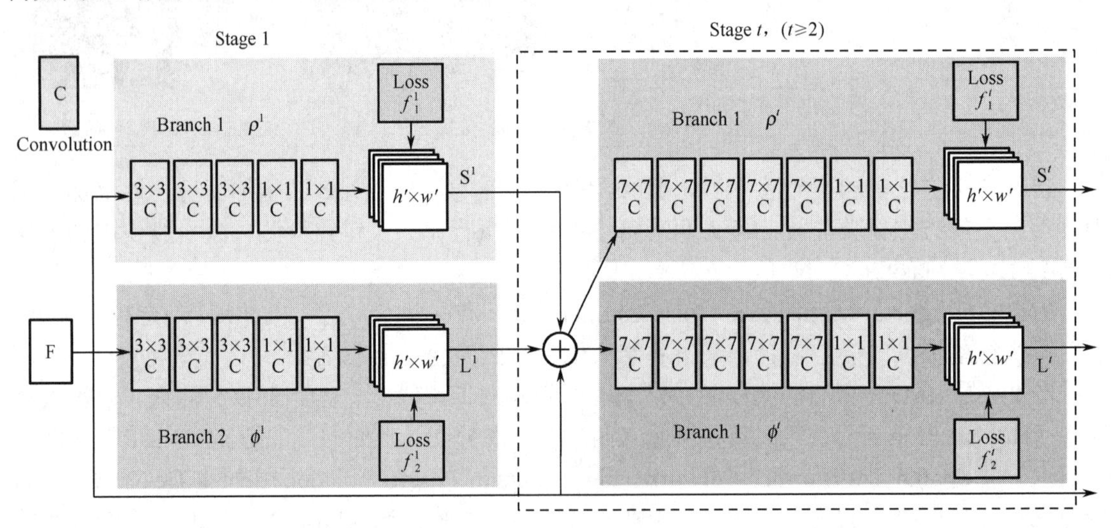

图 8-9　OpenPose 模型的架构

首先，输入一幅图像，通过卷积网络（在 OpenPose 模型的架构中使用的是 VGG-19）从图像中提取特征，得到一组特征图，并将它们传给两个平行的卷积层分支（Branch）。第一个分支用来预测 18 个置信图，每个图都代表人体骨架中的一个关键点，CMP（Part Detection

Confidence Maps for Part Detection）标记每个关键点的置信度（就是常说的“热图”）。第二个分支预测一个集合，该集合中包含 38 个部分区域亲和（Part Affinity Fields，PAF），负责在图像域编码四肢位置和方向的 2D 矢量，描述各关键之间的连接程度。通过两个分支，联合学习关键点位置和它们之间的联系。

其次，得到这两个信息后，使用图论中的偶匹配（Bipartite Matching）求出部分关联（Part Association），使用关键点置信图，可以在每个关键点对之间形成二分图（如图 8-10 所示）。使用 PAF 值，二分图里较弱的连接被删除。将同一个人的关键点连接起来，由于 PAF 自身的矢量性，使得生成的偶匹配很正确，最终合并为一个人的整体骨架。

最后，基于 PAF 求多人解析（Multi-Person Parsing），再把多人解析问题转换成图论问题。匈牙利算法（Hungarian Algorithm）是一个图匹配最常见的算法，该算法的核心就是寻找增广路径，所以它是一种用增广路径求二分图最大匹配的算法。

通过上述步骤，可以检测出图中所有人的人体姿态骨架，并将其分配给正确的人。OpenPose 实现人体姿态预测的过程如图 8-10 所示。

图 8-10　OpenPose 实现人体姿态预测的过程

2．DeepCut

DeepCut 是一个自底向上的多人人体姿态估计方法，其多人关键点检测的过程如图 8-11 所示。从多人的单个图像开始，计算一组身体部位检测候选对象（body part detection candidates）（I），然后构建一个密集连接图（densely connected graph）（II）。多人姿态估计问题可视为整数线性规划（Integer Linear Program，ILP）问题，将部分检测候选者划分为人簇（person clusters），并标记每个检测（labeled body parts）（III），从而计算多人的联合姿态估计（IV）。

DeepCut 算法的主要步骤如下：

（1）生成一个由 D 个关键点候选项组成的候选集合，该集合代表图像中所有人的所有关键点的可能位置，并在该关键点候选集中选取一个子集。

（2）为每个被选取的人体关键点添加一个标签。标签是 C 个关键点类中的一个，每个关键点类代表一种关键点，如胳膊、腿、躯干等。

（3）将被标记的关键点划分给每个对应的人体。

上述过程可以被建模为 ILP 问题。考虑二值随机变量的三元组（x, y, z），其中的二值变量的域为

$$x \in \{0,1\}^{D \times C}$$

$$y \in \{0,1\}^{\binom{D}{2}}$$

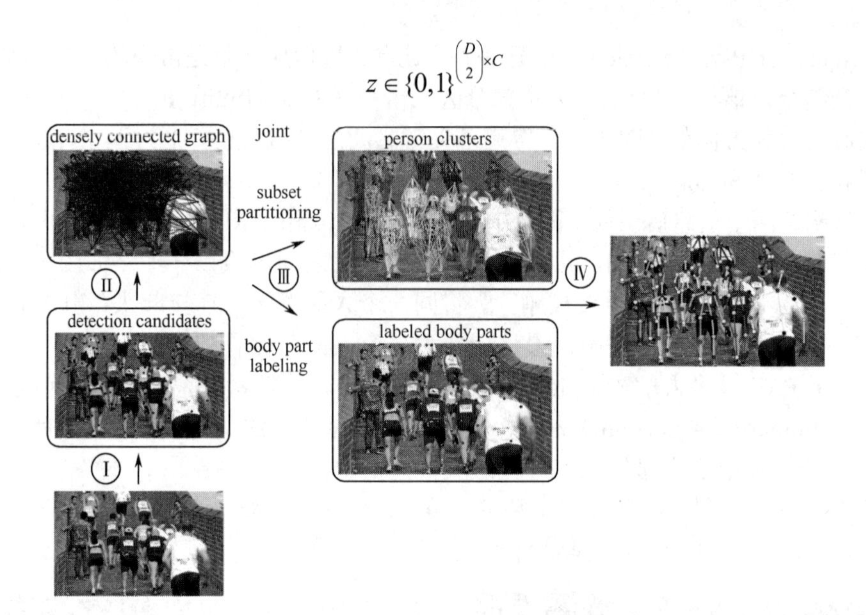

图 8-11　DeepCut 多人关键点检测的过程

考虑候选集 D 中的两个候选关键点 d 和 d'，以及类别集 C 中的两个类 c 和 c'。关键点候选项是通过 Fast R-CNN 或稠密 CNN 获得的。声明如下：

- 如果 $x(d,c)=1$，代表候选关键点 d 属于类别 c。
- 如果 $y(d,d')=1$，代表候选关键点 d 和 d'属于同一人。
- 定义 $z(d,d',c,c')=x(d,c)\times y(d,d')$。如果该式值为 1，则代表候选关键点 d 属于类别 c，候选关键点 d'属于类别 c'，且候选关键点 d 和 d'属于同一人。

最后一个声明可以用于划分人的关键点和进行姿态识别。显然，上述声明可以表示关于 (x,y,z) 的线性方程组，ILP 模型也就建立好了，多人关键点识别就可以转化为解这组线性方程的问题。

DeepCut 的优点如下：

（1）在多人情况下可以解决多人姿态估计问题，通过归类可以得到每个人的关键点分布。

（2）通过图论节点的聚类问题，有效地使用了非极大值抑制。

（3）优化问题表示为 ILP 问题，可以用数学方法得到有效的解。

DeepCut 的不足是使用了自适应的 Fast R-CNN 进行人体关键点的检测，同时又使用了 ILP 进行人体姿态估计，所以计算复杂度非常大。DeeperCut 是在 DeepCut 的基础上，对其进行改进，改进的方式基于以下两个方面：

（1）使用残差网络进行人体关键点的提取，效果更加准确，精度更高。

（2）使用图像条件成对项（Image-Conditioned Pairwise Terms）方法，能够将众多候选区域的关键点压缩到更少数量的关键点，算法更加强大、计算更加快速。该方法的原理是通过候选区域关键点之间的距离来判断是否为不同的重要关键点。

8.3　常用数据集

对于人体关键点检测，可以从网上获取一些数据集，用于算法研究和算法结果的比较。

同时，人体关键点检测也是 AI 算法竞赛中常见的一个题目，算法竞赛官方也提供了很多公开的竞赛数据集。表 8-2 是一些常见的人体关键点检测数据集。

表 8-2 常见的人体关键点检测数据集

数据集	单人/多人	类别	关键点个数	样本数	用　途
LSP（Leeds Sports Pose Dataset）	单人	体育类	14	2000	研究中作为第二数据集使用
FLIC（Frames Labeled In Cinema）	单人	影视	9	20 000	研究中作为第二数据集使用
MPII（MPII Human Pose Dataset）	单人/多人	日常	16	25 000	单人人体关键点检测的主要数据集
MSCOCO	多人	日常	17	>300 000	多人人体关键点检测的主要数据集
AI Challenger	多人	日常	14	380 000	竞赛数据集
PoseTrack	多人	日常	15	>20 000	多用于姿态追踪

8.3.1 MPII 数据集

MPII 数据集是一个单人和多人的标注过的图片数据集，常用于单人检测场景。该数据集包含约 25 000 幅图像，其中包含超过 40 000 个带注释的人体关键点的人物图。这些图像是通过对人类日常活动的给定分类系统收集的。总体而言，该数据集涵盖 410 种人类活动，并且每个图像都带有活动标签。每个图像都是从 YouTube 视频中提取的，并提供了之前和之后的未注释帧。此外，对于测试集，还有更丰富的注释，包括身体部位遮挡以及 3D 躯干和头部方向。

MPII 数据集 16 个关键点标注如下：

0—R ankle, 1—R knee, 2—R hip, 3—L hip, 4—L knee, 5—L ankle, 6—pelvis, 7—thorax, 8—upper neck, 9—head top, 10—R wrist, 11—R elbow, 12—R shoulder, 13—L shoulder, 14—L elbow, 15—L wrist。

标注数据使用 mat 的 struct 格式（同 MATLAB），对于人体关键点检测，使用行人框（center 和 scale），人体尺度为除以 200 像素高度后的值。MPII 数据集提供了 16 个关键点坐标及其是否可见的信息，以及头部包围框、图像活动分类、视频索引和帧信息等其他信息。同时，MPII 数据集支持多人和单人模式，单人模式表示已知行人框（center 和 scale），排除多人相互接近的情况。

MPII 人体姿态数据集官网首页如图 8-12 所示。

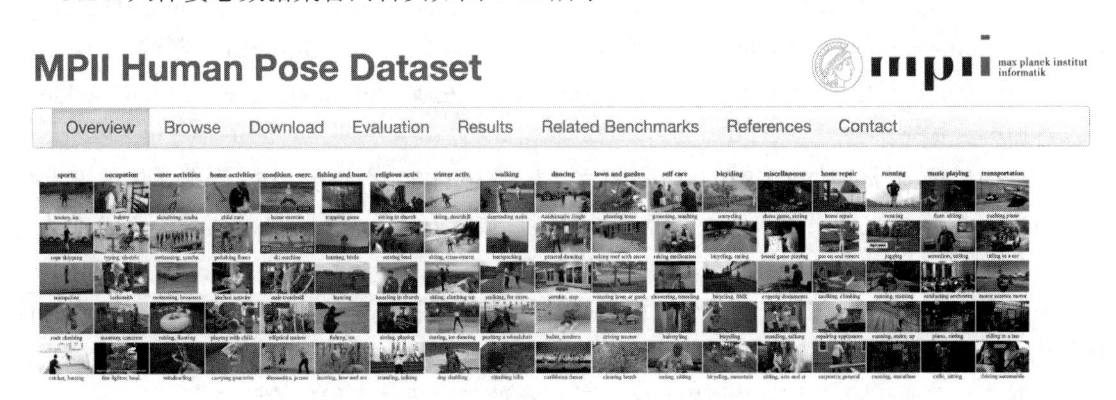

图 8-12 MPII 人体姿态数据集官网首页

8.3.2 MSCOCO 数据集

MSCOCO（Microsoft COCO）数据集是由微软公司构建的一个数据集，该数据集包含了目标检测（detection）、关键点定位（keypoints）、实例分割（segmentation）、看图说话（image captions）等任务的训练和测试数据。

训练和测试数据都以 json 文件的形式进行存储，每个 json 文件都包括｛info、image、license、annotations｝四个字段，由于 COCO 数据集的标注类型分为目标实例、目标上的关键点和看图说话三类，所以 annotations 字段的格式根据标注类型的不同而不同，且 annotations 字段包含多个 annotation 实例，每个目标关键点（object keypoints）类型的标注格式 annotation 都包含如下字段：

annotation{ "id": int, "image_id": int,"category_id": int, "segmentation": RLE or [polygon], "area": float, "bbox": [x,y,width,height], "iscrowd": 0 or 1, "num_keypoints": int, "keypoints": [x,y,v]}

其中，segmentation 字段与 iscrowd 字段密切相连。segmentation 字段有两种格式，它的格式取决于这个实例是否全是单个的对象，即判断是否有遮挡的情况。若没有遮挡，即表示图片上全是一个个单独而完整的物体，此时，iscrowd=1，segmentation 字段将使用 RLE 格式，而 segmentation 字段中得到的很长的数组就是分割得到的像素级的物体边缘坐标；若有遮挡，即表示图片上的物体并不单独而完整，此时，iscrowd=0，segmentation 字段将使用 polygon 格式。

keypoints 是一个长度为 $3\times k$ 的数组，其中 k 是该图像在该类别下所有的关键点的总数，每个关键点都是一个长度为 3 的数组。keypoints 后前两项表示关键点在图片中的 x 与 y 的坐标值，第三个是该关键点的标志位 v。当 v=0 时，关键点不被标记（在这种情况下，x=y=v=0）；当 v=1 时，关键点被标记但不可见（被遮挡），这种关键点难以被算法检测出来；当 $v=2$ 时，关键点被标记且可见，这种关键点最容易被检测出来。

num_keypoints 表示该图像在此类别上人工检测到的关键点的总数（v>0），数值上等于上文中的 k 值。人这一类别要求检测的关键点有 17 个类别，包括鼻子（nose）、左眼（left-eye）、右眼（right-eye）、左耳（left-ear）、右耳（right-ear）、左肩（left-shoulder）、右肩（right-shoulder）、左肘（left-elbow）、右肘（right-elbow）、左手腕（left-wrist）、右手腕（right-wrist）、左臀（left-hip）、右臀（right-hip）、左膝（left-knee）、右膝（right-knee）、左踝（left-ankle）、右踝（right-ankle），可以再加英文扩充字数。

MSCOCO 数据集提供了约 59 000 张图片，共有 156 000 个人像，170 万个人体关键点数据。图 8-13 表示该数据集各人体关键点数目的图片数量分布。平均一幅图像含有约 2 个人，最多的有 13 个人。含有 11～15 个关键点的图最多。

关于图像复杂性的基准，有两个方面：①待检测的目标被干扰物体遮挡；②待检测的目标之间相互遮挡（密集）。对于前一种类型，目前主要使用增加样本来优化检测效果；对于后一种类型，主要通过设计目标框和相互之间的干扰的参数模型来优化检测效果。

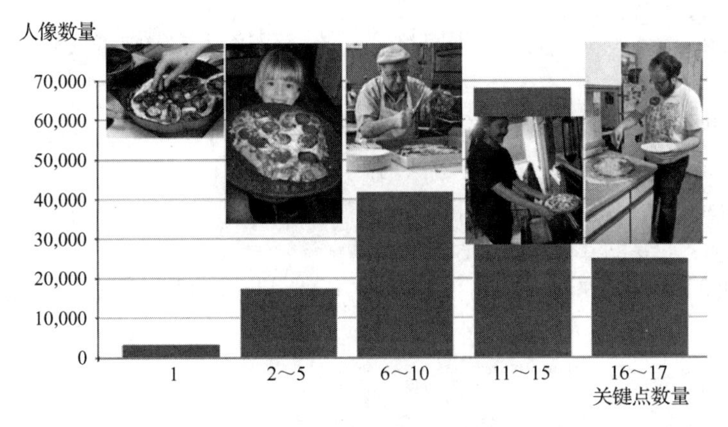

图 8-13　各人体关键点数目的图片数量分布

8.4　实验——姿态识别互动机器人

1．实验目的

- 熟悉基于 OpenPose 代码库进行的人体姿态识别。
- 掌握 tf_pose 代码库的使用，包括数据集准备、模型训练、人体姿势识别等。

2．实验背景

人体的姿态是人体重要的生物特征之一，有很多的应用场景，如步态分析、视频监控、增强现实、人机交互、金融、移动支付、娱乐和游戏、体育科学等。姿态识别能让计算机知道人在做什么、识别出这个人是谁，特别是在监控领域、在摄像头获取的人脸图像分辨率过小的情况下。此外，在目标身份识别系统中，姿态识别可以作为一项重要的辅助验证手段，达到减小误识别的效果。

得益于神经网络的发展，在计算机视觉领域，对图片或视频识别的速度、准确度都有了很大的提高。目前，目标检测、人脸识别、人体关键点检测、基于人体姿态的动作识别、基于人体姿态的身份识别等技术还在不断地发展、完善中，各个领域的技术相辅相成、相互借鉴、相互提高。分类、检测、识别目前基本上都以 CNN 为基础结构，完成对图像数据的直接处理，得出数据，然后再使用特定的算法计算。人脸检测、识别、人体关键点检测、动作识别、行人重识别、步态识别等，基本上都是按这个架构来实现的。

3．实验原理

本实验基于 OpenPose 基础代码库实现。OpenPose 是基于卷积神经网络和监督学习并以 caffe 为框架写成的开源库，可以实现人的面部表情、躯干和四肢甚至手指的跟踪，不仅适用于单人，也适用于多人。

4．实验环境

本实验使用的系统和软件包的版本为 Numpy1.18.3、Matplotlib3.2.0、TensorFlow1.5.2、opencv_python-3.4.2.17、Slidingwindow0.0.14。

5．实验步骤

实验前，先通过 git 命令同步 OpenPose 的版本代码库。代码如下：

```
git clone https://github.com/ildoonet/tf-pose-estimation.git
```

然后，进入 tf_pose-estimation 代码库目录，该代码库目录主要的文件如下。

- setup.py：安装文件。
- run.py：单张图片测试推理计算人体姿态。
- run_video.py：视频中的人体姿态识别。
- run_webcam.py：实时摄像头拍摄的人体姿态识别。
- tf_pose.py：主要的实现文件。

tf_pose 模块可以手动安装，也可以使用 tf_pose 目录下的文件安装。如果要手动安装，则使用如下代码：

```
python setup.py install
```

OpenPose 的代码库提供了两个预训练的人体姿态识别模型，一个是 cmu，另一个是 mobilenet_thin，通过 git 命令下载后，将 cmu 的 graph_opt.pb 文件复制到 models/graph/cmu 目录下，将 mobilenet_thin 的 graph_ opt.pb 文件复制到 models/graph/mobilenet_thin/下。

实验时，首先导入相关模块，通过 PIL 模块加载指定目录下的目标图片到内存中，并以 Numpy 数组的数据格式显示（原始图片如图 8-14 所示），代码如下：

```
#通过 PIL 加载图片
victor_img = Image.open('/home/jovyan/work/img.jpg')
victor_img_np = np.asarray(victor_img)
#初始化一个 7×12 的画布
fig, ax = plt.subplots(figsize=(7, 12))
#显示加载的原图
ax.imshow(victor_img_np)
plt.show()
```

图 8-14　人体姿态识别前的图片

可以先通过 TfPoseEstimator 类加载预训练模型，并指定目标窗口的大小；然后通过 PIL 模块加载同一图片到内存中，并以 Numpy 数组的数据格式显示；再通过 TfPoseEstimator 的实例对象推理出图片中人的映射点和线；最后将推理出的点和线绘制到原始图片上。

关键代码如下：

```
#导入 tf_pose 模块
from tf_pose.estimator import TfPoseEstimator
from tf_pose.networks import get_graph_path
#指定预训练模型的名称
model = "cmu"
#通过 get_graph_path()函数获取模型地址
#使用 TfPoseEstimator 类初始化预训练模型和目标窗口的显示大小
estimator = TfPoseEstimator(get_graph_path(model), target_size=(window_width, window_height))
#通过 PIL 加载图片
victor_img = Image.open('/home/jovyan/work/img.jpg')
#将图片的数据格式转换为 Numpy 数组的数据格式
victor_img = np.asarray(victor_img)
#推理计算图片，返回已获知的人的关键部位数据
humans = estimator.inference(victor_img,resize_to_default=(window_width > 0 and window_height > 0),
          upsample_size=resize_out_ratio)
#将关键部位绘制在原图上
image = TfPoseEstimator.draw_humans(victor_img, humans, imgcopy=False)
```

输出结果如图 8-15 所示。

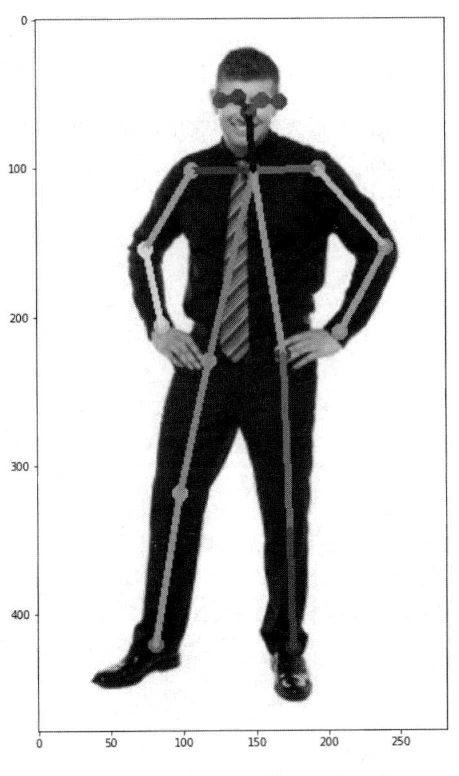

图 8-15　人体姿态识别后的输出结果

然后我们来推理计算图片特征过程中 Pafmap（部分区域亲和图）和 Heatmap（热图）的 4 张图片，计算出点和连线，并显示向量图（VectorMap）的 X 和 Y 的方式。4 张图片是以 2 行 2 列的方式排列的，所以 fig.add_subplot()函数的 3 个参数中，第一个表示行，第二个表示列，第三个表示所处位置的索引。

关键代码如下：

```
import cv2
#第一张图片
fig, ax = plt.subplots(figsize=(7, 10))
a = fig.add_subplot(2, 2, 1)
#设置图标题
a.set_title('Result')
#将 BGR 图片转为 RGB 模式显示
plt.imshow(cv2.cvtColor(image, cv2.COLOR_BGR2RGB))
#不显示网格
plt.grid(False)
#显示右边的颜色条
plt.colorbar()
#第二张图片
bgimg = cv2.cvtColor(image.astype(np.uint8),cv2.COLOR_BGR2RGB)
#将转换后的图片重置大小，参数 interploation 指重新采样
bgimg = cv2.resize(bgimg,
                   (estimator.Heatmap.shape[1], estimator.Heatmap.shape[0]),
                   interpolation=cv2.INTER_AREA)
a = fig.add_subplot(2, 2, 2)
#参数 alpha 控制图片透明度，其值在 0～1 间，1 表示完全显示，0 表示完全透明
plt.imshow(bgimg, alpha=0.5)
#沿着轴 2 反转 Heatmap 的数组，取最大值，即突出检测的点
tmp = np.amax(estimator.Heatmap[:, :, :-1], axis=2)
#以灰度图、半透明方式显示图片
plt.imshow(tmp, cmap=plt.cm.gray, alpha=0.5)
#设置图标题
a.set_title('Dot Network')
plt.grid(False)
plt.colorbar()
#第三张图片
#转置 Pafmap 的数组
tmp2 = estimator.Pafmap.transpose((2, 0, 1))
#沿着轴 0 取数组的奇数最大值
tmp2_odd = np.amax(np.absolute(tmp2[::2, :, :]), axis=0)
#沿着轴 0 取数组的偶数最大值
tmp2_even = np.amax(np.absolute(tmp2[1::2, :, :]),axis=0)
a = fig.add_subplot(2, 2, 3)
#设置图标题
a.set_title('Vectormap-X')
#以灰度图、半透明方式显示奇数图片
plt.imshow(tmp2_odd, cmap=plt.cm.gray, alpha=0.5)
```

```
plt.grid(False)
plt.colorbar()
#第四张图片
a = fig.add_subplot(2, 2, 4)
#设置图标题
a.set_title('Vectormap-Y')
#以灰度图、半透明方式显示偶数图片
plt.imshow(tmp2_even, cmap=plt.cm.gray, alpha=0.5)
plt.colorbar()
plt.grid(False)
plt.show()
```

如图 8-16 所示，结果图像出现在独立的 OpenCV 窗口上，这些图片证明了推理计算过程的正确性。4 张图片的含义如下：左上角（“Result”）是绘制在原始图像上的姿势检测骨架，右上角（“Dot Network”）是一个“热图”，其中显示了“检测到的组件”（S），两个底部图像（Vectormap-X，Vectormap-Y）显示了组件的关联（L）。“Result”是把 S 和 L 连接起来。

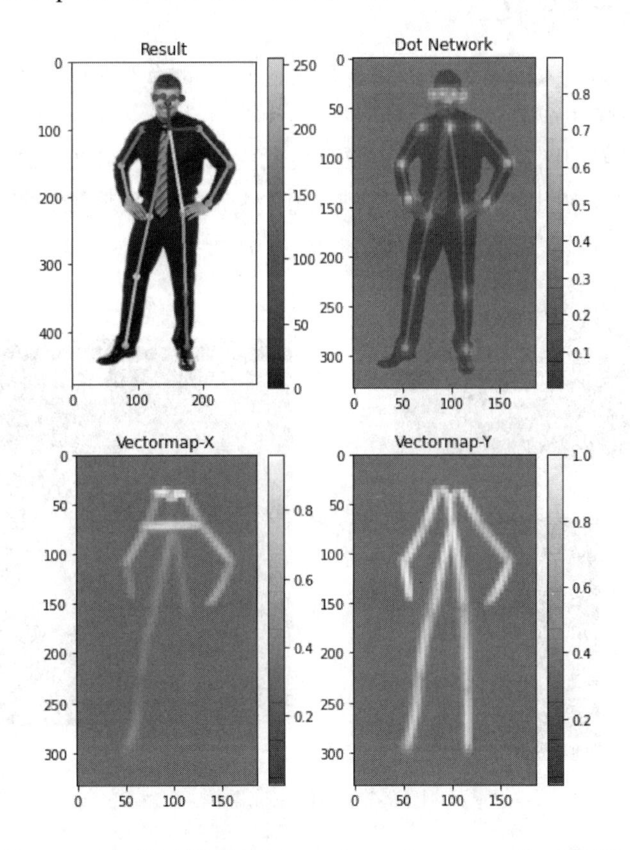

图 8-16　测试推理计算过程中 Pafmap 和 Heatmap 的 4 张图片

第 9 章　图像生成

图像生成技术是在图像的分类、检测等任务蓬勃发展的基础上，将计算机视觉技术研究从单纯的“描述”图像转向了“生成”图像。图像生成能够进一步降低图像设计、创作成本，能够在影视创作、文物修复、游戏建模等领域大放异彩。

本章主要介绍图像生成相关知识，包括图像生成的定义、图像生成的应用场景等。在了解图像生成基本概念及应用的基础上，本章进一步介绍图像生成的相关技术。

9.1　定义与应用场景

9.1.1　图像生成的定义

图像生成是指根据输入向量，生成目标图像。这里的输入向量可以是随机的噪声或用户指定的条件向量。图像生成具体的应用场景有：手写体生成、人脸合成、风格迁移、图像修复、超分重建等。当前的图像生成任务主要是借助生成对抗网络（GAN）来实现的。

一个图像风格迁移的图像生成应用案例如图 9-1 所示，它将登月照片通过图像生成技术转换为梵高的油画风格。

图 9-1　图像生成案例

图像生成是随着计算机视觉技术蓬勃发展应运而生的一项计算机视觉任务，也是近几年刚刚兴起的一项计算机视觉任务。2014 年，lan Goodfellow 将生成对抗网络模型引入深度学习领域。到目前为止，生成对抗网络模型已经成为图像生成任务中最受欢迎的模型。

2016 年，Scott Reed、Honglak Lee 等人对 GAN 进行了改进，将视觉概念从字符转换为像素，有效地桥接了文本和图像建模之间的步骤，使模型能够从文本信息中提炼特征、生成符合预期的图像。接着，Han Zhang、Dimitris Metaxas 等人对上述方法进行了进一步的优化改进，并提出一种堆叠生成对抗网络（StackGAN），该网络能够基于文本描述生成 256×256 的真实图像。2018 年，Ian Goodfellow、Han Zhang，Augustus Odena、Dimitris Metaxas 又提出了自我注意生成对抗网络（SAGAN），该网络将注意力驱动的远程依赖建模应用到图像生成任务中。传统的卷积生成对抗网络在处理图像的高分辨率信息时，只是把这部分信息作为低分辨率特征图中空间局部点的函数。而在自我注意生成对抗网络中，能够充分利用来自所有要素位置的特征向量生成详细信息。至今，自我注意生成对抗网络已经将 ImageNet 在生成上的 IS（Inception Score）达到了 52 分。

后来，DeepMind 将正交正则化的思想引入 GAN，对 GAN 进行改进，提出了 BigGAN。BigGAN 是将输入先验分布 z 适时地进行截断，从而使 GAN 的生成性能得到了大幅的提升。BigGAN 将 ImageNet 在生成上的 IS 达到了 166 分。目前，BigGAN 等模型已经取得非常逼真的图像生成效果，但图像生成训练所需要的特征参数是海量的，因此对硬件设备提出了很高的要求。

9.1.2　图像生成的应用

图像生成具体的应用场景包括内容创建、风格迁移、图像合成等。

1．内容创建

影视作品的制作通常是依据文学作品进行改编的，或者依据编辑好的剧本进行拍摄。这一过程要求制片人根据文本内容去设计合理的环境，制作成符合剧本意图的影视画面。图像生成技术的发展可以让计算机代替制片人的部分工作，计算机根据输入的文本信息生成相应的场景图片。这样不仅可以大大提高拍摄效率，也可以降低影视制作成本。在游戏角色创建时，玩家借助于图像生成技术可以通过语言描述去设计自己心仪的角色面容，达到游戏定制化效果。在设计公司，设计师可以根据不同的关键词通过图像生成技术为自己带来创作灵感。图 9-2 为一个内容创建的实例——使用图像生成模型生成的动漫头像。

图 9-2　内容创建的实例

2．风格迁移

风格迁移技术可以对图像的风格进行模仿、复刻。结合图像修复技术，风格迁移能够在壁画修复领域大放异彩，帮助文物工作者对残破的文物画作进行模拟，帮助人们更好地认识历史文化。同时，风格迁移可以帮助人们研究珍稀的画作。通过研究生成的“赝品图像”，既可以达到保护原作的初衷，又可以对画作进行详细的近距离研究。

3．图像合成

在生活中经常会发生一些较为严重的事故——车祸、坠机、工厂爆炸等，在这些事故发生阶段，人们通常更聚焦于救援工作。但是如果能更好地还原事故场景，技术人员便可以更清楚地了解事故原因和预防策略。基于图像合成技术，计算机能够通过采集到的事故数据对事故现场画面进行模拟。通过生成的图像信息，可以更快地了解事故，避免或者减少此类问题的再次发生。

9.2　实现方法

目前，图像生成领域较为主流的算法模型包括生成对抗网络、自回归模型（PixelRNN/PixelCNN）、变分自编码器（VAE）。现阶段，大部分的图像生成任务是依靠生成对抗网络来实现的。

9.2.1　GAN 模型

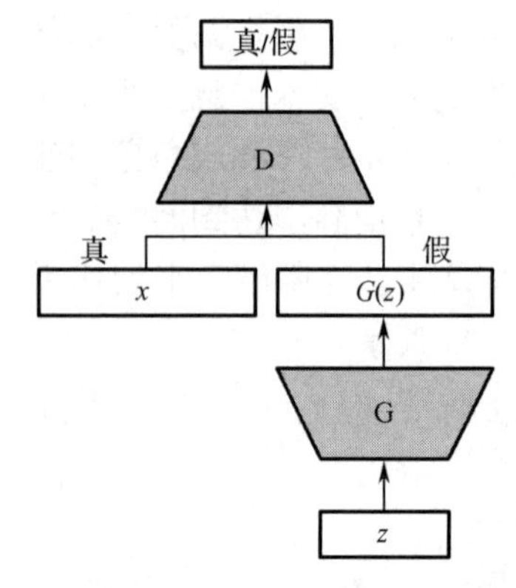

图 9-3　GAN 的基础结构

GAN 由生成器 G（Generater）和判别器 D（Discriminator）这两个神经网络组成。GAN 就是通过对抗的方式，去学习数据分布的生成模型。判别器负责试图区分真实样本和生成样本，生成器则试图产生欺骗判别器的尽可能逼真的样本。上述对抗博弈使生成器和判别器的性能不断提高，在达到纳什平衡（一种最优策略）后，生成器可以实现逼真的输出。GAN 的基础结构如图 9-3 所示。

GAN 能够以分布（通常为服从高斯分布的随机噪声）作为输入，如图 9-3 中所示的变量 z，在模型建立过程中通常取 $z\sim N(0,1)$，也可以选择区间[-1,1]的均匀分布作为输入。生成器 G 的参数为θ，输入 z 在生成器中得到$G(z;\theta)$，输出结果可以被视为从分布中抽取的样本$G(z;\theta)\sim p_g$。训练样本的数据分布服从p_{data}，生成器 G 的训练目标是使输出结果p_g无限接近于p_{data}，而判别器 D 的目标是区分生成样本和真实样本。这种博弈过程的优化目标函数为

$$\min_G \max_D V(D,G)=E_{x\sim p_{\text{data}}(x)}[\log D(x)]+E_{z\sim p_z(z)}[\log(1-D(G(z)))]$$

判别器 D 的任务属于机器学习中的二分类问题，$V(D,G)$为二分类问题中常见的交叉熵损失。生成器 G 需要生成能够欺骗判别器 D 的图像信息，所以需要使生成样本的判别概率$D(G(z))$为最大，即最小化$\log(1-D(G(z)))$。在实际训练时，生成器和判别器采取交替训练，即不断地训练判别器 D，再训练生成器 G，并进行循环。当生成器 G 参数不变时，对$V(D,G)$求导，能够得到最优判别器$D^*(x)$：

$$D^*(x)=\frac{p_{\text{data}}(x)}{p_g(x)+p_{\text{data}}(x)}$$

将最优判别器代入目标函数，能够得出在最优判别器下，生成器的目标函数等价于优化 $p_{\text{data}}(x)$、$p_g(x)$ 的 JSD（Jenson Shannon Divergence，JS 散度）。

能够证明，当生成器 G 和判别器 D 的容量足够时模型会收敛，而这能够达到纳什平衡状态，此时 $p_g(x)=p_{\text{data}}(x)$。判别器 D 对两类数据的预测概率均为 1/2，此时的判别器是无法准确区分生成样本与真实样本的。

因此，GAN 等图像生成模型通常采用 IS（Inception Score）评价指标。图像生成不仅要保证分辨率高或图像边缘清晰，同时也要确保图像中物体的归类是清晰的。IS 通过将生成模型的评价任务映射到分类器上，来降低评价难度。IS 的定义为

$$\text{IS}(G)=\exp(E_{x\sim p_g}D_{\text{KL}}(p(y\mid x)\parallel p(y)))$$

推导上式得：

$$\begin{aligned}\ln(\text{IS}(G))&=E_{x\sim p_g}D_{\text{KL}}(p(y\mid x)\parallel p(y))\\&=\sum_x p(x)D_{\text{KL}}(p(y\mid x)\parallel p(y))\\&=\sum_x p(x)\sum_i p(y=i\mid x)\ln\left(\frac{p(y=i\mid x)}{p(y=i)}\right)\\&=\sum_x\sum_i p(x,y=i)\ln\left(\frac{p(x,y=i)}{p(x)p(y=i)}\right)\\&=I(y;x)\\&=H(y)-H(y\mid x)\end{aligned}$$

式中：x 为数据特征；y 为标签；$p(y|x)$为给定数据特征判断是哪个标签的概率；$p(y)$为各个标签（类别）的分布；D_{KL} 为 KL 散度。

因此，要提高模型得分，只需提高 $H(y)$，降低 $H(y\mid x)$。

虽然 GAN 在图像生成方面应用非常广泛，但其训练过程的稳定性差，存在模式崩溃问题。生成器 G 会根据判别器 D 的“需求”大量生成某一类高质量图片以使其生成内容通过判别器 D 的检验。例如，在生成手写数字图片时，生成器 G 只需要学习如何逼真地生成某个特定数字以完全通过判别器 D 的验证，然后生成器 G 便不再学习其他数字的生成了。现阶段尽管有大量相关的研究，但是由于图像数据本身的高维度特性，模式崩溃问题依然没完全解决。GAN 的训练崩溃、模式崩溃问题等依然有待研究改进，这也是未来 GAN 研究发展的主要方向。

9.2.2 PixelRNN/PixelCNN 模型

PixelRNN 和 PixelCNN 都属于全可见信念网络，是一种自回归模型。模型通过学习图像数据的概率分布 $p_{\text{data}}(x)$ 显式建模，并利用极大似然估计获得模型最优参数。概率分布为

$$p_{\text{data}}(x)=\prod_{i=1}^{n}p(x_i\mid x_1,x_2,\cdots,x_{i-1})$$

在给定 $x_1,x_2,\cdots,x_{i-1}$ 条件下，所有 $p(x_i)$ 的概率乘起来就是图像数据的分布。如果使用 RNN 对上述似然函数进行建模，就是 PixelRNN。

PixelRNN 的目标是估计原始图像上的像素分布，该分布用于可跟踪地计算图像的可能性，并生成新的图像。网络按行扫描，每次扫描图像一行的一个像素。对于每个像素，它都预测给定扫描上下文的可能像素值的条件分布。PixelRNN 的预测过程如图 9-4 所示，左侧部

分表示使用的 Context 和预测的 x_i，右侧部分表示在多尺度（Multi-Scale）Context 的情况下，可以使用二次采样的图像进行预测。

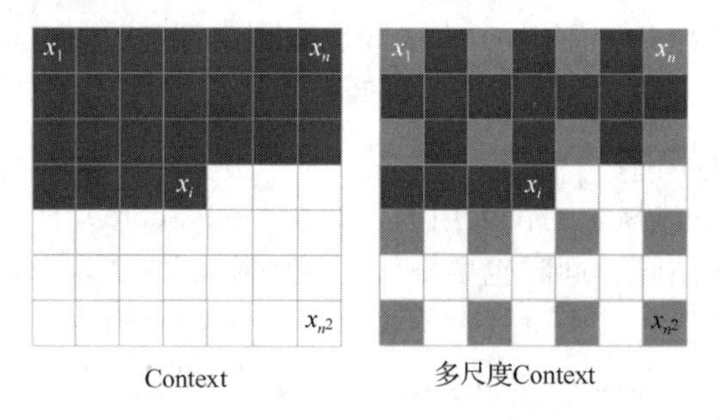

图 9-4　PixelRNN 的预测过程

每个像素 x_i 都由三个值共同决定，分别来自红绿蓝通道。因此每种颜色都建立在过去所有的生成像素和其所在三色通道的条件上。PixelRNN 结构中的 LSTM 层有两种类型，第一种称为 Row LSTM 层，每个卷积都被应用在每一行；第二种称为 Diagonal BiLSTM 层，卷积沿着图像的对角线进行应用。图 9-5 为 PixelCNN 与不同 LSTM 层的 PixelRNN 的对比。

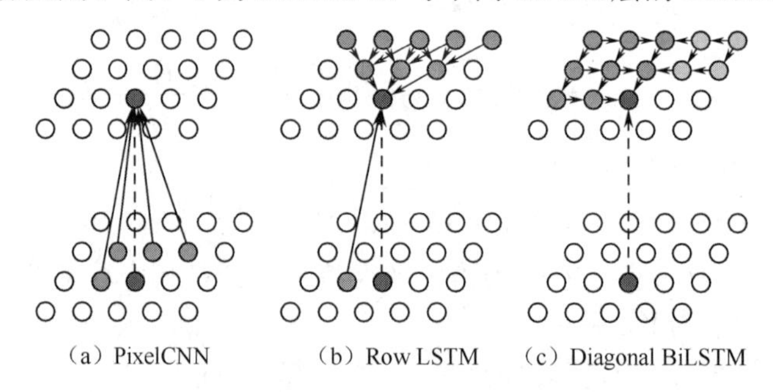

图 9-5　PixelCNN 与不同 LSTM 层的 PixelRNN 的对比

Row LSTM 是一个无向层，它从上到下逐行地处理图像，每次都给整行计算特征。因为它有一个三角接收域，所以它不能抓到所有可获得的上下文。Diagnoal BiLSTM 则实施并行计算且能在任何图像大小上捕捉到所有可获得的上下文。PixelCNN 模型虽然在图像训练和测试评估上能够实现有效率的并行计算，但是在图片生成方面由于采用序列生成方式，所以还是缺乏效率的。此外，相比于 GAN 来说，PixelCNN 模型生成图像的质量还有待提高。

9.2.3　VAE 模型

与 GAN 模型相比，VAE 模型具有更加完善的数学理论，其公式推导更显性、训练难度更低。VAE 模型是由 Auto-Encoder（AE）演变而来的。AE 模型由两部分组成，一部分称为 Encoder（编码器），将一个高维的输入映射到一个低维的隐变量上；另一部分称为 Decoder（解码器），将低维的隐变量再映射回高维的输入。

VAE 由一个 Encoder 和一个 Decoder 组成。VAE 模型的架构如图 9-6 所示。图中粗框表示求解 Loss 的部分，点画线展现了两个模块之间数据共享的情况。可以看出，图的上半部分是优化 Encoder 的部分，下半部分是优化 Decoder 的部分，除了 Encoder 和 Decoder，图中还有三个主要部分，即 Encoder 损失计算（使用 KL 散度计算）；z 的重采样生成；Decoder 损失计算（使用最大似然法）。

比较两个分布时，需要度量两个分布之间的相似性。KL 散度被广泛用于度量分布之间的相似性，其越小，表示两种概率分布越接近。它是两个分布之间的信息差（Information Difference），期望近似后验分布 $q_\theta(z \mid x_i)$ 与真实后验分布 $p(z \mid x_i)$ 之间的 KL 散度为

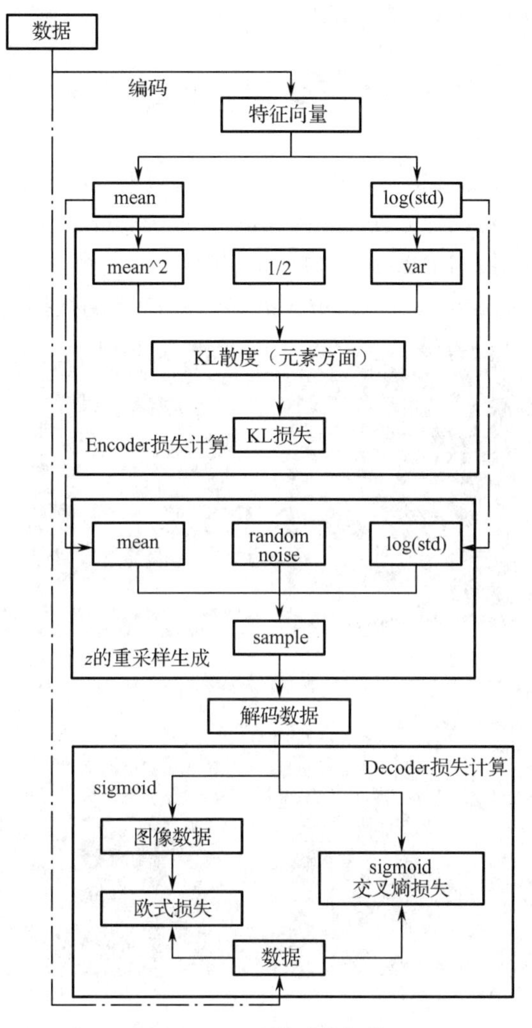

图 9-6　VAE 模型的架构

$$D_{\mathrm{KL}}(q_\theta(z \mid x_i) \,\|\, p(z \mid x_i)) = -\int q_\theta(z \mid x_i) \lg\left(\frac{p(z \mid x_i)}{q_\theta(z \mid x_i)}\right) \mathrm{d}z \geqslant 0$$

化简可得：

$$\lg(p(x_i)) \geqslant \int q_\theta(z \mid x_i) \lg\left(\frac{p_\phi(x_i \mid z) p(z)}{q_\theta(z \mid x_i)}\right) \mathrm{d}z$$

化简可得：

$$\lg(p(x_i)) \geqslant D_{\mathrm{KL}}(q_\theta(z \mid x_i) \,\|\, P(z)) + \sum\nolimits_{\sim q_\theta(z \mid x_i)} [\lg p_\phi(x_i \mid z)]$$

式中：x_i 为原始数据集；$q_\theta(z \mid x_i)$ 为期望近似后验分布；$p(z|x_i)$为真实后验分布；$p(x_i|z)p(z)$为生成变量的条件分布生成过程，即生成网络；D_{KL} 为 KL 散度；p_ϕ 为 z（隐变量）的后验分布。

上式不等号右侧即为 VAE 模型所需的损失函数。

使用最大似然算法可以衡量一个概率分布间的相似程度。

相比于 GAN 模型，VAE 模型生成的图像比较模糊，还容易出现模式崩塌问题，故现阶段研究更倾向于 VAE 模型与 GAN 模型的结合。

9.3 常用数据集

模型训练数据集的选取直接决定了模型的准确性，因此选择一个健康丰满的数据集是训练一个优质模型的先决条件。论文 *Generative Adversarial Networks* 首次提出了 GAN 并运用到图像生成领域，论文中使用了 MNIST、TFD 和 CIFAR-10 三个数据集对模型生成结果进行了测试。图 9-7 为论文 *Generative Adversarial Networks* 所使用的数据集训练结果展示。

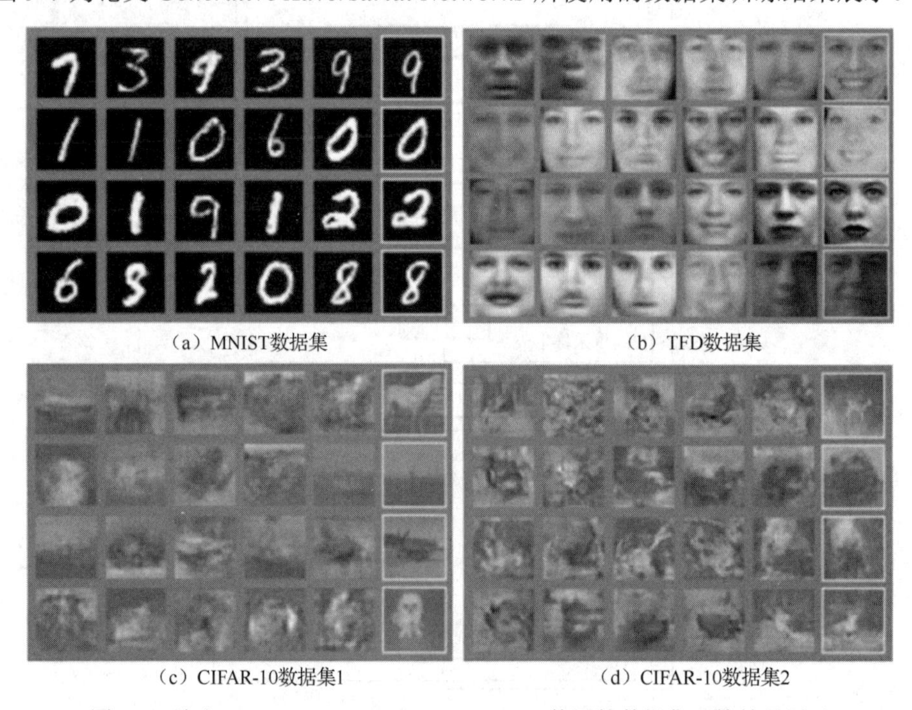

（a）MNIST数据集　（b）TFD数据集

（c）CIFAR-10数据集1　（d）CIFAR-10数据集2

图 9-7　论文 *Generative Adversarial Networks* 使用的数据集训练结果展示

在图像生成领域，业内通常使用的图像数据集主要包括 MNIST、CIFAR-10/100、ImageNet 等。

在计算机视觉领域，MNIST 数据集和 CIFAR-10 数据集是入门级别的。由于图像生成任务难度较大，因此早期论文在上述数据集中进行实验。随着技术的进步，生成模型通常是在图像噪声更多的 ImageNet 数据集上生成的，而 IS 是评价模型的重要依据之一。

9.4 实验——机器人书法学习

1. 实验目的

- 掌握生成对抗网络的模型架构。
- 学习使用 GAN 实现 MNIST 数字图像生成的流程。

2．实验背景

随着科技的发展，深度学习的相关技能已经逐步普及到我们的日常生活中。如汽车的车牌识别、监控视频的行为检测、人脸识别等，不同的应用场景，所采用的技术也各不相同。在某些现实的应用场景中，往往需要生成一些图像。例如：图像修复功能可补全图像中缺失的部分（主要是人脸的修复）；图像超分辨率重建功能可将低分辨率的图像转换成高分辨率图像；图像预测功能可通过一张自然人照片，预测该自然人 *N* 年之后的模样；迁移学习通过给图片添加不同的场景，达到迁移到另一个场景的效果等。在这些需求中都会使用 GAN 模型。本次课程实验将学习使用 TensorFlow 的生成对抗网络，实现生成 MNIST 数字图像的基本操作，使学生初步体会 GAN 模型的一些简单应用。

本实验采用 MNIST 开源的手写数字的 MNIST 数据集。该数据集包含 60 000 个用于训练的示例和 10 000 个用于测试的示例。这些数字已经过尺寸标准化并位于图像中心，图像为固定大小（28 像素×28 像素），其值为 0～1。为简单起见，每个图像都被平展并转换为 784(28×28) 个特征的一维 Numpy 数组。

3．实验原理

生成对抗网络是通过生成器 G 和判别器 D 两个网络的相互博弈，使各自性能不断提高，在达到纳什平衡后，生成器可以实现逼真的输出，即使用 GAN 可以实现 MNIST 数字图像的生成。

4．实验环境

本实验使用的系统和软件包的版本为 Ubuntu16.04、Python3.6、Numpy1.14.6、Matplotlib3.0.2、PIL4.0.0、TensorFlow1.12.0、tqdm4.28.1。

5．实验步骤

1）数据准备

从 MNIST 官方网站下载训练集的 60 000 个数字图像数据，本实验已提供下载数据的源数据。下载后，将 MNIST 数据转换成图片，并存储到本地目录 mnist_dataset 下，然后加载 MNIST 文件中的数据，再把数据字节流读取到 Numpy 数组中，最后通过遍历来把每张 MNIST 数字图片保存到 mnist_dataset 目录下。代码实现如下：

```
import os
import gzip
import numpy as np
from tqdm import tqdm
from PIL import Image
#从字节流读取 32 位的整型数据
def _read32(bytestream):
    dt = np.dtype(np.uint32).newbyteorder('>')
    return np.frombuffer(bytestream.read(4), dtype=dt)[0]
#解压 MNIST，并将其转换为图片
def decompress_gzfile(extract_path, save_path):
    #根据 MNIST 压缩包路径读取数据集文件
    with open(extract_path, 'rb') as f:
        #将数据集读取到字节流中
        with gzip.GzipFile(fileobj=f) as bytestream:
            #处理字节流
```

```
            magic = _read32(bytestream)
            #用 magic number 来区分图片数据和标签数据：2051 表示数据集中的图片文件，2049
            #则表示数据集中的图片标签
            if magic != 2051:
                raise ValueError('Invalid magic number {} in file: {}'.format(magic, f.name))
            num_images = _read32(bytestream)
            rows = _read32(bytestream)
            cols = _read32(bytestream)
            buf = bytestream.read(rows * cols * num_images)
            data = np.frombuffer(buf, dtype=np.uint8)
            data = data.reshape(num_images, rows, cols)
    #遍历，并利用图片数据生成灰度图片，同时保存到指定路径中
    for image_i, image in enumerate(tqdm(data,
                                         unit='File',
                                         unit_scale=True,
                                         miniters=1,
                                         desc='提取 MNIST 数据集图像')):
        save_img_path = os.path.join(save_path, 'image_{}.jpg'.format(image_i))
        Image.fromarray(image, 'L').save(save_img_path)
```

对应的输出——提取 MNIST 数字图像如图 9-8 所示。

```
提取MNIST数据集图像:  98%|████████████| 58.9k/60.0k [01:18<00:01, 582File/s]
提取MNIST数据集图像:  98%|████████████| 59.0k/60.0k [01:18<00:01, 652File/s]
提取MNIST数据集图像:  98%|████████████| 59.1k/60.0k [01:18<00:01, 714File/s]
提取MNIST数据集图像:  99%|████████████| 59.1k/60.0k [01:18<00:01, 760File/s]
提取MNIST数据集图像:  99%|████████████| 59.2k/60.0k [01:18<00:00, 793File/s]
提取MNIST数据集图像:  99%|████████████| 59.3k/60.0k [01:18<00:00, 809File/s]
提取MNIST数据集图像:  99%|████████████| 59.4k/60.0k [01:18<00:00, 830File/s]
提取MNIST数据集图像:  99%|████████████| 59.5k/60.0k [01:19<00:00, 845File/s]
提取MNIST数据集图像:  99%|████████████| 59.6k/60.0k [01:19<00:00, 832File/s]
提取MNIST数据集图像:  99%|████████████| 59.6k/60.0k [01:19<00:03, 107File/s]
提取MNIST数据集图像:  99%|████████████| 59.7k/60.0k [01:19<00:02, 146File/s]
提取MNIST数据集图像: 100%|████████████| 59.8k/60.0k [01:19<00:01, 194File/s]
提取MNIST数据集图像: 100%|████████████| 59.9k/60.0k [01:19<00:00, 254File/s]
提取MNIST数据集图像: 100%|████████████| 60.0k/60.0k [01:20<00:00, 324File/s]
提取MNIST数据集图像: 100%|████████████| 60.0k/60.0k [01:20<00:00, 749File/s]
```

图 9-8　提取 MNIST 数字图像

查看提取的数字图像，步骤如下：

（1）通过 glob 模块加载所有的图像路径。

（2）根据图像路径随机选择 25 条，并查看选中的图片。

对应代码如下：

```
#从所有文件路径中随机选取 25 张图片
def plot_random_25_img(filepaths):
    #从指定的文件路径集合中，随机选取 25 个路径
    random_25_imgs = random.sample(filepaths, 25)
    #创建 5×5 个绘图对象，并设置总容器大小
```

```
    fig, axes = plt.subplots(nrows=5, ncols=5)
    fig.set_size_inches(8, 8)
    index = 0
    for row_index in range(5):
        for col_index in range(5):
            #读取图片的数值内容
            img = image.imread(random_25_imgs[index])
            #获取绘图对象
            ax = axes[row_index, col_index]
            #在 axes 对象上显示图片
            ax.imshow(img)
            #隐藏网格
            ax.grid(False)
            #索引加自增
            index += 1
    #显示画布
    plt.show()
#获取所有图片的路径
mnist_all_paths = glob(save_path + '/*.jpg')
#随机选取 25 张数字图片，并显示
plot_random_25_img(mnist_all_paths)
```

执行结果——随机选择 25 张数字图片展示如图 9-9 所示。

图 9-9　随机选择 25 张数字图片展示

然后构建模型输入，通过传入图片的宽度、高度、通道数以及维度，最终返回 TensorFlow 的张量。代码如下：

```
#构建输入模型，传入图片的宽度、高度、通道数以及维度，返回 TensorFlow 的张量
def model_inputs(image_width, image_height, image_channels, z_dim):
    inputs_real = tf.placeholder(tf.float32, [None, image_width, image_height, image_channels],
                name= "input_real")
    inputs_z = tf.placeholder(tf.float32, [None, z_dim], name="input_z")
    learning_rate = tf.placeholder(tf.float32, name="learning_rate")
    return inputs_real, inputs_z, learning_rate
```

2）构建对抗神经网络

（1）构建鉴别器。

鉴别器模型本质上是一个分类器，用来确定给定的图像是来自数据集的真实图像还是生成的假图像。该模型是一个二进制分类器（其分类结果不是来自数据集的真实图像，就是生成的假图像），它通过构建卷积神经网络模型实现，负责区分输入的真实图像和生成的假图像。为了能重新使用神经元中的变量，构建鉴别器模型时需要使用变量范围，即使用 tf.variable_scope() 初始化。构建鉴别器的代码如下：

```
#构建鉴别器
#images：输入图像的张量
#reuse：权重是否要被重新使用
#返回值：鉴别器输出的张量，鉴别器 lofits 的张量
def discriminator(images, reuse=False):
    alpha = 0.2
    with tf.variable_scope('discriminator', reuse=reuse):
        x1 = tf.layers.conv2d(images, 64, 5, strides=2, padding='same',
                              kernel_initializer=tf.contrib.layers.xavier_initializer())
        x1 = tf.maximum(alpha * x1, x1)
        x1 = tf.nn.dropout(x1, 0.9)
        x2 = tf.layers.conv2d(x1, 128, 5, strides=2, padding='same',
                              kernel_initializer=tf.contrib.layers.xavier_initializer())
        x2 = tf.layers.batch_normalization(x2, training=True)
        x2 = tf.maximum(alpha * x2, x2)
        x2 = tf.nn.dropout(x2, 0.9)
        x3 = tf.layers.conv2d(x2, 256, 5, strides=2, padding='same',
                              kernel_initializer=tf.contrib.layers.xavier_initializer())
        x3 = tf.layers.batch_normalization(x3, training=True)
        x3 = tf.maximum(alpha * x3, x3)
        x3 = tf.nn.dropout(x3, 0.9)
        flat = tf.reshape(x3, (-1, 4 * 4 * 256))
        logits = tf.layers.dense(flat, 1)
        out = tf.sigmoid(logits)
        return out, logits
```

（2）构建生成器。

生成器模型采用随机输入值，并通过卷积神经网络将它们转换为图像。在多次训练迭代过程中，鉴别器与生成器的权重和偏差通过反向传播进行训练，生成器通过鉴别器的反馈来学习如何产生逼真度较高的图像，以达到让鉴别器不能把假图像与真实图像区分开的目的。

生成器负责生成假图像，以欺骗鉴别器。构建生成器时，使用 z 来构建生成器并生成图像，同时需要使用变量范围来初始化模型层级前缀。构建生成器的代码如下：

```
#构建生成器
#z：生成器的输入张量
#out_channel_dim：输出图像的通道数
#is_train：生成器是否要被训练
#reuse：是否重新使用
#返回值：生成器的输出张量
def generator(z, out_channel_dim, is_train=True, reuse=True):
    alpha = 0.2
    with tf.variable_scope('generator', reuse=not is_train):
        x1 = tf.layers.dense(z, 7 * 7 * 512)
        x1 = tf.reshape(x1, (-1, 7, 7, 512))
        x1 = tf.layers.batch_normalization(x1, training=is_train)
        x1 = tf.maximum(alpha * x1, x1)
        x1 = tf.nn.dropout(x1, 0.5)
        x2 = tf.layers.conv2d_transpose(x1, 256, 5, strides=2, padding='same')
        x2 = tf.layers.batch_normalization(x2, training=is_train)
        x2 = tf.maximum(alpha * x2, x2)
        x2 = tf.nn.dropout(x2, 0.5)
        x3 = tf.layers.conv2d_transpose(x2, 128, 5, strides=2, padding='same')
        x3 = tf.layers.batch_normalization(x3, training=is_train)
        x3 = tf.maximum(alpha * x3, x3)
        x3 = tf.nn.dropout(x3, 0.5)
        logits = tf.layers.conv2d_transpose(x3, out_channel_dim, 5, strides=1, padding='same')
        out = tf.tanh(logits)
    return out
```

（3）计算模型损失。

通过输入真实图像和生成的图像来计算 GAN 模型的损失，最后返回鉴别器损失和生成器损失。计算模型损失的代码如下：

```
#计算模型损失
#获取鉴别器和生成器的损失
#input_real：输入真实图像
#input_z：生成器的输入张量
#out_channel_dim：输出图像的通道数
#返回值：（鉴别器 d_oss，生成器 g_loss）元组
def model_loss(input_real, input_z, out_channel_dim):
    smooth = 0.1
    #构建生成器模型
    g_model = generator(input_z, out_channel_dim)
    #构建鉴别器模型
    d_model_real, d_logits_real = discriminator(input_real)
    d_model_fake, d_logits_fake = discriminator(g_model, reuse=True)
    #计算鉴别器对真实图像的损失和对假图像的损失
    d_loss_real = tf.reduce_mean(
```

```
            tf.nn.sigmoid_cross_entropy_with_logits(logits=d_logits_real,
                                                   labels=tf.ones_like(d_model_real) * (1 - smooth)))
    d_loss_fake = tf.reduce_mean(
            tf.nn.sigmoid_cross_entropy_with_logits(logits=d_logits_fake,
                                                   labels=tf.zeros_like(d_model_fake)))
    d_loss = d_loss_real + d_loss_fake
    #计算生成器的损失
    g_loss = tf.reduce_mean(tf.nn.sigmoid_cross_entropy_with_logits(logits=d_logits_fake,
                                                   labels=tf.ones_like(d_model_fake)))
    #返回（鉴别器 d_oss，生成器 g_loss）元组
    return d_loss, g_loss
```

（4）构建优化器。

可通过 tf.trainable_variables()来获取鉴别器和生成器所有的可训练变量，然后使用这些变量来创建 Adam 优化器。构建优化器的代码如下：

```
#构建优化器
#d_loss：鉴别器 d_loss 的张量
#g_loss：生成器 g_loss 的张量
#learning_rate：学习率占位符
#beta1：优化器中第一个时刻的指数衰减率
#返回值：（鉴别器训练操作，生成器训练操作）
def model_opt(d_loss, g_loss, learning_rate, beta1):
    #获取权重和偏差，用于后续更新操作
    t_vars = tf.trainable_variables()
    d_vars = [var for var in t_vars if var.name.startswith('discriminator')]
    g_vars = [var for var in t_vars if var.name.startswith('generator')]
    #创建优化器
    with tf.control_dependencies(tf.get_collection(tf.GraphKeys.UPDATE_OPS)):
        d_train_opt = tf.train.AdamOptimizer(learning_rate, beta1=beta1).minimize(d_loss, var_list=d_vars)
        g_train_opt = tf.train.AdamOptimizer(learning_rate, beta1=beta1).minimize(g_loss, var_list=g_vars)
    return d_train_opt, g_train_opt
```

3）模型训练

（1）构建训练模型的图像输出。

训练时应及时查看训练结果，因此这里以正方形的网格形式保存图片输出。构建训练模型的图像输出代码如下：

```
import math
from PIL import ImageOps
#构建训练模型的图像输出
#images：要保存网格形状的图片
#mode：该图片的模式，灰度或者 RGB
#返回值：正方形网格图像，即 Image 类型的对象
def images_square_grid(images, mode):
    #设置正方形图片网格的最大尺寸
    save_size = int(math.floor(np.sqrt(images.shape[0])))
    #修改图片数值，控制在 0～255 间
```

```
    images = (((images - images.min()) * 255) / (images.max() - images.min())).astype(np.uint8)
    #在正方形排列中放置图片
    images_in_square = np.reshape(images[:save_size * save_size],
                                  (save_size, save_size, images.shape[1], images.shape[2], images.shape[3]))
    #灰度图片
    if mode == 'L':
        images_in_square = np.squeeze(images_in_square, 4)
    #将图片重组成新的网格图片
    new_im = Image.new(mode, (images.shape[1] * save_size, images.shape[2] * save_size))
    for col_i, col_images in enumerate(images_in_square):
        for image_i, image in enumerate(col_images):
            im = Image.fromarray(image, mode)
            if mode == "L":
                im = ImageOps.invert(im)
            new_im.paste(im, (col_i * images.shape[1], image_i * images.shape[2]))
    return new_im
```

（2）构建训练模型。

构建训练模型函数，还可以根据需求定义日志输出，本实验每迭代训练 10 次，输出一次日志信息；每迭代训练 50 次，输出一次图像。代码如下：

```
#显示生成器生成的样本图像
#sess：启动 TensorFlow 会话
#n_images：要显示的图片数量
#input_z：输入 z 张量
#out_channel_dim：输出图像的通道数量
#image_mode：图像使用的模式，L 或者 RGB
def show_generator_output(sess, n_images, input_z, out_channel_dim, image_mode):
    cmap = None if image_mode == 'RGB' else 'gray'
    z_dim = input_z.get_shape().as_list()[-1]
    example_z = np.random.uniform(-1, 1, size=[n_images, z_dim])
    #生成器生成后的数值样本
    samples = sess.run(
        generator(input_z, out_channel_dim, False),
        feed_dict={input_z: example_z})
    #转换图像网格数值
    images_grid = images_square_grid(samples, image_mode)
    plt.imshow(images_grid, cmap=cmap)
    plt.grid(False)
    plt.show()
#构建训练模型函数：每迭代训练 10 次，输出一次日志信息；每迭代训练 50 次，输出一次图像
#epoch_count：epoch 的数量
#batch_size：批次大小
#z_dim：z 维度
#learning_rate：学习率
#beta1：优化器中第一个时刻的指数衰减率
#get_batches：获取 batch 的函数
#data_shape：数据的形状
```

```
#data_image_mode：图像使用的模式（L 或者 RGB）
def train(epoch_count, batch_size, z_dim, learning_rate, beta1, get_batches, data_shape, data_image_mode):
    #获取模型输入的张量
    inputs_real, inputs_z, lr = model_inputs(data_shape[1], data_shape[2], data_shape[3], z_dim)
    #获取模型的损失
    d_loss, g_loss = model_loss(inputs_real, inputs_z, data_shape[3])
    #获取模型的优化器
    d_optimizer, g_optimizer = model_opt(d_loss, g_loss, learning_rate, beta1)
    #启动 TensorFlow 会话
    with tf.Session() as sess:
        sess.run(tf.global_variables_initializer())
        #开始迭代性训练
        iteration = 0
        for epoch_i in range(epoch_count):
            batches_generator = get_batches(batch_size)
            for batch_images in batches_generator:
                #开始模型训练，随机生成一个图像数据矩阵
                z_ = np.random.uniform(-1, 1, (batch_size, z_dim))
                #更新鉴别器
                _ = sess.run(d_optimizer, feed_dict={inputs_real: batch_images * 2, inputs_z: z_})
                #更新生成器
                _ = sess.run(g_optimizer, feed_dict={inputs_z: z_, inputs_real: batch_images, })
                iteration += 1
                #每迭代训练 10 次，输出一次日志信息
                if iteration % 10 == 0:
                    d_loss_ = d_loss.eval({inputs_z: z_, inputs_real: batch_images})
                    g_loss_ = g_loss.eval({inputs_z: z_})
                    print("Iteration: {}, d_loss_={:.5f}, g_loss_={:.5f}".format(iteration, d_loss_,
                                                                                  g_loss_))
                #每迭代训练 50 次，输出一次图像，以鉴别模型训练效果
                if iteration % 50 == 0:
                    show_generator_output(sess, 25, inputs_z, data_shape[3], data_image_mode)
```

（3）构建训练的 GAN 模型。

初始化类时传入所有图片的路径数组，然后将所有的图片加载到 Numpy 数组中。如果是 MNIST 数据集，则使用灰度模式加载，只有一个通道数；如果是 LFW 数据集，则使用 RGB 模式加载，有三个通道数。GAN 模型定义的 get_batches()函数的作用是在训练模型时将数据设定为指定大小的批次训练数据。构建训练的 GAN 模型的代码如下：

```
#训练 MNIST 数据集的 GAN 模型
class Dataset(object):
    #dataset_name：数据集类型名称
    #data_files：数据集图片文件数组
    def __init__(self, dataset_name, data_files):
        DATASET_LFW_NAME = 'lfw'
        DATASET_MNIST_NAME = 'mnist'
        IMAGE_WIDTH = 28
```

```
        IMAGE_HEIGHT = 28
        #如果是 LFW 数据集，则使用 RGB 模式加载，有三个通道
        if dataset_name == DATASET_LFW_NAME:
            self.image_mode = 'RGB'
            image_channels = 3
        #如果是 MNIST 数据集，则使用灰度模式加载，只有一个通道
        elif dataset_name == DATASET_MNIST_NAME:
            self.image_mode = 'L'
            image_channels = 1
        #所有图片的数据集
        self.data_files = data_files
        self.shape = len(data_files), IMAGE_WIDTH, IMAGE_HEIGHT, image_channels
    #生成训练时所需要的批次数据
    #batch_size：批次大小
    def get_batches(self, batch_size):
        IMAGE_MAX_VALUE = 255
        current_index = 0
        while current_index + batch_size <= self.shape[0]:
            data_batch = self.get_batch(
                self.data_files[current_index:current_index + batch_size],
                *self.shape[1:3],
                mode=self.image_mode)
            current_index += batch_size
            yield data_batch / IMAGE_MAX_VALUE - 0.5
    #image_files：该批次的图片文件数目
    #width：图片宽度
    #height：图片高度
    #mode：图片的通道，L 或者 RGB
    def get_batch(self, image_files, width, height, mode):
        data_batch = np.array(
            [self.get_image(sample_file, width, height, mode) for sample_file in image_files]).astype
                                                                                    (np.float32)
        #如果图片不是四维的，则转换成四维
        if len(data_batch.shape) < 4:
            data_batch = data_batch.reshape(data_batch.shape + (1,))
        return data_batch
    #从图片路径中读取图片
    #image_path：图片路径
    #width：图片宽度
    #height：图片高度
    #mode：图片的通道，L 或者 RGB
    def get_image(self, image_path, width, height, mode):
        image = Image.open(image_path)
        if image.size != (width, height):
            face_width = face_height = 108
            j = (image.size[0] - face_width) // 2
            i = (image.size[1] - face_height) // 2
```

```
            image = image.crop([j, i, j + face_width, i + face_height])
            image = image.resize([width, height], Image.BILINEAR)
        return np.array(image.convert(mode))
```

（4）开始训练。

定义训练好MNIST的GAN模型超参数后，就可以开始执行训练。我们传入所有的MNIST图片的路径，共60 000个，每个批次大小都是64个，每次迭代训练937个，一共迭代训练20次，共训练18 740次。训练代码如下：

```
#开始学习训练
#根据定义的参数训练 MNSIT 的 GAN 模型
#传入 60 000 张 MNIST 图片的路径
#每次训练批次大小都为 64
#每次迭代训练 937 个，训练 20 次，最终训练 18 740 次
#每个批次大小
batch_size = 64
#z 维度
z_dim = 100
#学习率
learning_rate = 0.001
#指数衰减率
beta1 = 0.5
#一个迭代训练的次数
epochs = 20
#通过 MNIST 图片的路径数组初始化 MNIST 数据集
mnist_dataset = Dataset('mnist', mnist_all_paths)
with tf.Graph().as_default():
    train(epochs, batch_size, z_dim, learning_rate,
            beta1, mnist_dataset.get_batches,
            mnist_dataset.shape, mnist_dataset.image_mode)
```

训练1000次、5000次、18 000次的结果如图9-10、图9-11和图9-12所示。

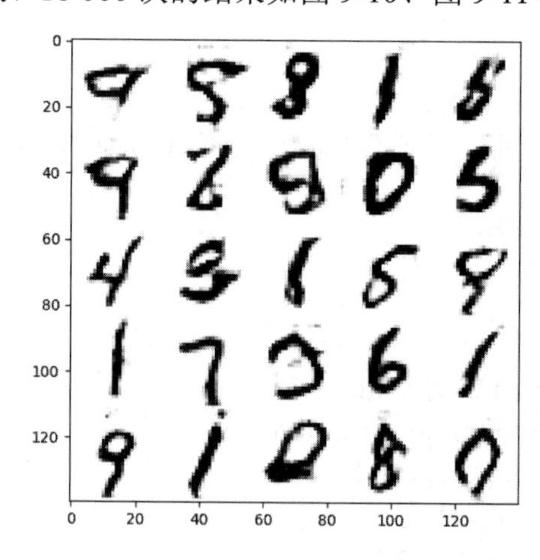

图9-10　训练1000次的结果

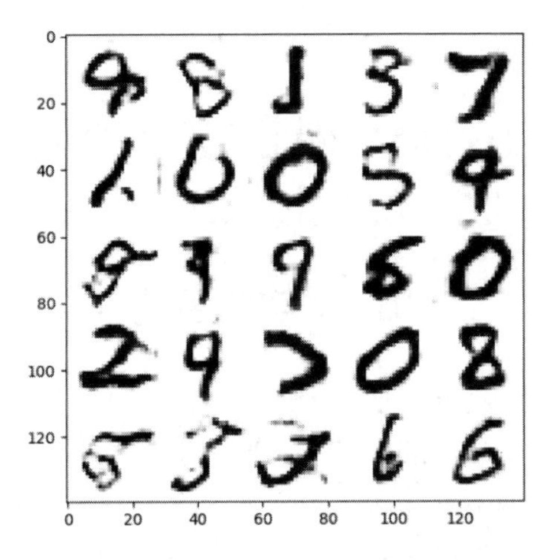

图 9-11　训练 5000 次的结果

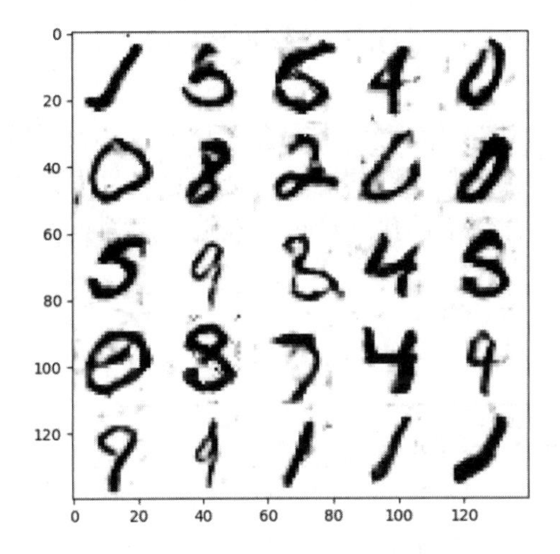

图 9-12　训练 18 000 次的结果

第 10 章　视觉交互机器人

10.1　实验目的

- 了解基于 mini_Xception 表情识别模型的结构和使用。
- 掌握基于 Keras/TensorFlow 和 facenet 人脸识别模型的神经网络算法的原理及使用。
- 掌握图片数据预处理的基本过程。
- 掌握已训练算法模型的加载及使用。

10.2　实验背景

在会议迎宾场景中，迎宾机器人可以将参会人与人脸库中预置的人脸信息做比对，若人脸库中未查找到参会人的信息，则提示其确认参会信息或寻求人工帮助；若人脸库中有参会人的信息，则可为其签到，并致个性化欢迎词，欢迎词会根据参会人的不同表情生成。其主要工作流程如图 10-1 所示。

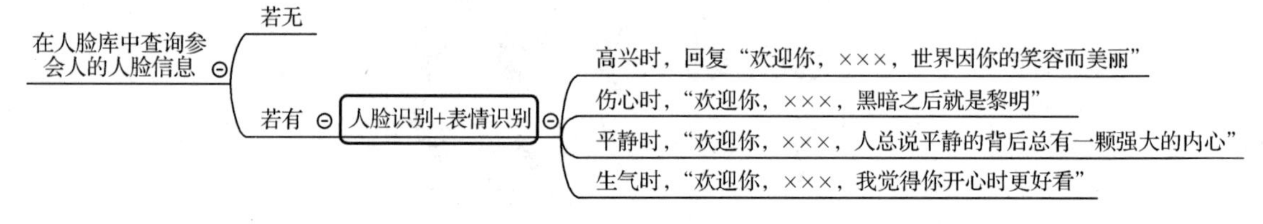

图 10-1　迎宾机器人的工作流程

10.3　实验原理

本实验由两部分组成：人脸检测识别和表情识别。人脸检测的相关原理和实验，可参照图像检测章节，检测到人脸后，采用将检测的图片与人脸库比对的方法识别人脸；表情识别在上文也已有介绍和实验实现，本实验采用与上文实验模型不同的模型，基于的模型为 mini_Xception，而 Xception 是 Inception 的极端版本，应用此模块进行表情分类识别的效果更好。

1．Inception 模块原理

Inception 模块是介于传统卷积和深度可分离卷积之间的一种结构。Inception v3 的基本单元 Inception 模块将输入特征图（Input）传输给几个支路并行提取特征，每个支路都经过 1×1 卷积在通道维度提取信息，得到的特征图的通道数为 1，再通过 3×3 卷积在空间维度提取特征，最后再将特征图连接（Concat）起来。简化的 Inception 模块如图 10-2 所示。

图 10-2 中的 1×1 卷积将输入特征的通道数变小，实际上也可以认为三个 1×1 卷积将输入特征图通道分割成了三个互不交叉的部分，这种划分方法等价于将三个 1×1 卷积合并成一个，

再将 1×1 卷积输出进行划分。Inception 模块的等价结构如图 10-3 所示。

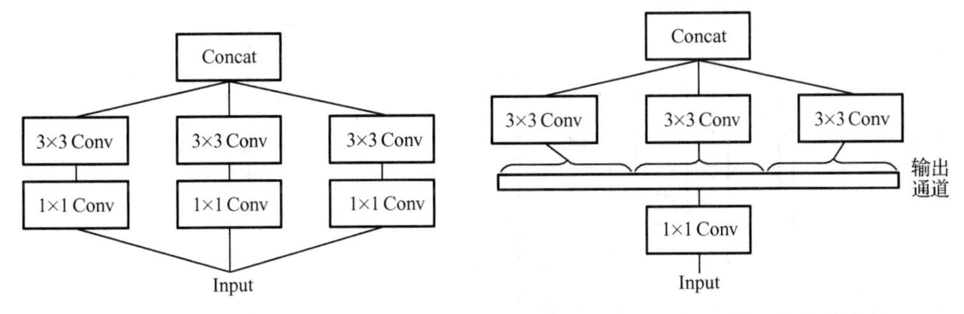

图 10-2　简化的 Inception 模块　　图 10-3　Inception 模块的等价结构

由此可以看出，Inception 模块是将卷积操作的空间操作和通道操作拆开，分别进行操作，但是拆解不够彻底，3×3 卷积的输入特征图的通道数仍不为 1，随后给每个通道都单独配一个 3×3 卷积，彻底实现通道向和空间向的解耦，得到了一个极端版本的 Inception 模块，如图 10-4 所示。

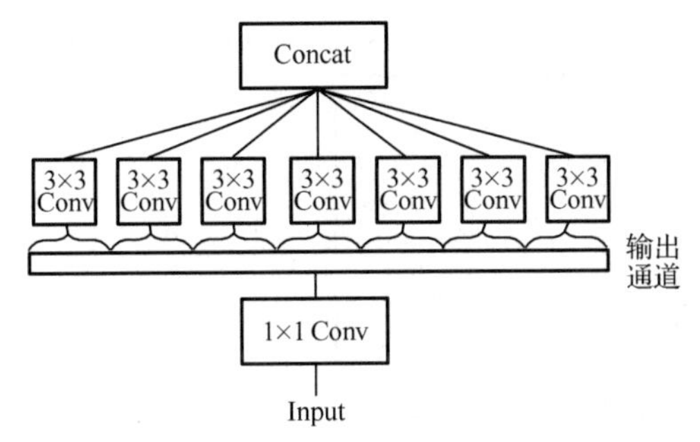

图 10-4　极端版本的 Inception 模块

可以看出，图 10-4 每个支路（3×3）几乎就是深度可分离卷积（Depthwise Separable Convolution），唯一的不同在于 1×1 卷积与 3×3 卷积的顺序不同。但实际上，顺序是可以忽略的，因为在深度神经网络中卷积层相互堆叠，局部的顺序并不重要。通过以上分析，可得出这样一个结论：Inception 模块结构是标准卷积核深度向分离卷积的中间产物，这或许正是 Inception 模块性能强大的原因。

2．Xception

Xception 是基于 Inception 的极端版本，它将 Inception 的原理推向了极致。它重塑了我们看待神经网络的方式——尤其是卷积网络，它假设跨通道的相关性和空间相关性是完全可分离的，最好不要联合映射它们。

图 10-5 给出了 Xception 的完整架构，数据首先经过 Entry flow，然后经过 8 个 Middle flow，最后到 Exit flow。Xception 架构有 36 个卷积层，构成网络的特征提取基础。Xception 一开始用于图像分类，36 个卷积层被构造成 14 个模块，除了第一个和最后一个模块，所有模块周围都有线性残差连接。简而言之，Xception 架构是具有残差连接的深度可分离卷积层的线性堆栈。这使得架构非常容易定义和修改，使用 Kera 或 TensorFlow-Slim 等高级库只需要 30～40 行代码。在 MIT 的许可下，可以使用 Keras 和 TensorFlow 的 Keras Applications module2 提供 Xception 的开源实现。

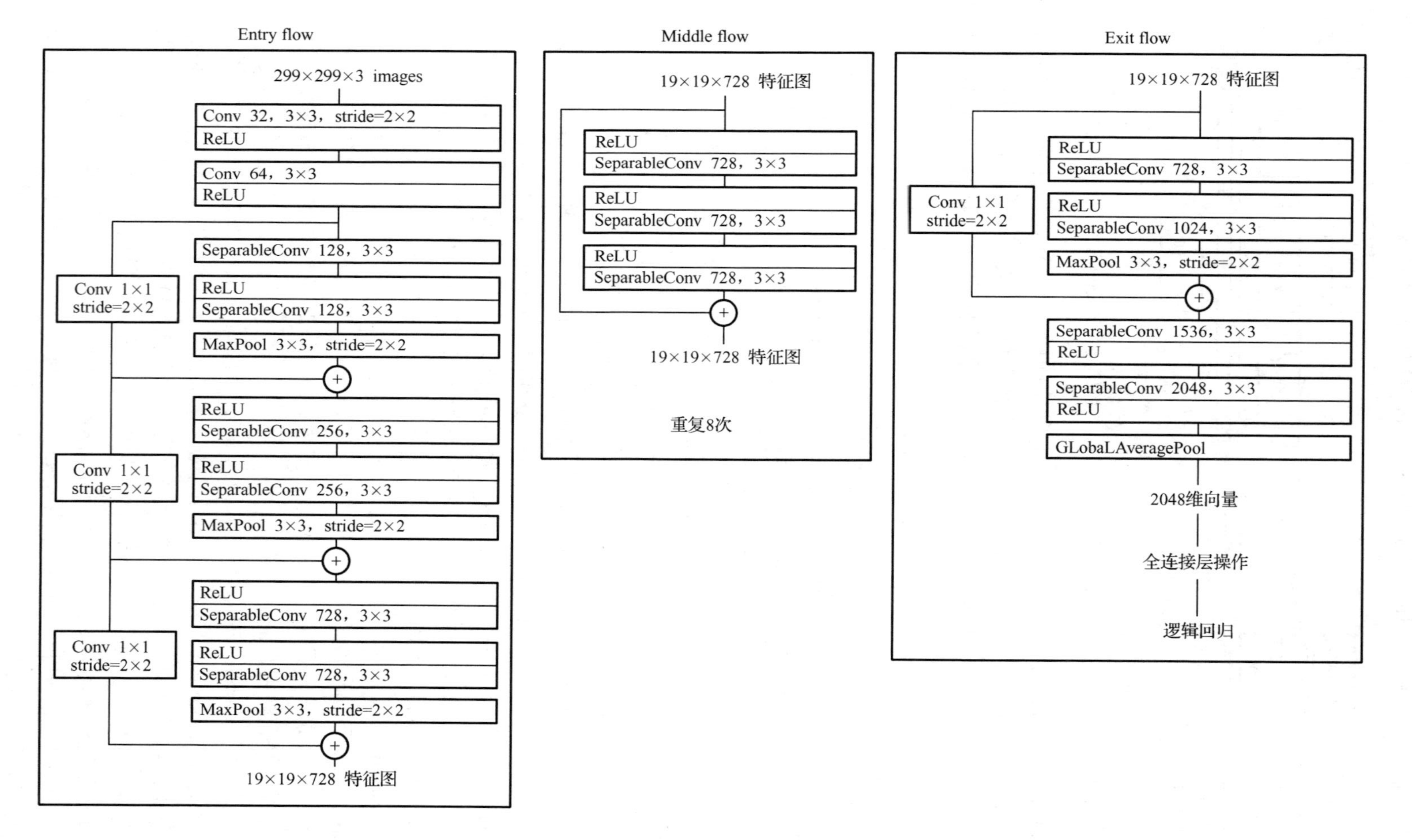

图10-5　Xception的完整架构

10.4 实验环境

本实验使用的系统和软件包的版本为 Ubuntu16.04、Python3.6、Numpy1.18.3、Pandas0.19.1、Scikit-learn0.22.2、Matplotlib3.2.0、Keras2.0.5、TensorFlow1.7.0、Pandas0.19.1、Scipy1.2.1、opencv_python-3.4.2.17、Pillowh5py2.7.0、facenet1.0.5、Align0.0.11。

10.5 实验步骤

10.5.1 利用 CNN 主流架构的 mini_Xception 训练情感分类

1．数据准备

下载 FER2013 表情数据集，并解压。为排除数据集中人脸大小、角度等不一致对表情识别造成的影响，本节对数据集中的所有图像都进行人脸对齐。人脸关键点检测采用人脸检测 Dlib 库，基于三个关键点对准面部区域：两个眼睛和嘴巴中心。然后将对齐后的面部图像大小都调整为 100 像素×100 像素，将三个颜色通道的像素进行归一化处理，即把[0,255]范围内的像素值归一化在[0,1]范围内。代码如下：

```
#载入数据
def load_fer2013():
        data = pd.read_csv(dataset_path)
        pixels = data['pixels'].tolist()
        width, height = 48, 48
        faces = []
        for pixel_sequence in pixels:
            face = [int(pixel) for pixel in pixel_sequence.split(' ')]
            face = np.asarray(face).reshape(width, height)
            face = cv2.resize(face.astype('uint8'),image_size)
            faces.append(face.astype('float32'))
        faces = np.asarray(faces)
        faces = np.expand_dims(faces, -1)
        emotions = pd.get_dummies(data['emotion']).as_matrix()
        return faces, emotions
#将数据归一化
def preprocess_input(x, v2=True):
    x = x.astype('float32')
    x = x / 255.0
    if v2:
        x = x - 0.5
        x = x * 2.0
    return x
```

划分训练集和测试集的代码如下：

```
train_data, val_data = split_data(faces, emotions, validation_split)
```

```
#自定义 split_data 对数据整理，得 train_data、val_data 两组数据
train_faces, train_emotions = train_data
```

2．网络设计

基于深度学习的人脸表情识别算法分为三部分：人脸预处理、表情特征提取和表情分类。足够多的标记训练集、尽可能多的种族变化和环境变化对于人脸表情识别算法的设计至关重要。目前，已经公开了多种人脸表情数据集，用于人脸表情识别研究。对于特征提取，本书设计的网络结构是 Xception 结构的精简模式——mini-Xception 结构，如图 10-6 所示。每个卷积层（Conv）后面都加入批量正则化（BN）及线性整流激活单元（ReLU），这样可以缓解由数据集数目不足造成的过拟合问题。在网络结构的最后，连接两个全连接层（FC），根据第一个 FC 输出计算 Island 损失函数，根据第二个 FC 输出计算 AM-Softmax 损失函数，二者联合对网络训练进行监督。

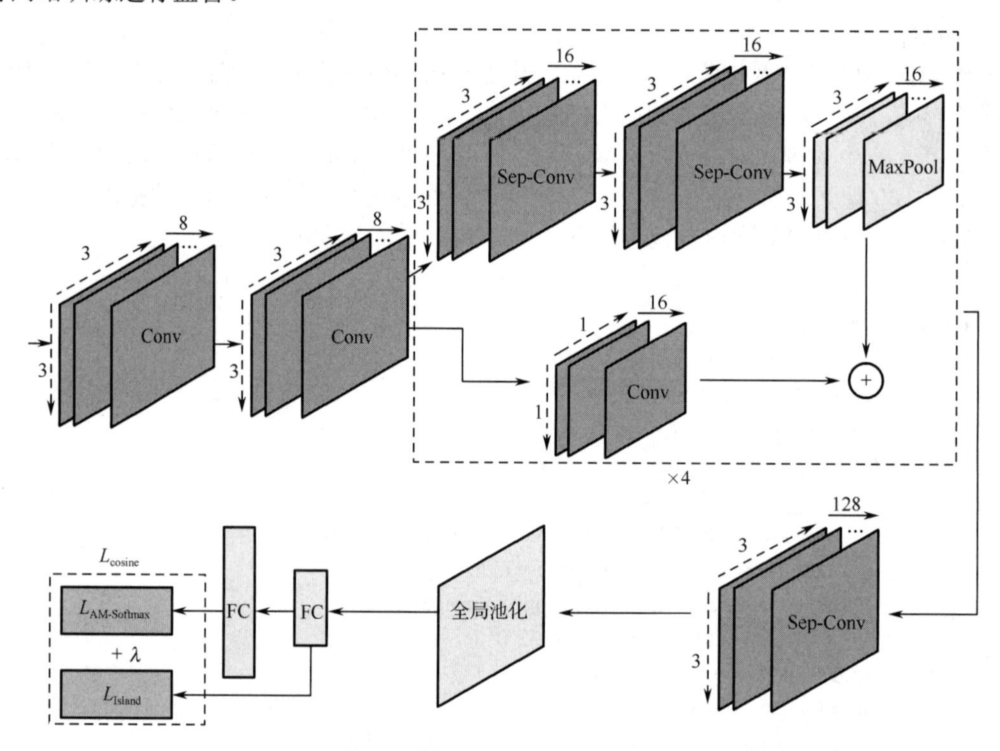

图 10-6 mini-Xception 结构

mini-Xception 的模型框图如图 10-7 所示。其部分主要实现如下：

```
residual = Conv2D(16, (1, 1), strides=(2, 2),
                  padding='same', use_bias=False)(x)
residual = BatchNormalization()(residual)
x = SeparableConv2D(16, (3, 3), padding='same',
                    kernel_regularizer=regularization,
                    use_bias=False)(x)
x = BatchNormalization()(x)
x = Activation('relu')(x)
x = SeparableConv2D(16, (3, 3), padding='same',
                    kernel_regularizer=regularization,
```

```
                  use_bias=False)(x)
x = BatchNormalization()(x)
x = MaxPooling2D((3, 3), strides=(2, 2), padding='same')(x)
x = layers.add([x, residual])
```

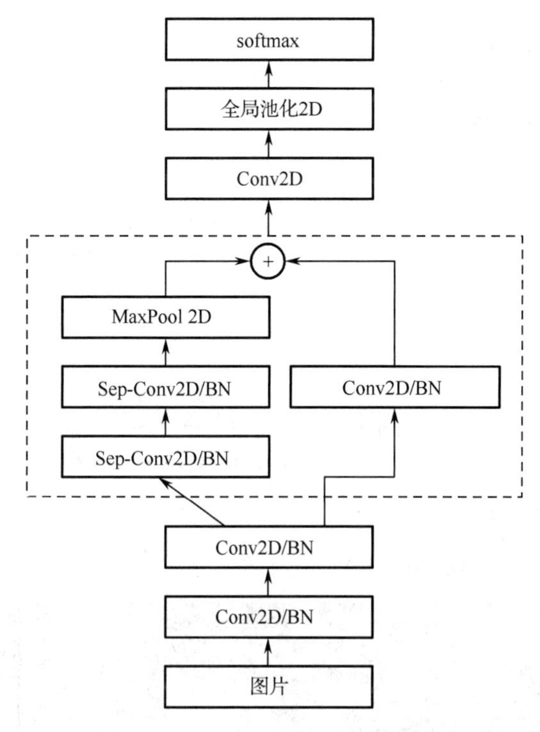

图 10-7　mini-Xception 的模型框图

3．模型训练

为了尽量利用有限的训练数据，可通过一系列随机变换对数据进行提升，我们的模型没有任何两张完全相同的图片，这有利于抑制过拟合，使得模型的泛化能力更好。在 Keras 中，这个步骤可以通过 keras.preprocessing.image.ImageDataGenerator()来实现，这个类使我们可以在训练过程中，设置要施行的随机变换，即通过.flow 或.flowfromdirectory()方法实例化一个针对图像 batch 的生成器，这些生成器可以被用于 Keras 模型相关方法的输入，如 fitgenerator、evaluategenerator 和 predict_generator。

ImageDataGenerator()的调用方法如下：

```
#调用 ImageDataGenerator()函数实现实时数据增强，并生成小批量的图像数据
data_generator = ImageDataGenerator(
                        featurewise_center=False,
                        featurewise_std_normalization=False,
                        rotation_range=10,
                        width_shift_range=0.1,
                        height_shift_range=0.1,
                        zoom_range=.1,
                        horizontal_flip=True)
```

mini_Xception()函数（Xception 是属于 CNN 下目前最新的一种模型）使用输入形状和分类个数两个参数建立模型：

```
model = mini_Xception(input_shape, num_classes)
#model.compile()函数（属于 Keras 库）用来配置训练模型参数，可以指定随机梯度下降中网络的损
#失函数、优化方式等参数
model.compile(optimizer='adam', loss='categorical_crossentropy',
              metrics=['accuracy'])
```

利用数据增强进行训练：

```
model.fit_generator(data_generator.flow(train_faces, train_emotions,
                                        batch_size),
                    steps_per_epoch=200,
                    epochs=num_epochs, verbose=1, callbacks=callbacks,
                    validation_data=val_data)
```

完成训练后，模型保存为 hdf5 文件，并放到自己指定的文件夹下。

完成程序编写并确认无误后，执行程序，完成模型训练。在终端中执行如下命令：

```
python3 train_emotion_classifier.py
```

训练过程日志如图 10-8、图 10-9 所示。

```
Instructions for updating:
keep_dims is deprecated, use keepdims instead
________________________________________________________________________________
Layer (type)                    Output Shape         Param #     Connected to
================================================================================
input_1 (InputLayer)            (None, 64, 64, 1)    0
________________________________________________________________________________
conv2d_1 (Conv2D)               (None, 62, 62, 8)    72          input_1[0][0]
________________________________________________________________________________
batch_normalization_1 (BatchNorm (None, 62, 62, 8)   32          conv2d_1[0][0
]
________________________________________________________________________________
activation_1 (Activation)       (None, 62, 62, 8)    0           batch_normali
zation_1[0][0]
________________________________________________________________________________
conv2d_2 (Conv2D)               (None, 60, 60, 8)    576         activation_1[
0][0]
```

图 10-8　训练过程日志 1

```
Training dataset: fer2013
Epoch 1/1
2020-10-21 10:29:21.503201: I tensorflow/core/platform/cpu_feature_guard.cc:140] Your CPU s
upports instructions that this TensorFlow binary was not compiled to use: AVX2 FMA
199/200 [============================>.] - ETA: 0s - loss: 2.1019 - acc: 0.2230Epoch 00000:
 val_loss improved from inf to 2.04855, saving model to ../trained_models/emotion_models/fe
r2013_mini_XCEPTION.00-0.17.hdf5
200/200 [==============================] - 178s - loss: 2.1038 - acc: 0.2225 - val_loss: 2.
0485 - val_acc: 0.1699
```

图 10-9　训练过程日志 2

如图 10-10 所示，完成训练后，训练模型保存在 trained_models/emotion_models 下。

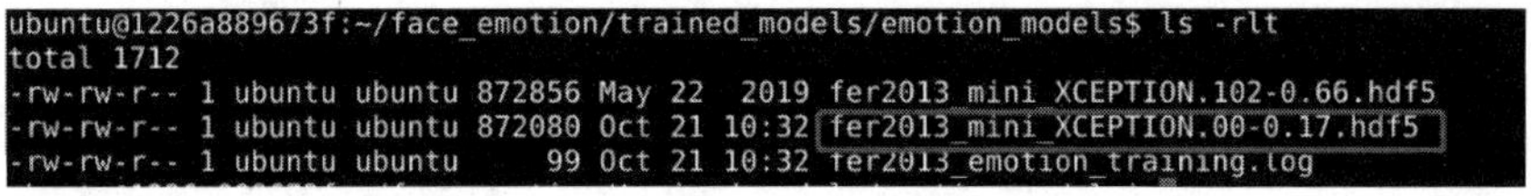

```
ubuntu@1226a889673f:~/face_emotion/trained_models/emotion_models$ ls -rlt
total 1712
-rw-rw-r-- 1 ubuntu ubuntu 872856 May 22  2019 fer2013_mini_XCEPTION.102-0.66.hdf5
-rw-rw-r-- 1 ubuntu ubuntu 872080 Oct 21 10:32 fer2013_mini_XCEPTION.00-0.17.hdf5
-rw-rw-r-- 1 ubuntu ubuntu     99 Oct 21 10:32 fer2013_emotion_training.log
```

图 10-10　训练模型的保存路径

4．模型预测

编写测试程序 image_emotion_demo.py，对 images 下的 intro2.jpg 进行测试。在 image_emotion_demo.py 中完成如下代码。

1）相关包加载

代码如下：

```
import cv2
from keras.models import load_model
import numpy as np
from utils.datasets import get_labels
from utils.inference import detect_faces
from utils.inference import draw_text
from utils.inference import draw_bounding_box
from utils.inference import apply_offsets
from utils.inference import load_detection_model
from utils.inference import load_image
from utils.preprocessor import preprocess_input
```

2）模型及预测图片加载

代码如下：

```
#预测的目标图片路径
image_path = '../images/intro2.jpg'
#面部检测模型路径
detection_model_path = '../trained_models/detection_models/haarcascade_frontalface_default.xml'
#表情检测模型路径
emotion_model_path = '../trained_models/emotion_models/fer2013_mini_XCEPTION.102-0.66.hdf5'
#获取相关表情
#return {0: 'angry', 1: 'disgust', 2: 'fear', 3: 'happy',
#                 4: 'sad', 5: 'surprise', 6: 'neutral'}
emotion_labels = get_labels('fer2013')
#标识图片上的字体
font = cv2.FONT_HERSHEY_SIMPLEX
#用于边框形状的超参数
emotion_offsets = (20, 40)
emotion_offsets = (0, 0)
print('emotion_offsets: ',emotion_offsets)
#加载模型
face_detection = load_detection_model(detection_model_path)
#当"compile"设置为 False 时，编译将被省略，且没有任何警告
emotion_classifier = load_model(emotion_model_path, compile=False)
#获取用于推理的输入模型形状
#emotion_target_size: (64, 64)
```

```
emotion_target_size = emotion_classifier.input_shape[1:3]
print('emotion_target_size:', emotion_target_size)
#加载图像，并将其转换为 Numpy 数组类型，grayscale 表示是否以灰度加载图像
rgb_image = load_image(image_path, grayscale=False)
gray_image = load_image(image_path, grayscale=True)
#从数组的形状中删除单维度条目，即把形状中为 1 的维度去掉
gray_image = np.squeeze(gray_image)
#RGB 图像的值是处于 0～255 间的，所以对数据进行图像的 uint8 类型转变
gray_image = gray_image.astype('uint8')
#通过 detect_faces()方法查找图像中所有的人脸，并逐个进行表情预测及文字标注
faces = detect_faces(face_detection, gray_image)
for face_coordinates in faces:
    #获取坐标，进行框选
    x1, x2, y1, y2 = apply_offsets(face_coordinates, emotion_offsets)
    gray_face = gray_image[y1:y2, x1:x2]
    #设置图像大小
    try:
        gray_face = cv2.resize(gray_face, (emotion_target_size))
    except:
        continue
    #将图像数组转化为 float
    gray_face = preprocess_input(gray_face, True)
    #扩展数组的形状
    gray_face = np.expand_dims(gray_face, 0)
    gray_face = np.expand_dims(gray_face, -1)
    #寻找可能性最大的表情
    emotion_label_arg = np.argmax(emotion_classifier.predict(gray_face))
    emotion_text = emotion_labels[emotion_label_arg]
    #蓝色
    color = (0, 0, 255)
    #处理标注框，颜色设置为蓝色
    draw_bounding_box(face_coordinates, rgb_image, color)
    #标注表情
    draw_text(face_coordinates, rgb_image, emotion_text, color, 0, -50, 1, 2)
```

3）预测处理后图片的保存

代码如下：

```
#将 RGB 格式转换成 BGR 格式
bgr_image = cv2.cvtColor(rgb_image, cv2.COLOR_RGB2BGR)
#保存图片，指定图片存储路径和文件名
cv2.imwrite('../images/predicted_test_image.png', bgr_image)
```

完成程序编写并确认无误后，执行程序。在终端中执行如下命令：

```
python3 image_emotion_demo.py
```

程序运行完成后，在 images 下生成识别后的图片 predicted_test_image.png，对比前后图片，图 10-11 为原图，图 10-12 为识别后的图片。

图 10-11　原图

图 10-12　识别后的图片

到此，我们完成了表情模型的训练及识别。

10.5.2　视觉交互机器人综合实验

使用视觉交互机器人进行会场签到时，首先需要进行人脸识别，将输入的人脸与人脸库进行检索对比，以确定来宾是否有入场资格；再根据来宾的表情，进行个性化的问候。

前面章节已经实现了基于 mini_Xception 架构的表情识别模型的训练及使用，人脸检测的实验在前文也已有介绍。接下来，将两个模型进行整合，使用巴氏距离来比对人脸，最终完成迎宾机器人同时对人脸及表情的识别。

实验所需的代码架构如下：

需要将前文已经训练好的人脸识别和表情识别模型放在存放模型的 trained_models 文件夹内，将可复用的代码文件放于 src 文件夹内。另外，需要建立 face_bases 文件夹作为人脸库、images 文件夹存放待识别图像，复用内容的图示如图 10-13 所示。

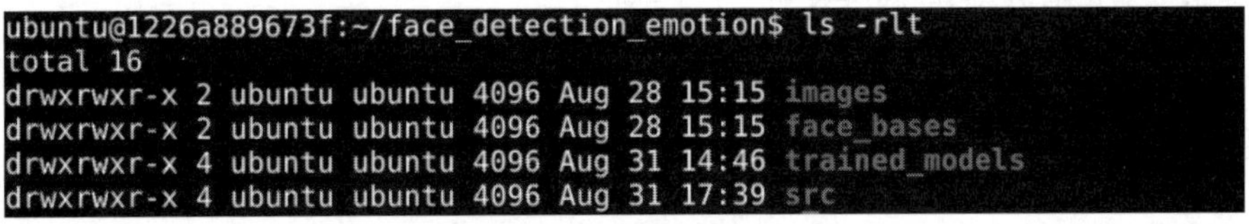

```
ubuntu@1226a889673f:~/face_detection_emotion$ ls -rlt
total 16
drwxrwxr-x 2 ubuntu ubuntu 4096 Aug 28 15:15 images
drwxrwxr-x 2 ubuntu ubuntu 4096 Aug 28 15:15 face_bases
drwxrwxr-x 4 ubuntu ubuntu 4096 Aug 31 14:46 trained_models
drwxrwxr-x 4 ubuntu ubuntu 4096 Aug 31 17:39 src
```

图 10-13　复用内容的图示

如图 10-14 所示，在复用文件夹 trained_models 下建立两个子文件夹 detect_models 和 emotion_models，分别存放已经训练好的人脸识别模型及表情识别模型。

```
ubuntu@1226a889673f:~/face_detection_emotion/trained_models$ ls -rlt
total 8
drwxrwxr-x 2 ubuntu ubuntu 4096 Aug 28 15:15 emotion_models
drwxrwxr-x 2 ubuntu ubuntu 4096 Aug 31 14:46 detect_models
```

图 10-14　复用文件夹 trained_models

在 src 路径中，align 文件夹中的文件和 facenet.py 文件是人脸识别项目中的文件，utils 文件夹中的文件是表情识别中的文件。

接下来，通过编写程序，调用 detect_models 和 emotion_models 下的模型，对待预测图片完成人脸识别和表情识别，并对图片完成对应的标注。

在 src 路径下编写程序 face_detection_emotion_demo.py，具体代码如下。

1. 打开文件

代码如下：

```
cd ~/face_detection_emotion/src
vim face_detection_emotion_demo.py
```

2. 相关包加载

代码如下：

```
from scipy import misc
import tensorflow as tf
import numpy as np
import sys
import os
import facenet
import align.detect_face
import cv2
from matplotlib import pyplot as plt
from keras.models import load_model
from utils.datasets import get_labels
from utils.preprocessor import preprocess_input
```

3. 加载面部识别 face_detection 模型并应用

加载已经训练好的面部识别 face_detection 模型，并通过 get_tensor_by_name()方法获取节点 input、embeddings、phase_train 的第一个输出张量，以供后面的表情识别所用。具体代码如下：

```
#实例化一个用于 TensorFlow 计算和表示的数据流图
graph = tf.Graph()
#生成默认图
with graph.as_default():
    #创建一个默认会话，用于控制和输出文件
    sess = tf.Session()
    with sess.as_default():
        #加载 mtcnn：多任务卷积神经网络
        pnet, rnet, onet = align.detect_face.create_mtcnn(sess, None)
        #加载模型
```

```
facenet.load_model("../trained_models/detect_models/")
#获取节点 input、embeddings、phase_train 的第一个输出张量
images_placeholder = graph.get_tensor_by_name("input:0")
embeddings = graph.get_tensor_by_name("embeddings:0")
phase_train_placeholder = graph.get_tensor_by_name("phase_train:0")
print('load face_detection model success.')
```

4．加载表情识别 face_emotion 模型

代码如下：

```
#面部检测模型路径
emotion_model_path = '../trained_models/emotion_models/fer2013_mini_XCEPTION.102-0.66.hdf5'
#获取相关表情
#返回{0: 'angry', 1: 'disgust', 2: 'fear', 3: 'happy',
#                    4: 'sad', 5: 'surprise', 6: 'neutral'}
emotion_labels = get_labels('fer2013')
#加载模型，当“compile”设置为 False 时，编译将被省略，且没有任何警告
emotion_classifier = load_model(emotion_model_path, compile=False)
#获取用于推理的输入模型形状
emotion_target_size = emotion_classifier.input_shape[1:3]
print('load face_emotion model success.')
```

5．待预测人脸图片加载及处理

代码如下：

```
#待识别人脸图片
base_dir = '../face_bases'
#不带扩展名的图片名称，即人名
base_names = []
img_list = []
for name in os.listdir(base_dir):
    #文件名称
    filename = os.path.join(base_dir, name)
    #将人名加入到 base_names 列表中
    base_names.append(name.split('.')[0])
    #将图片读取出来，为 Numpy.array 类型
    cropped = misc.imread(os.path.expanduser(filename), mode='RGB')
    #重新调整图片的形状，interp 表示用于调整大小的插值，bilinear 表示双线性插值
    aligned = misc.imresize(cropped, (160, 160), interp='bilinear')
    #归一化处理
    prewhitened = facenet.prewhiten(aligned)
    img_list.append(prewhitened)
#将 img_list 列表中的各张图片 Numpy.array 类型数据进行堆叠处理
images = np.stack(img_list)
with graph.as_default():
    with sess.as_default():
        feed_dict = { images_placeholder: images, phase_train_placeholder:False }
        #使用 images  替换  images_placeholder
        base_embs = sess.run(embeddings, feed_dict=feed_dict)
```

```
print('get Face database: total %d faces, lenth of one face_emb is %d' %(base_embs.shape[0],
base_embs.shape[1]))

img_path = '../images/intro2.jpg'
print('loading local picture %s, we can also get it from bot camera' % img_path)
#加载图片并展示
img = misc.imread(os.path.expanduser(img_path), mode='RGB')
plt.imshow(img)
plt.show()
```

6. 分割出照片中的人脸

代码如下：

```
#脸部最小尺寸
minsize = 20
#最小阈值
threshold = [ 0.6, 0.7, 0.7 ]
factor = 0.709
margin = 44
img_size = np.asarray(img.shape)[0:2]
#检测图像中的面部，并返回边界框和边界点
bounding_boxes, _ = align.detect_face.detect_face(img, minsize, pnet, rnet, onet, threshold, factor)
#人脸个数
lenth = bounding_boxes.shape[0]
print('get %d faces from picture' % lenth)
plt.figure()
h = int(lenth / 3) + 1
all_faces = []
for i in range(lenth):
    face_info = {}
    #截取给定图片 intro2.jpg 中每个人的面部
    det = np.squeeze(bounding_boxes[i, 0:4])
    #生成 Numpy 数组[0, 0, 0, 0]
    bb = np.zeros(4, dtype=np.int32)
    #对面部大小进行划分
    bb[0] = np.maximum(det[0]-margin/2, 0)
    bb[1] = np.maximum(det[1]-margin/2, 0)
    bb[2] = np.minimum(det[2]+margin/2, img_size[1])
    bb[3] = np.minimum(det[3]+margin/2, img_size[0])
    cropped = img[bb[1]:bb[3],bb[0]:bb[2],:]
    face_info['image'] = cropped
    face_info['loc'] = bb
    #将分割好的面部信息加入 all_faces 列表中
    all_faces.append(face_info)
    plt.subplot(h,3,i+1)
    plt.imshow(cropped)
plt.show()
```

7．调用 sess.run()方法来获取 embeddings

代码如下：

```
print('getting embeddings...')
img_list = []
for i in all_faces:
    cropped = i['image']
    #重新调整图片的形状，interp 表示用于调整大小的插值，bilinear 表示双线性插值
    aligned = misc.imresize(cropped, (160, 160), interp='bilinear')
    #归一化处理
    prewhitened = facenet.prewhiten(aligned)
    img_list.append(prewhitened)
images = np.stack(img_list)
with graph.as_default():
    with sess.as_default():
        #使用 images 替换 images_placeholder
        feed_dict = { images_placeholder: images, phase_train_placeholder:False }
        emb = sess.run(embeddings, feed_dict=feed_dict)
```

8．获取每个面部表情的信息

先对每个面部进行灰度转换，然后对齐进行人脸识别，最后通过 emotion_classifier 模型对其进行表情预测。

```
print('performing emotion on matched faces')
#获取匹配的面部表情信息
for i in range(len(all_faces)):
    all_faces[i]['name'] = ''
    all_faces[i]['emotion'] = ''
    sin_emb = emb[i, :]
    distances = np.sqrt(np.sum(np.square(np.subtract(base_embs, sin_emb)),axis=1))
    min_dis = np.min(distances)
    #计算当前面部和目标面部距离，如大于 0.9，则不匹配
    if min_dis > 0.9:
        continue
    #当前面部和目标面部匹配时，则对其进行处理
    index = np.where(distances==min_dis)[0][0]
    all_faces[i]['name'] = base_names[index]
    #转成灰度图像，并对图片进行调整
    gray_face = cv2.cvtColor(all_faces[i]['image'], cv2.COLOR_RGB2GRAY)
    gray_face = cv2.resize(gray_face, (emotion_target_size))
    gray_face = preprocess_input(gray_face, True)
    gray_face = np.expand_dims(gray_face, 0)
    gray_face = np.expand_dims(gray_face, -1)
    #通过 emotion_classifier 模型对其进行表情预测
    emotion_label_arg = np.argmax(emotion_classifier.predict(gray_face))
    #得到对应表情
    emotion_text = emotion_labels[emotion_label_arg]
    all_faces[i]['emotion'] = emotion_text
```

9. 人名及表情信息标注

调用 cv2.putText()方法，将人名及表情文本标注到指定的位置：

```
print('Draw the recognition result on the original image')
#将名称及对应表情文本标注在图片上，使用的表情颜色为蓝色，名称为红色
color = (0, 0, 255)
#读取图片
img = misc.imread(os.path.expanduser(img_path), mode='RGB')
for i in all_faces:
    loc = i['loc']
    name = i['name']
    emotion = i['emotion']
    print('loc:', loc)
    #获取面部的范围
    cv2.rectangle(img, (loc[0], loc[1]), (loc[2], loc[3]), color, 4)
    #增加名称文本标注
    cv2.putText(img, name, (loc[0], loc[1]-20),
                cv2.FONT_HERSHEY_SIMPLEX,
                2, (255,0,0), 2, cv2.LINE_AA)
    #增加表情文本标注
    cv2.putText(img, emotion, (loc[0], loc[1]-40),
                cv2.FONT_HERSHEY_SIMPLEX,
                2, color, 2, cv2.LINE_AA)
plt.imshow(img)
plt.show()
```

完成程序编写并确认无误后，执行程序，完成模型训练。在终端执行如下命令：

```
python3 face_detection_emotion_demo.py
```

在执行过程中会有对应图片的处理过程，查看后直接关闭即可。

原始图片如图 10-15 所示。

图 10-15　原始图片

人脸识别及切割的结果如图 10-16 所示。

图 10-16　人脸识别及切割的结果

姓名及表情标注的结果如图 10-17 所示。

图 10-17　姓名及表情标注的结果

过程日志如图 10-18 所示。

```
upports instructions that this TensorFlow binary was not compiled to use: AVX2 FMA
Model directory: ../trained_models/detect_models/
Metagraph file: model-20180402-114759.meta
Checkpoint file: model-20180402-114759.ckpt-275
load face_detection model success.
WARNING:tensorflow:From /home/ubuntu/.local/lib/python3.6/site-packages/keras/backend/ten
rflow_backend.py:1190: calling reduce_sum (from tensorflow.python.ops.math_ops) with keep_
ims is deprecated and will be removed in a future version.
Instructions for updating:
keep_dims is deprecated, use keepdims instead
WARNING:tensorflow:From /home/ubuntu/.local/lib/python3.6/site-packages/keras/backend/tens
rflow_backend.py:1297: calling reduce_mean (from tensorflow.python.ops.math_ops) with keep
dims is deprecated and will be removed in a future version.
Instructions for updating:
keep_dims is deprecated, use keepdims instead
load face_emotion model success.
get Face database: total.2 faces, lenth of one face_emb is 512
loading local picture ../images/intro2.jpg, we can also get it from bot camera
get 3 faces from picture
getting embeddings...
performing emotion on matched faces
Draw the recognition result on the original image
```

图 10-18　过程日志

第 11 章　无人驾驶的自动巡线

11.1　实验目的

- 了解行人检测的原理及训练和部署。
- 了解红绿灯识别模型的训练和部署。
- 了解无人驾驶模型的训练和部署。
- 了解由无人驾驶、行人检测、红绿灯识别三个子模型构建的自动巡线驾驶模型的应用。

11.2　实验背景

2012 年 5 月 8 日，在美国内华达州允许无人驾驶汽车上路 3 个月后，机动车驾驶管理处为 Google 的无人驾驶汽车颁发了一张合法车牌，如图 11-1 所示。近年来，蔚来、特斯拉等大公司在这一领域取得了长足的进步。

图 11-1　Google 的无人驾驶汽车

自动驾驶汽车，又称无人驾驶汽车、电脑驾驶汽车，是一种通过计算机系统实现无人驾驶的智能汽车，它自 20 世纪发展至今已有数十年的历史，21 世纪初呈现出了接近实用化的趋势。自动驾驶汽车依靠人工智能、视觉计算、雷达、监控装置和定位等系统的协同合作，让汽车在没有人类主动操作下，自动安全地行驶。自动驾驶汽车使用视频摄像头、雷达传感器，以及激光测距器了解周围的交通状况，并通过一个详尽的地图（人类通过驾驶汽车采集的地图）对前方的道路进行导航。

计算机视觉在自动驾驶（无人驾驶）技术领域起着举足轻重的作用。在科技高速发展的今天，其应用呈现爆炸性增长的趋势。计算机视觉涉及查看对象、项目、地点或人，并以数字方式解释特定的视觉图像等技术。在许多情况下，它通过人工智能实现人类视觉任务的自动化，然后应用在各种现实场景中，其中一些用于识别，而其他更复杂的用途是在无人驾驶汽车的自动巡航等领域中。

在现实交通路况中，应用无人驾驶技术来精确地识别红绿灯、行人、路障等物体，并给出准确的巡线路线，避免交通意外的发生，保障乘客的安全，是相当具有挑战性的。

本实验旨在实现小车在环境模型中，识别行人、红绿灯并做出适当反应，进而实现自动驾驶。

1. 实验数据集

本实验采用 MIT 开源的交通红绿灯图像数据集，红灯图片如图 11-2 所示。数据集包括图片和标签（即交通灯的颜色），分为训练数据集和测试数据集两类。

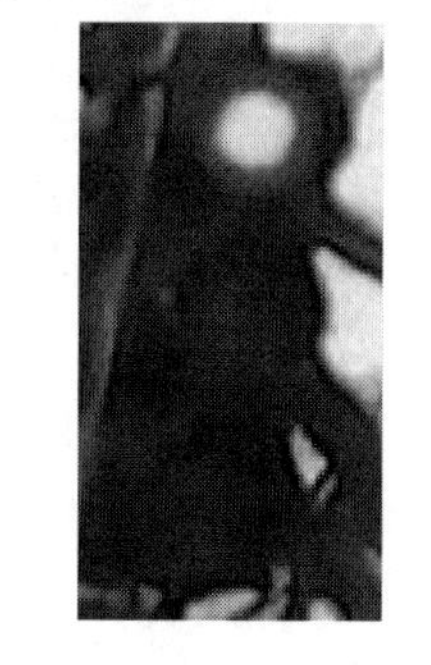

图 11-2　红灯图片

2. 模型介绍

在汽车无人驾驶过程中，需要对实时路况进行快速的检测、识别并做出及时准确的导航，从而达到自动行驶的目的。

交通信号灯的检测与识别是无人驾驶与辅助驾驶必不可少的一部分，其识别精准度直接关乎智能驾驶的安全性。

本章将使用人类的汽车驾驶数据来训练一个端到端的卷积神经网络。该网络分为硬件系统和软件系统两部分。硬件系统也称为 DAVE-2 系统结构，如图 11-3 所示，它用三个摄像头通过 NVIDIA DRIVE PX 做输入和输出。该硬件系统的输入是车载摄像头的数据，输出是汽车的方向控制数据（Steering Wheel Angel）。当前较为先进的无人驾驶系统依然是采用标志识别、道路识别、行人车辆识别、路径规划等各种步骤来实现的。当前的实验是给汽车一个图像，让汽车根据图像做出判断。

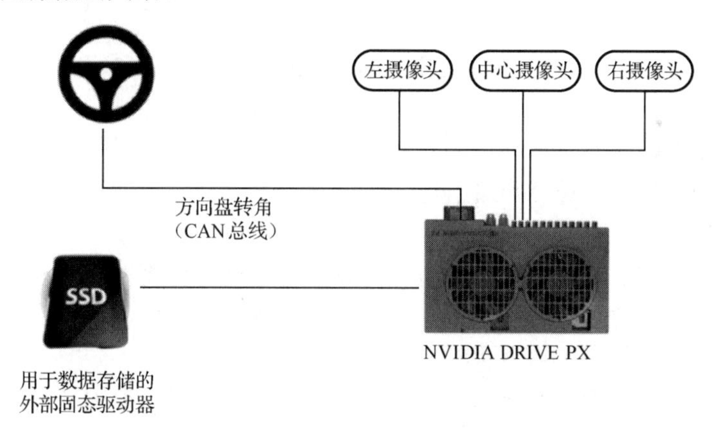

图 11-3　DAVE-2 系统结构

DAVE-2 系统结构对应的软件系统如图 11-4 所示。当图像被输入 CNN 中时，CNN 计算出一个建议的控制命令，然后将该命令与图像所需的命令进行比较，调整 CNN 的权值，使 CNN 输出更接近真实路况所需的输出。权重调整是使用反向传播来完成的。

但是，当人类只输入正确的样本时，是无法让计算机在面对错误的环境时做出相应的调整的。从图 11-4 所示的示意图可以看出，车上中心摄像头的左右两边都安装了摄像头，而这两个摄像头看到的样本是错误的环境。其他的偏移及旋转则可根据 3D 变化模拟出来，对应的偏移及旋转的控制量也可以计算出来，这样就产生了一一对应的样本。

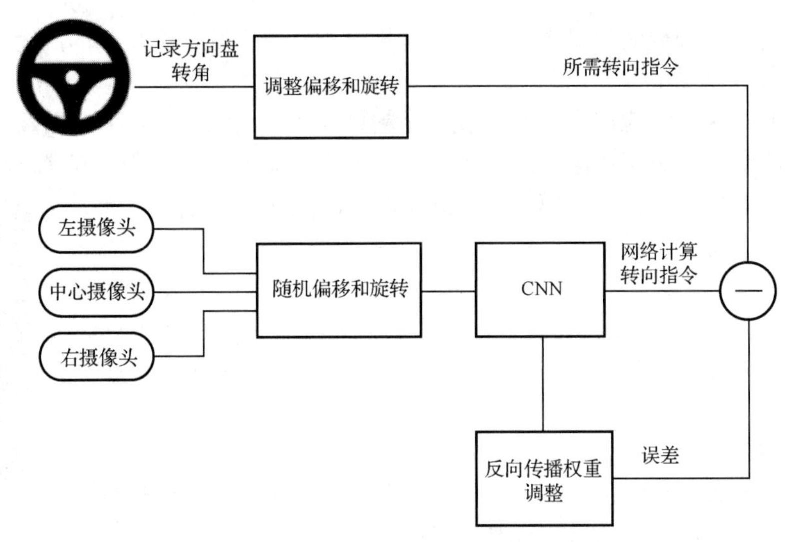

图 11-4　DAVE-2 系统结构对应的软件系统

如图 11-5 所示，使用 CNN-回归模型进行训练，最终的输出为汽车轮子前进的角度。训练好之后，网络可以从中心摄像头的视频图像生成转向，即中心摄像头作为汽车前进的导航依据。

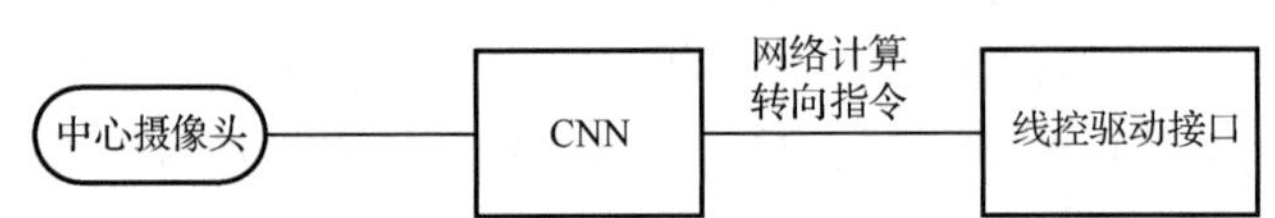

图 11-5　根据中心摄像头的图像生成转向命令

11.3　实验原理

1．红灯识别模块

红绿灯的识别采用卷积神经网络结构。

2．无人驾驶模块

ResNet 系列网络是图像分类领域的知名算法，它可解决深度网络中模型退化的问题，至今依旧具有广泛的研究意义和应用场景，被业界进行各种改进后，经常用于图像识别任务。该系列的网络结构参数如表 11-1 所示。

注：FLOPs（Floating Point Operations）指浮点运算数，可理解为计算量，可以用来衡量算法/模型的复杂度。

从表 11-1 中可知，共有 5 种深度的 ResNet，分别是 18、34、50、101 和 152。从表 11-1 的最左侧可以发现，所有的网络都分成 5 部分，分别是 Conv1、Conv2_x、Conv3_x、Conv4_x、Conv5_x。对于 101-layer 列，101-layer 指的是 101 层网络，一个输入为 7×7×64 的卷积经过 3+4+23+3=33 个 building block，每个 block 都为 3 层，所以有 33×3=99 层，最后 1 个为 FC 层（用于分类），总计 1+99+1=101 层，即为 101 层网络。本实验采用 ResNet18 网络，识别道路路况实现无人驾驶。

表 11-1　ResNet 系列的网络结构参数

层名	输出尺寸	18-layer	34-layer	50-layer	101-layer	152-layer
Conv1	112×112	7×7, 64, stride2				
		3×3 Maxpool, stride2				
Conv2_x	56×56	[3×3, 64; 3×3, 64]×2	[3×3, 64; 3×3, 64]×3	[1×1, 64; 3×3, 64; 1×1, 256]×3	[1×1, 64; 3×3, 64; 1×1, 256]×3	[1×1, 64; 3×3, 64; 1×1, 256]×3
Conv3_x	28×28	[3×3, 128; 3×3, 128]×2	[3×3, 128; 3×3, 128]×4	[1×1, 128; 3×3, 128; 1×1, 512]×4	[1×1, 128; 3×3, 128; 1×1, 512]×4	[1×1, 128; 3×3, 128; 1×1, 512]×8
Conv4_x	14×14	[3×3, 256; 3×3, 256]×2	[3×3, 256; 3×3, 256]×6	[1×1, 256; 3×3, 256; 1×1, 1024]×6	[1×1, 256; 3×3, 256; 1×1, 1024]×23	[1×1, 256; 3×3, 256; 1×1, 1024]×36
Conv5_x	7×7	[3×3, 512; 3×3, 512]×2	[3×3, 512; 3×3, 512]×3	[1×1, 512; 3×3, 512; 1×1, 2048]×3	[1×1, 512; 3×3, 512; 1×1, 2048]×3	[1×1, 512; 3×3, 512; 1×1, 2048]×3
	1×1	池化层,1000-d FC,softmax				
FLOPs		1.8×10^9	3.6×10^9	3.8×10^9	7.6×10^9	11.3×10^9

3．目标检测模块

目标检测的输入是一幅图像，输出是将该图片中所含的所有目标物体进行识别，并标记出它们的位置。目标检测较为常见的有 R-CNN 算法及其变体 Fast R-CNN 算法和 Faster R-CNN 算法等，本章将采用 ssd_mobilenet_v2_coco 模型对行人进行检测。

11.4　实验环境

本实验使用的系统和软件包的版本为 Ubuntu16.04、Python3.6、PyTorch1.3.0、opencv-python-3.4.2.17、TensorFlow1.14.0。

11.5　实验步骤

11.5.1　数据准备

无人驾驶模型在手动导航小车巡线的过程中，标记前进点以获得数据集。

11.5.2　网络设计

1．红绿灯识别模型

本实验采用 CNN 模型对红绿灯进行识别，代码如下：

```
import tensorflow as tf
MEAN = 0
SIGMA = 0.1
#定义 CNN 网络图结构
keep_prob = 0.8
alpha = 0.8
with tf.variable_scope("model", reuse=True):
    #代表输入的图像，并给这层赋予一个名字“in”
```

```
tf_x = tf.placeholder(tf.float32, shape=[None, IMAGE_HEIGHT, IMAGE_WIDTH,
    IMAGE_CHANNEL], name="in")
#代表输入的标签
tf_y = tf.placeholder(tf.int32, shape=[None])
#将结果编码成一个大小为 3 的概率数组，对应预测结果为红黄绿三种的概率
tf_y_onehot = tf.one_hot(tf_y, 3)
#Conv1：5×5 的卷积核
filter_1 = tf.Variable(tf.truncated_normal(shape=[5, 5, 3, 32], mean=MEAN, stddev=SIGMA))
bias_1 = tf.Variable(tf.constant(0.1, shape=[32]))
conv_1 = tf.nn.conv2d(tf_x, filter=filter_1, strides=[1, 2, 2, 1], padding='SAME') + bias_1
leaky_relu_1 = tf.nn.leaky_relu(conv_1, alpha=alpha)
#Conv2：3×3 的卷积核
filter_2 = tf.Variable(tf.truncated_normal(shape=[3, 3, 32, 48], mean=MEAN, stddev=SIGMA))
bias_2 = tf.Variable(tf.constant(0.1, shape=[48]))
conv_2 = tf.nn.conv2d(leaky_relu_1, filter=filter_2, strides=[1, 2, 2, 1], padding='SAME') + bias_2
leaky_relu_2 = tf.nn.leaky_relu(conv_2, alpha=alpha)
#Conv3：3×3 的卷积核
filter_3 = tf.Variable(tf.truncated_normal(shape=[3, 3, 48, 64], mean=MEAN, stddev=SIGMA))
bias_3 = tf.Variable(tf.constant(0.1, shape=[64]))
conv_3 = tf.nn.conv2d(leaky_relu_2, filter=filter_3, strides=[1, 2, 2, 1], padding='SAME') + bias_3
leaky_relu_3 = tf.nn.leaky_relu(conv_3, alpha=alpha)
dropout = tf.nn.dropout(leaky_relu_3, keep_prob=keep_prob)
#将图片进行扁平化操作折叠成一组数组
shape = dropout.get_shape().as_list()
flatten_size = shape[1] * shape[2] * shape[3]
flatten = tf.reshape(dropout, [-1, flatten_size])
#全连接操作 1
filter_4 = tf.Variable(tf.truncated_normal(shape=[flatten.get_shape().as_list()[1], 100],
                                           mean=MEAN, stddev=SIGMA))
bias_4 = tf.Variable(tf.constant(0.1, shape=[100]))
fc_1 = tf.matmul(flatten, filter_4) + bias_4
leaky_relu_4 = tf.nn.leaky_relu(fc_1, alpha=alpha)
#全连接操作 2
filter_5 = tf.Variable(tf.truncated_normal(shape=[100, 50], mean=MEAN, stddev=SIGMA))
bias_5 = tf.Variable(tf.constant(0.1, shape=[50]))
fc_2 = tf.matmul(leaky_relu_4, filter_5) + bias_5
leaky_relu_5 = tf.nn.leaky_relu(fc_2, alpha=alpha)
#全连接操作 3
filter_6 = tf.Variable(tf.truncated_normal(shape=[50, 10], mean=MEAN, stddev=SIGMA))
bias_6 = tf.Variable(tf.constant(0.1, shape=[10]))
fc_3 = tf.matmul(leaky_relu_5, filter_6) + bias_6
leaky_relu_6 = tf.nn.leaky_relu(fc_3, alpha=alpha)
#结果
filter_7 = tf.Variable(tf.truncated_normal(shape=[10, 3], mean=MEAN, stddev=SIGMA))
bias_7 = tf.Variable(tf.constant(0.1, shape=[3]))
#最终的输出层。同样给这层赋予一个名字“out”
last_layer = tf.add(tf.matmul(leaky_relu_6, filter_7), bias_7, name='out')
```

如上述代码所示，首先定义两个 placeholder 作为读取输入图像和标签的变量。使用 one_hot()函数将结果编码成一个大小为 3 的概率数组，对应预测结果为红黄绿三种的概率。由实验数据集的介绍可知，一个图像对应一个标签，对于模型而言，预测的结果是三种交通指示灯颜色的概率预判。

接下来定义模型的结构，前三层是卷积操作，Conv1 使用了一个 5×5 的卷积核，Conv2 和 Conv3 都使用 3×3 的卷积核，每个卷积操作之后都会有一个 leaky_relu 激活函数。

随后进行分类操作。首先进行 flatten 操作，该操作将上面卷积生成的特征图扁平化，扁平化处理后，图像是一个一维向量；之后通过全连接层将上面扁平化处理的结果慢慢地向之前使用 one_hot()函数处理后向量的大小进行靠拢。最后一个操作没有使用激活函数，因为接下来要使用的损失函数会默认对结果进行 softmax 激活。

2．无人驾驶模型

ResNet18 模型的网络结构如图 11-6 所示。

以下代码定义了 resnet()函数与 resnet50()函数。

```
def _resnet(arch, block, layers, pretrained, progress, **kwargs):
    model = ResNet(block, layers, **kwargs)
    if pretrained:
        state_dict = load_state_dict_from_url(model_urls[arch],
                                              progress=progress)
        model.load_state_dict(state_dict)
    return model
def resnet50(pretrained=False, progress=True, **kwargs):
    return _resnet('resnet50', Bottleneck, [3, 4, 6, 3], pretrained, progress,**kwargs)
```

resnet()函数至少需要两个显示的参数，分别是 block 和 layers。block 是 resnet18 和 resnet50 中应用的两种不同的结构，layers 是网络层数。

```
class ResNet(nn.Module):
    def __init__(self, block, layers, num_classes=1000, zero_init_residual=False,
                 groups=1, width_per_group=64, replace_stride_with_dilation=None,
                 norm_layer=None):
        super(ResNet, self).__init__()
        #block：basicblock 或者 bottleneck
        #layers：每个 block 的个数，如 resnet50， layers=[3,4,6,3]
        #num_classes：数据库类别数量
        #zero_init_residual：残差参数为 0
        #groups：卷积层分组，为了 ResNet 扩展
        #width_per_group：同上，此外还可以是 WideResNet（广泛残留网络）扩展
        #replace_stride_with_dilation：空洞卷积
        #norm_layer：此处设为可自定义

        #中间部分代码省略，以下为模型搭建部分
        self.layer1 = self._make_layer(block, 64, layers[0])
        self.layer2 = self._make_layer(block, 128, layers[1], stride=2,
                                       dilate=replace_stride_with_dilation[0])
        self.layer3 = self._make_layer(block, 256, layers[2], stride=2,
```

```
                                dilate=replace_stride_with_dilation[1])
        self.layer4 = self._make_layer(block, 512, layers[3], stride=2,
                                dilate=replace_stride_with_dilation[2])
        self.avgpool = nn.AdaptiveAvgPool2d((1, 1))
        self.fc = nn.Linear(512 * block.expansion, num_classes)
        #中间部分代码省略
    def _make_layer(self, block, planes, blocks, stride=1, dilate=False):
        norm_layer = self._norm_layer
        downsample = None
        previous_dilation = self.dilation
        if dilate:
            self.dilation *= stride
            stride = 1
        if stride != 1 or self.inplanes != planes * block.expansion:
        #在特征图需要降维或通道数不匹配的时候调用
            downsample = nn.Sequential(
                conv1x1(self.inplanes, planes * block.expansion, stride),
                norm_layer(planes * block.expansion),
            )
        layers = []
        #每个 self.layer 的第一层需要调用 downsample，所以单独编写，跟下面 range 中的 1 相对应
        #block 的定义如下
        layers.append(block(self.inplanes, planes, stride, downsample, self.groups,
                        self.base_width, previous_dilation, norm_layer))
        self.inplanes = planes * block.expansion
        for _ in range(1, blocks):
            layers.append(block(self.inplanes, planes, groups=self.groups,
                            base_width=self.base_width, dilation=self.dilation,
                            norm_layer=norm_layer))
        return nn.Sequential(*layers)
    def _forward_impl(self, x):
        #前向传播
        #查看完整的 ResNet 网络结构
        x = self.conv1(x)
        x = self.bn1(x)
        x = self.relu(x)
        x = self.maxpool(x)
        x = self.layer1(x)
        x = self.layer2(x)
        x = self.layer3(x)
        x = self.layer4(x)
        x = self.avgpool(x)
        x = torch.flatten(x, 1)
        x = self.fc(x)
        return x
```

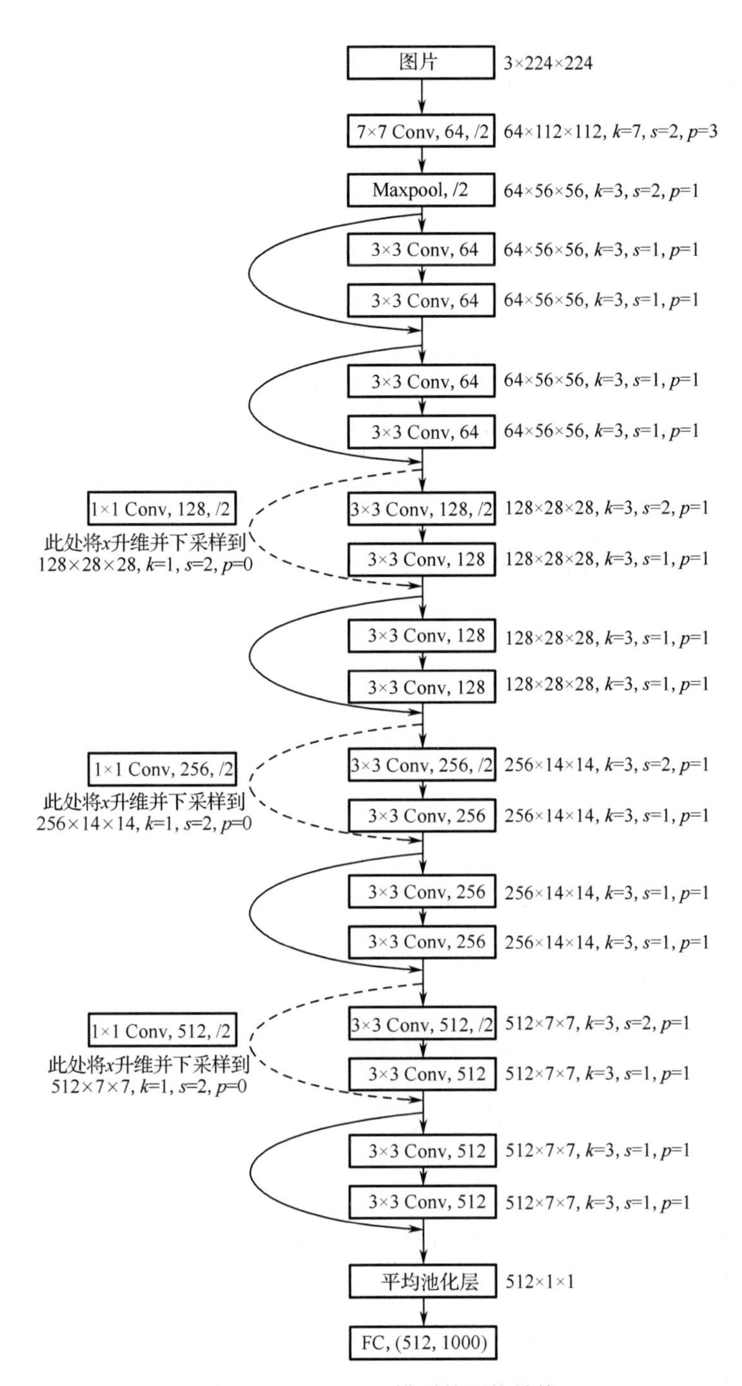

图 11-6　ResNet18 模型的网络结构

block 的定义如下：

```
def conv3×3(in_planes, out_planes, stride=1, groups=1, dilation=1):
    """3×3 的卷积填充矩阵"""
    return nn.Conv2d(in_planes, out_planes, kernel_size=3, stride=stride,
                     padding=dilation, groups=groups, bias=False, dilation=dilation)
def conv1x1(in_planes, out_planes, stride=1):
```

```
        """1×1 的矩阵"""
        return nn.Conv2d(in_planes, out_planes, kernel_size=1, stride=stride, bias=False)
#用在 resnet18 中的结构，也就是两个 3×3 卷积
class BasicBlock(nn.Module):
        expansion = 1
        __constants__ = ['downsample']
        #inplanes：输入通道数
        #planes：输出通道数
        #base_width，dilation，norm_layer 不在本书讨论范围
        def __init__(self, inplanes, planes, stride=1, downsample=None, groups=1,
                     base_width=64, dilation=1, norm_layer=None):
            super(BasicBlock, self).__init__()
            #中间部分省略
            self.conv1 = conv3x3(inplanes, planes, stride)
            self.bn1 = norm_layer(planes)
            self.relu = nn.ReLU(inplace=True)
            self.conv2 = conv3×3(planes, planes)
            self.bn2 = norm_layer(planes)
            self.downsample = downsample
            self.stride = stride
        def forward(self, x):
            #为后续相加保存输入
            identity = x
            out = self.conv1(x)
            out = self.bn1(out)
            out = self.relu(out)
            out = self.conv2(out)
            out = self.bn2(out)
            if self.downsample is not None:
                #遇到降维或者升维的时候要保证能够相加
                identity = self.downsample(x)
            out += identity#ResNet 的简洁和优美的体现
            out = self.relu(out)
            return out
```

本实验使用 PyTorch 深度学习框架来训练 ResNet18 神经网络结构模型，用于识别道路路况从而实现无人驾驶，代码如下：

```
model = models.resnet18(pretrained=True)
```

3．目标检测模型

该部分通过一个使用 COCO 数据集预训练好的模型来检测 90 个不同的常见对象。这些对象包括人（person）、红绿灯（traffic light）等。

首先，需要使用 ObjectDetector 加载 ssd_mobilenet_v2_coco 模型，该模型接受的图像宽高无限制，颜色格式为 BGR。关键代码如下：

```
#导入库
from ObjectDetector import ObjectDetector
```

```
import numpy as np
import os
#加载 COCO 模型，用于检测红绿灯和行人
object_model = ObjectDetector("./ssd_mobilenet_v2_coco/model.ckpt")
#以下三个函数用于选中离图像中心最近的目标
def detection_center(detection):
    #计算对象的中心 x、y 坐标
    bbox = detection['bbox']
    center_x = (bbox[0] + bbox[2]) / 2.0 - 0.5
    center_y = (bbox[1] + bbox[3]) / 2.0 - 0.5
    return (center_x, center_y)
def norm(vec):
    #计算二维向量的长度
    return np.sqrt(vec[0]**2 + vec[1]**2)
def closest_detection(detections):
    #查找最接近图像中心的检测
    #先清除缓存
    closest_detection = None
    for det in detections:
        center = detection_center(det)
        if closest_detection is None:
            closest_detection = det
        elif norm(detection_center(det)) < norm(detection_center(closest_detection)):
            closest_detection = det
    return closest_detection
```

11.5.3 模型训练

1. 训练红绿灯模型

模型的训练是通过损失函数来不断调整模型的参数，使得模型的预测精准度提高到目标精确度的过程。

1）定义损失函数

在模型训练之前，需要先定义损失函数 loss。损失函数代表模型的预测结果和真实结果的差距，定义 loss 的目的是以预测值与真实值的差距来优化定义的网络。具体代码如下：

```
loss = tf.reduce_mean(tf.nn.softmax_cross_entropy_with_logits(logits=last_layer, labels=tf_y_onehot))
```

首先使用 softmax_cross_entropy_with_logits()函数对上面模型返回的结果进行 softmax 激活。softmax 的作用是将一个向量映射到(0, 1)区间内，也就代表了每个位置的概率；cross_entropy 计算两个数据的混杂程度，混杂程度越小，代表两个数据越接近。而 reduce_mean()函数是对上面得到的结果取平均值（向量），作为损失值。下面需要通过损失函数来对模型进行优化。

2）定义优化函数

最简单的优化函数是梯度下降法，很多优化方法都是在梯度下降法之上进行的改进，这里使用 Adam 方法。

TensorFlow 提供了 Adam 优化的方法，直接调用即可。下面的代码中，LEARNING_RATE 代表了初始化学习率。

```
LEARNING_RATE = 0.0001
train_variables = tf.trainable_variables()
optimizer = tf.train.AdamOptimizer(learning_rate=LEARNING_RATE).minimize(loss, var_list=train_variables)
```

3）训练模型

代码如下：

```
#训练轮数
EPOCHS = 50
#对训练集分片，每片的数据量为16
BATCH_SIZE = 16
x_train, y_train, _ = read_traffic_light(True)      #读取训练集
x_test, y_test, _ = read_traffic_light(False)       #读取测试集
train_batches = x_train.shape[0]
saver = tf.train.Saver()                            #定义模型存储器
with tf.Session() as sess:
    sess.run(tf.global_variables_initializer())
    #开始训练
    for epoch in range(EPOCHS):
        for batch in range(train_batches // BATCH_SIZE):
            start = batch * BATCH_SIZE
            next_x = x_train[start:start + BATCH_SIZE]
            next_y = y_train[start:start + BATCH_SIZE]
            sess.run(optimizer, feed_dict={tf_x: next_x, tf_y: next_y})
        loss_result = sess.run(loss, feed_dict={tf_x: x_test, tf_y: y_test})
        print("epoch: {}, loss: {}".format(epoch + 1, loss_result))  #打印每轮训练的 loss
    saver.save(sess, "./model/traffic_lights_classifier.ckpt")      #保存模型
```

模型训练结果如图 11-7 所示。

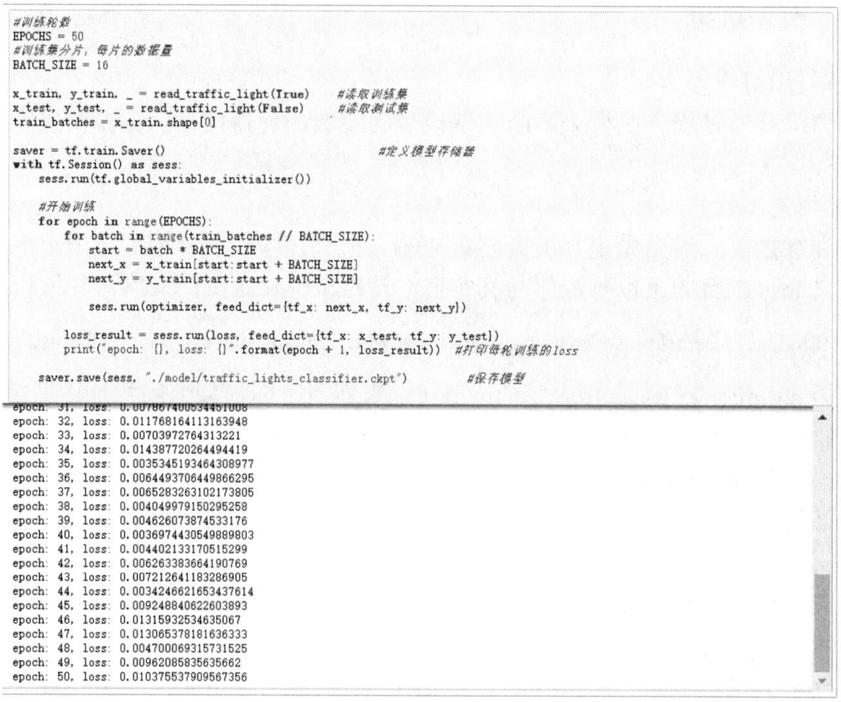

```
#训练轮数
EPOCHS = 50
#训练集分片，每片的数据量
BATCH_SIZE = 16

x_train, y_train, _ = read_traffic_light(True)      #读取训练集
x_test, y_test, _ = read_traffic_light(False)       #读取测试集
train_batches = x_train.shape[0]

saver = tf.train.Saver()                            #定义模型存储器
with tf.Session() as sess:
    sess.run(tf.global_variables_initializer())

    #开始训练
    for epoch in range(EPOCHS):
        for batch in range(train_batches // BATCH_SIZE):
            start = batch * BATCH_SIZE
            next_x = x_train[start:start + BATCH_SIZE]
            next_y = y_train[start:start + BATCH_SIZE]

            sess.run(optimizer, feed_dict={tf_x: next_x, tf_y: next_y})

        loss_result = sess.run(loss, feed_dict={tf_x: x_test, tf_y: y_test})
        print("epoch: {}, loss: {}".format(epoch + 1, loss_result))  #打印每轮训练的loss

    saver.save(sess, "./model/traffic_lights_classifier.ckpt")      #保存模型
```

```
epoch: 31, loss: 0.007867400534451008
epoch: 32, loss: 0.011768164113163948
epoch: 33, loss: 0.00703972764313221
epoch: 34, loss: 0.014387720264494419
epoch: 35, loss: 0.0035345193464308977
epoch: 36, loss: 0.0064493706449866295
epoch: 37, loss: 0.0065283263102173805
epoch: 38, loss: 0.004049979150295258
epoch: 39, loss: 0.004626073874533176
epoch: 40, loss: 0.0036974430549889803
epoch: 41, loss: 0.004402133170515299
epoch: 42, loss: 0.006263383664190769
epoch: 43, loss: 0.007212641183286905
epoch: 44, loss: 0.0034246621653437614
epoch: 45, loss: 0.009248840622603893
epoch: 46, loss: 0.01315932534635067
epoch: 47, loss: 0.013065378181636333
epoch: 48, loss: 0.004700069315731525
epoch: 49, loss: 0.00962085835635662
epoch: 50, loss: 0.010375537909567356
```

图 11-7　模型训练结果

2. 无人驾驶模型训练

无人驾驶模型的训练代码如下：

```
#从图像文件名中获取 x 值
def get_x(path):
    return (float(int(path[3:6])) - 50.0) / 50.0

#从图像文件名中获取 y 值
def get_y(path):
    return (float(int(path[7:10])) - 50.0) / 50.0

#创建数据库类
class XYDataset(torch.utils.data.Dataset):

    def __init__(self, directory, random_hflips=False):
        self.directory = directory
        self.random_hflips = random_hflips
        self.image_paths = glob.glob(os.path.join(self.directory, '*.jpg'))
        self.color_jitter = transforms.ColorJitter(0.3, 0.3, 0.3, 0.3)

    def __len__(self):
        return len(self.image_paths)

    def __getitem__(self, idx):
        image_path = self.image_paths[idx]

        image = PIL.Image.open(image_path)
        x = float(get_x(os.path.basename(image_path)))
        y = float(get_y(os.path.basename(image_path)))

        if self.random_hflips and float(np.random.rand(1)) > 0.5:      #随机水平翻转图片
            image = transforms.functional.hflip(image)
            x = -x

        image = self.color_jitter(image)
        image = transforms.functional.resize(image, (224, 224))
        image = transforms.functional.to_tensor(image)
        image = image.numpy()[::-1].copy()
        image = torch.from_numpy(image)
        image = transforms.functional.normalize(image, [0.485, 0.456, 0.406], [0.229, 0.224, 0.225])

        return image, torch.tensor([x, y]).float()

#创建数据库实例
dataset = XYDataset('dataset_xy', random_hflips=False)

#将数据集分割为训练集和测试集
test_percent = 0.1        #测试集所占比例
num_test = int(test_percent * len(dataset))
```

```
train_dataset, test_dataset = torch.utils.data.random_split(dataset, [len(dataset) - num_test, num_test])


#创建数据加载器来批量加载数据
#训练集
train_loader = torch.utils.data.DataLoader(
    train_dataset,
    batch_size=16,
    shuffle=True,
    num_workers=4
)

#测试集
test_loader = torch.utils.data.DataLoader(
    test_dataset,
    batch_size=16,
    shuffle=True,
    num_workcrs=4
)
```

我们使用的 ResNet18 模型是基于 PyTorch TorchVision 的：

```
model = models.resnet18(pretrained=True)


#ResNet 模型已完全连接(FC)的最终层与 512 作为"in_features"，我们将训练回归，因此"out_features"
#作为 1
model.fc = torch.nn.Linear(512, 2)

#训练回归 50 次
NUM_EPOCHS = 50
BEST_MODEL_PATH = 'best_steering_model_xy.pth'          #模型保存路径
best_loss = 1e9

optimizer = optim.Adam(model.parameters())

for epoch in range(NUM_EPOCHS):
    print("第%d 次训练开始"%(epoch+1))
    model.train()
    train_loss = 0.0
    for images, labels in iter(train_loader):
        optimizer.zero_grad()
        outputs = model(images)
        loss = F.mse_loss(outputs, labels)
        train_loss += loss
        loss.backward()
        optimizer.step()
    train_loss /= len(train_loader)
```

```
        model.eval()
        test_loss = 0.0
        for images, labels in iter(test_loader):
            outputs = model(images)
            loss = F.mse_loss(outputs, labels)
            test_loss += loss
        test_loss /= len(test_loader)

        print('%f, %f' % (train_loss, test_loss))
        if test_loss < best_loss:
            torch.save(model.state_dict(), BEST_MODEL_PATH)
            best_loss = test_loss
```

输出结果如下：

```
第 1 次训练开始
0.730161, 7.552230
第 2 次训练开始
0.046096, 2.361898
第 3 次训练开始
0.018176, 0.026087
第 4 次训练开始
0.012803, 0.020887
第 5 次训练开始
0.010062, 0.007912
第 6 次训练开始
0.008749, 0.004586
第 7 次训练开始
0.005750, 0.003154
第 8 次训练开始
0.005755, 0.006891
第 9 次训练开始
0.007627, 0.004464
第 10 次训练开始
0.005853, 0.010086
第 11 次训练开始
0.005874, 0.005475
第 12 次训练开始
0.005932, 0.002498
第 13 次训练开始
0.004519, 0.005381
第 14 次训练开始
0.004415, 0.004231
第 15 次训练开始
0.004424, 0.010032
第 16 次训练开始
0.006749, 0.003285
第 17 次训练开始
0.004498, 0.003621
第 18 次训练开始
```

0.009073, 0.005399
第 19 次训练开始
0.006416, 0.008025
第 20 次训练开始
0.004513, 0.004426
第 21 次训练开始
0.003763, 0.003687
第 22 次训练开始
0.004356, 0.005070
第 23 次训练开始
0.004654, 0.005112
第 24 次训练开始
0.006581, 0.011864
第 25 次训练开始
0.005714, 0.003472
第 26 次训练开始
0.004105, 0.008737
第 27 次训练开始
0.005126, 0.002858
第 28 次训练开始
0.003461, 0.006643
第 29 次训练开始
0.004325, 0.002461
第 30 次训练开始
0.005236, 0.003069
第 31 次训练开始
0.003640, 0.005305
第 32 次训练开始
0.007317, 0.009432
第 33 次训练开始
0.004707, 0.001802
第 34 次训练开始
0.002555, 0.003570
第 35 次训练开始
0.002445, 0.004705
第 36 次训练开始
0.002662, 0.002342
第 37 次训练开始
0.002356, 0.002971
第 38 次训练开始
0.004964, 0.006509
第 39 次训练开始
0.006364, 0.004896
第 40 次训练开始
0.002429, 0.003463
第 41 次训练开始
0.002209, 0.001606
第 42 次训练开始
0.004247, 0.006573

第 43 次训练开始
0.003453, 0.002364
第 44 次训练开始
0.003056, 0.004220
第 45 次训练开始
0.002284, 0.004583
第 46 次训练开始
0.002603, 0.003407
第 47 次训练开始
0.002915, 0.001911
第 48 次训练开始
0.002271, 0.005016
第 49 次训练开始
0.002783, 0.005020
第 50 次训练开始
0.001715, 0.004258

11.5.4 模型测试

1. 红绿灯识别模型测试

图 11-8 是红绿灯识别模型的测试结果。从结果可以看出，当检测到图像中的交通灯显示为红灯时，程序不仅把图像中的交通指示灯用方框标记出来，还给出了“停止运动”的指示命令，说明模型测试是成功的。

图 11-8 红绿灯识别模型的测试结果

2. 无人驾驶模型测试

在行驶过程中模型应根据当前状态，确定下一时刻行进的方向，具体在程序中为标记出下一时刻的目标点，如图 11-9 所示。

在图 11-9 中，小车即将面临一个右转弯的场景。运行程序输出测试结果，输出图像显示了标记的目标点，图中红色圆圈代表当前位置，绿色圆圈代表目标到达的位置，而连接两点的蓝色直线则代表前进方向。该图像的下方还输出了 x 和 y 值的大小，代表小车将要到达目标位置的坐标。程序中 x 和 y 的范围是[−1, 1]，[−1, −1]表示图像左上点，[1, 1]表示图像右下点。对比图中的实际路况，当前的测试结果是符合自动驾驶要求的。

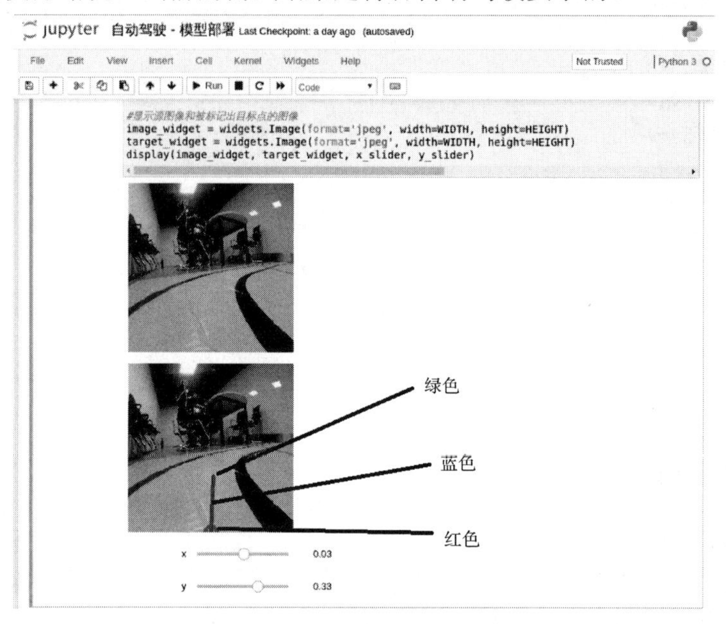

图 11-9　自动驾驶模型的测试结果

3．自动巡线驾驶模型测试

该模型是将以上两个模型进行结合。如果没有检测到红绿灯，则小车可以继续行驶，程序返回小车要前进到的目标点的 x，y 值，这两个值的含义与无人驾驶模型中的含义相同。当前图像中无红绿灯出现时，小车可以继续前行。图 11-10 所示的程序输出提示小车将要往右上方进行转向，x 和 y 的位置分别为 0.044 762 和 0.082 303，符合正常行驶要求。

图 11-10　自动巡线驾驶的测试结果